信息技术应用新形态系列教材

Office 2016
办公软件应用案例教程

微课版 | 第3版

◆ 李红艳 耿斌 主编
◆ 白林林 欧中亚 解建华 副主编

人民邮电出版社
北京

图书在版编目（CIP）数据

Office 2016 办公软件应用案例教程 ： 微课版 / 李红艳，耿斌主编. -- 3版. -- 北京 ： 人民邮电出版社，2022.8

信息技术应用新形态系列教材

ISBN 978-7-115-58988-0

Ⅰ. ①O… Ⅱ. ①李… ②耿… Ⅲ. ①办公自动化－应用软件－高等学校－教材 Ⅳ. ①TP317.1

中国版本图书馆CIP数据核字(2022)第049837号

内 容 提 要

本书通过实用的案例，对微软 Office 2016 中的 Word、Excel、PowerPoint（后文简称"PPT"）的基础知识、实用方法和操作技巧进行了详细的讲解。全书共四篇 13 章，第一篇 Word 办公应用（第 1 章～第 3 章）介绍文档的基本编辑、图文混排与表格应用、高级排版；第二篇 Excel 办公应用（第 4 章～第 9 章）介绍工作表的基本操作，美化工作表，排序、筛选与分类汇总，公式与函数的应用，可视化图表，数据透视表；第三篇 PPT 设计与制作（第 10 章～第 12 章）介绍编辑与设计幻灯片，排版与布局幻灯片，动画效果、放映与输出；第四篇 Office 组件之间的协作（第 13 章）介绍 Word、Excel 与 PPT 之间的协作。

本书配有 PPT 课件、教学大纲、电子教案、案例素材、课后习题答案、题库（自动出卷）系统及答案等教学资源，用书老师可在人邮教育社区免费下载使用。

本书可以作为高等院校办公软件应用相关课程的教材，也可以作为各类培训机构相关课程的培训教材，还可以作为广大 Office 爱好者的自学参考书。

◆ 主　　编　李红艳　耿　斌

副 主 编　白林林　欧中亚　解建华

责任编辑　王　迎

责任印制　李　东　胡　南

◆ 人民邮电出版社出版发行　　北京市丰台区成寿寺路 11 号

邮编　100164　　电子邮件　315@ptpress.com.cn

网址　https://www.ptpress.com.cn

大厂回族自治县聚鑫印刷有限责任公司印刷

◆ 开本：787×1092　1/16

印张：12.5　　　　2022 年 8 月第 3 版

字数：309 千字　　　　2024 年 8 月河北第 7 次印刷

定价：49.80 元

读者服务热线：(010)81055256　印装质量热线：(010)81055316

反盗版热线：(010)81055315

广告经营许可证：京东市监广登字 20170147 号

前 言

党的二十大报告提出建设数字中国，加快发展数字经济。随着“互联网 +”的快速发展，计算机办公变得越来越普遍。掌握办公软件的应用方法已经成为多数职场人士的必备技能。首先，学好办公软件是求职就业的基础，很多公司都非常看重求职者对于办公软件的掌握程度，求职者能熟练使用办公软件可以为自己的求职加分；其次，对于很多岗位而言，使用好办公软件可以提升工作效率；最后，如果想在职场中脱颖而出，成为焦点，学会总结汇报工作也是加分项，此时熟练使用办公软件就可以成为你的优势。因此，学会使用办公软件会让你在职场中获得更多的机会。

目前 Office 是最基本也是最主流的办公软件，其功能非常强大，可以满足日常工作中基本的工作需求。本书结合 Microsoft Office 2016 软件（Word、Excel 与 PPT）对实操案例进行讲解。通过对本书的学习，读者可以熟悉日常办公中常用的工作文件，学习各类文件的制作及编辑方法，并在深刻理解 Office 软件各项功能的基础上，逐步培养自己的 Office 软件应用能力。

党的二十大报告指出，“实施科教兴国战略，强化现代化建设人才支撑”。培养和造就大批高素质人才，是国家和民族长远发展的大计。本书根据目前大多数行业中对职场人士必备的办公软件技能的要求，以及高等院校相关课程教学对学生的能力培养目标编写而成。

本书特色

在对众多院校中该门课程的教学目标、教学方法、教学内容等多方面调研的基础上，我们有针对性地设计并编写了本书，其特色如下。

（1）专家执笔，专业讲解：本书由具有 Office 软件实战经验的业界专家执笔，将难以理解与掌握的枯燥功能知识以专业的体系结构划分，并进行深入浅出的讲解，使读者能够轻松阅读并上手操作，具有很强的指导性与实用性。

（2）体系完整，逻辑性强：本书从理论基础、经典案例、知识技能等多个不同维度，系统介绍了 Word、Excel、PPT 的主要应用及重要功能，知识体系完整且具有较强的逻辑性，便于读者完整地学习与掌握本书内容。

（3）案例主导，注重实操：本书通过对大量实用案例的讲解，让读者真正掌握 Office 软件的使用方法与技巧。同时，本书还提供所有案例的素材（原始文件和最终效果），供读者下载学习，使读者能够在实操练习中真正掌握所学内容。

（4）图解教学，清晰直观：本书采用图解教学的方法，一步一图，标注清晰，让读者在学习的过程中能更清楚、直观地掌握操作流程与方法，提升学习效果。

（5）体例丰富，解疑指导：本书体例灵活、内容丰富，各章中每个案例都采用“案例分析”“知识与技能”“理论基础”和“操作方法”的结构编写。此外，书中穿插“小贴士”“知识链接”，帮助读者解决在学习过程中遇到的难点和疑问，扩展相应的专业知识。在各章内容结束后，本书还增加了“综合实训”和“本章习题”模块，让读者在学习该章知识后，能够进一步掌握和巩固重难点内容。另外，党的二十大报告指出，育人的根本在于立德。要落实立德树人根本任务，培养德智体美劳全面发展的社会主义建设者和接班人。本书每章内容中都穿插了素养教学，通过与本章案例和知识点相结合，将社会主义核心价值观、社会责任感和职业素养等思政元素传递给学生，对学生进行正确价值观的引导。

（6）配套微课，扫码学习：本书各实操案例部分均配有微课二维码，读者可通过扫描书中二维码随时随地学习。

本书资源

我们为使用本书的教师提供了教学资源，包括PPT课件、教学大纲、电子教案、案例素材、课后习题答案、题库（自动出卷）系统及答案等，有需要的用书教师可登录人邮教育社区（http://www.ryjiaoyu.com）搜索书名下载。

由于编者水平有限，书中难免有不妥之处，恳请广大读者批评指正。

编者

目录

第一篇 Word 办公应用

第 1 章 文档的基本编辑

第 2 章 图文混排与表格应用

第 3 章 高级排版

第二篇 Excel 办公应用

第 4 章 工作表的基本操作

第 5 章 美化工作表

第 6 章 排序、筛选与分类汇总

第 7 章 公式与函数的应用

第 8 章 可视化图表

第 9 章 数据透视表

第三篇 PPT 设计与制作

第 10 章 编辑与设计幻灯片

第 11 章 排版与布局幻灯片

第 1 2 章 动画效果、放映与输出

第四篇 Office 组件之间的协作

第 1 3 章 Word、Excel与PPT之间的协作

第一篇

Word 办公应用

本篇主要介绍了Word的常用功能及功能应用，还将一些日常办公文档穿插其中，让你在学习软件操作的同时，也能够学会日常办公文档的具体制作方法。学完本篇内容，你能制作出专业的会议纪要、工作证、企业文化手册、项目计划书、岗位职责说明书等各类办公文档。

- 文档的基本编辑
- 图文混排与表格应用
- 高级排版

第1章 文档的基本编辑

Word文档是日常办公中最常用的文字处理与排版应用程序。大家学好Word文档的基本编辑操作，可以轻松提高Office办公水平。本章内容将结合具有代表性的日常办公文档，从新建文档、保存文档、编辑文档、保护文档，对文档内容的简单格式设置，以及审阅文档等方面进行重点介绍。通过本章的学习，读者能够轻松完成Word文档的组织与编写，高效地完成日常工作。

学习目标

1. 使用 Word 2016 方便快捷地新建多种类型的文档
2. 掌握多种保存 Word 文档的方式
3. 学会对 Word 文档内容进行简单编辑
4. 学会保护 Word 文档的方法
5. 掌握设置 Word 文档内容格式的方法
6. 学会对 Word 文档进行审阅

1.1 会议纪要

【案例分析】

在日常工作中，为了记载和传达会议情况和议定事项，需要撰写会议纪要。会议纪要包括会议的基本情况、主要精神及中心内容。通常需要被撰写在Word文档中，以便于文件的传送与打印。

具体要求：新建空白Word文档并保存，在文档中输入会议纪要内容并进行简单编辑，最后对文档设置加密和强制保护措施，以防止无权限的人员随意打开或修改文档。

【知识与技能】

一、新建文档

二、将文档重命名并保存在指定位置

三、对文档内容进行简单编辑

四、对文档加密和设置强制保护

1.1.1 新建文档

用户可以使用Word 2016方便、快捷地新建多种类型的文档，如空白文档、基于模板的文档等。下面介绍新建文档的操作方法。

【理论基础】

启动Word 2016应用程序后，系统会自动新建一个名为“文档1”的空白文档。除此之外，用户也可以单击【文件】按钮，在【新建】列表框中选择需要的文档类型。具体操作方法如下。

【操作方法】

1. 新建空白文档

方法1：

01 打开一个Word文档，单击【文件】按钮 文件 ，在弹出的界面中选择【新建】选项，然后直接单击【新建】列表框中的【空白文档】选项，如图1-1所示，即可新建一个空白文档。

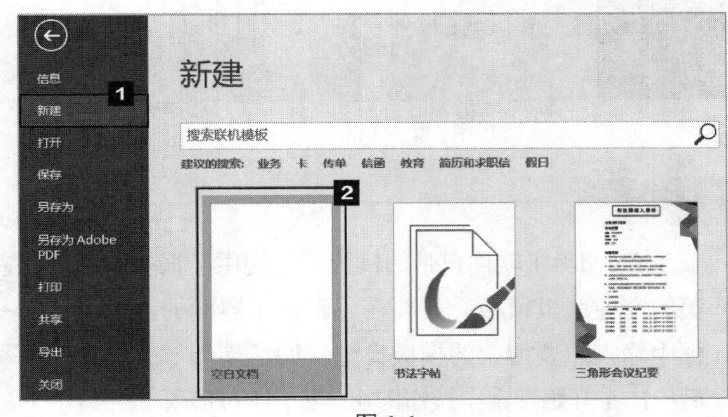

▲ 图 1-1

方法2：

02 单击【自定义快速访问工具栏】按钮，在下拉列表中选择【新建】选项，如图1-2所示。此时【新建】按钮就被添加到了【快速访问工具栏】中，单击该按钮即可新建一个空白文档，如图1-3所示。

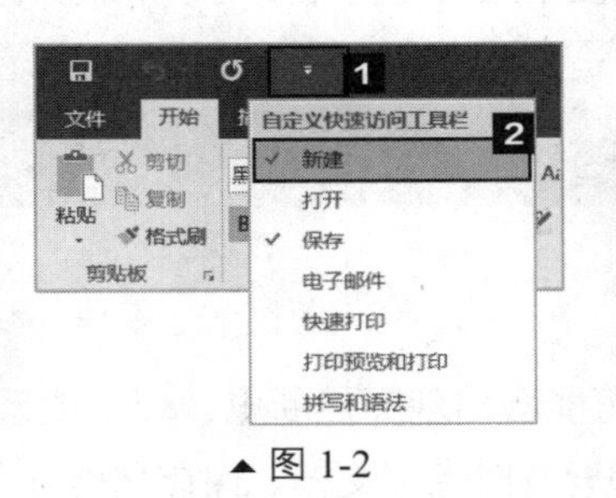

▲ 图 1-2

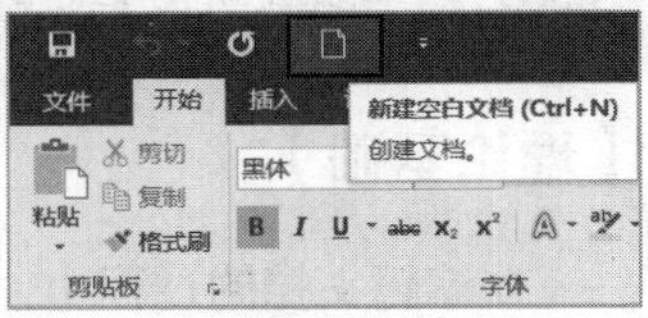

▲ 图 1-3

知识链接

在Word 2016中，按【Ctrl】+【N】组合键即可快速创建一个新的空白文档。

2. 新建基于模板的文档

Word 2016提供了多种类型的模板，用户可以根据需要选择模板，并新建基于所选模板的文档。

01 单击【文件】按钮，在弹出的界面中选择【新建】选项，然后在【新建】列表框中选择已经安装好的模板，如选择【蓝色球简历】，如图1-4所示。

02 在弹出的【蓝色球简历】预览界面中，单击【创建】按钮，进入下载界面，稍等几秒即可下载完毕，如图1-5所示。

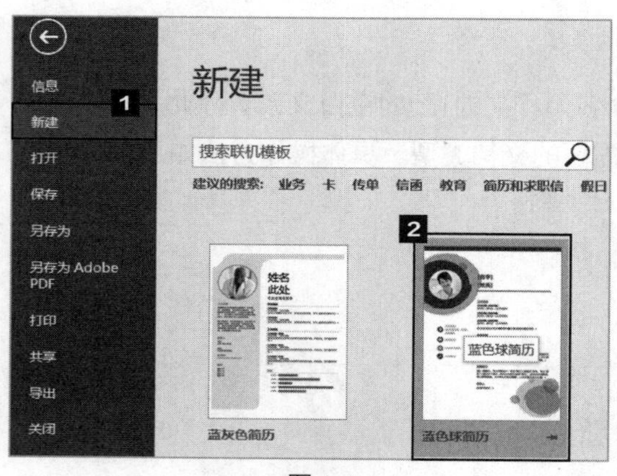

▲ 图 1-4

▲ 图 1-5

小贴士

Word除了软件自带的模板，还提供了很多精美的专业联机模板，只要在【新建】界面的搜索框中输入想要搜索的模板类型，如“简历”，然后单击【开始搜索】按钮即可，如图1-6所示。

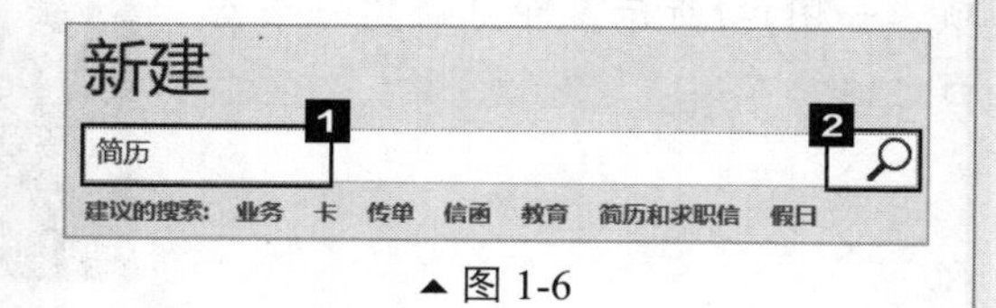

▲ 图 1-6

注意：专业联机模板在使用之前需要链接网络下载，否则无法显示信息。

1.1.2 保存文档

【理论基础】

在编辑文档的过程中，可能会出现突然断电、死机或系统自动关闭等情况，为了防止此类情况造成文档内容丢失，用户需要及时保存文档。保存文档分为多种情况：在创建新文档后，需要将其保存至指定位置；对已有文档进行编辑后，需要及时保存；有时需要将已有文档另存一份同类型或其他类型的文档；为了避免突然断电或死机的损失，可以设置一定时间间隔的自动保存。下面分别介绍各种保存方法的具体操作。

【操作方法】

1. 保存新建的文档

01 新建文档后，单击【文件】按钮，在弹出的界面中选择【保存】选项，此时为第一次保存文档，系统会打开【另存为】界面，在此界面中单击【浏览】选项，如图1-7所示。

02 弹出【另存为】对话框，在左侧列表框中选择保存位置，在【文件名】文本框中输入文件名，在【保存类型】下拉列表中选择【Word文档(*.docx)】选项，单击【保存】按钮，如图1-8所示。

▲图 1-7

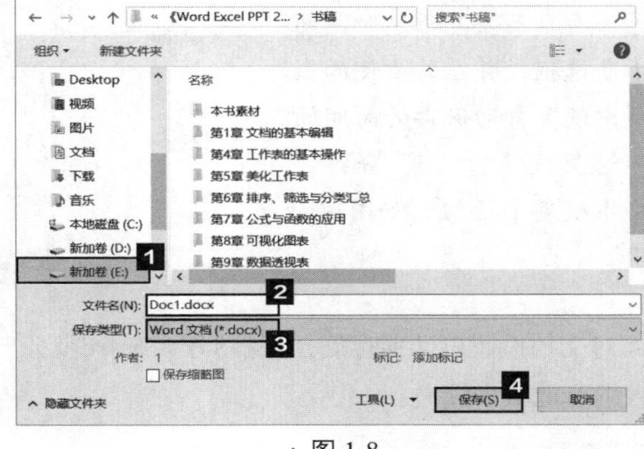

▲图 1-8

> **知识链接**
>
> 对于保存过的文档，进行编辑后再次保存时，可以使用以下几种方法。
>
> 方法1：单击【快速访问工具栏】中的【保存】按钮。
>
> 方法2：单击【文件】按钮，在弹出的界面中选择【保存】选项。
>
> 方法3：按【Ctrl】+【S】组合键。

2. 将文档另存

01 打开已有文档，单击【文件】按钮，在弹出的界面中选择【另存为】选项，打开【另存为】界面，在此界面中单击【浏览】选项。

02 弹出【另存为】对话框，在左侧列表框中选择保存位置，在【文件名】文本框中输入文件名，在【保存类型】下拉列表中选择【Word文档(*.docx)】选项，单击【保存】按钮，如图1-9所示。

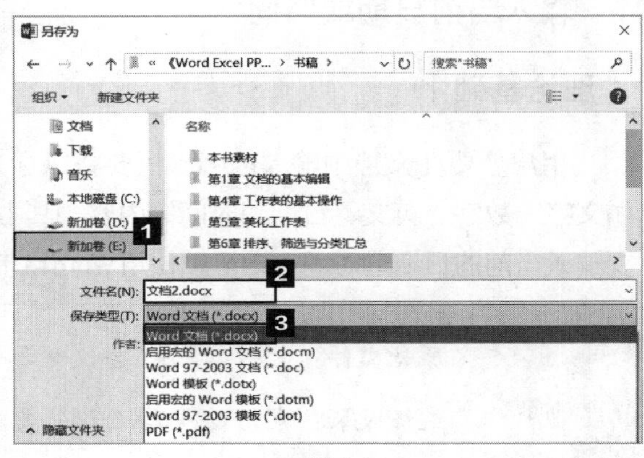

▲图 1-9

3. 设置自动保存

01 打开文档，单击【文件】按钮 文件 ，在弹出的界面中选择【选项】选项。

02 弹出【Word 选项】对话框，在左侧列表框中选中【保存】选项，在右侧【保存文档】组合框中的【将文件保存为此格式】下拉列表中选择【Word文档(*.docx)】选项，勾选【保存自动恢复信息时间间隔】复选框，并在其右侧的微调框中设置自动保存的时间间隔，这里设置为“8”分钟，单击【确定】按钮，如图1-10所示。

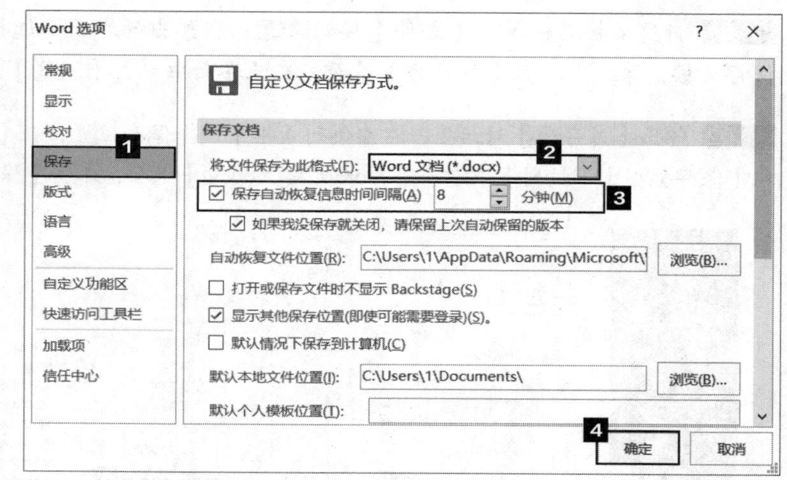

▲图 1-10

对文档设置自动保存后，每隔8分钟Word就会自动保存一次，可以在突然断电或死机的情况下最大限度地减少损失。

小贴士

建议设置自动保存的时间间隔不要太短，如果设置的间隔太短，频繁地执行保存操作，容易死机，影响正常工作。

1.1.3 编辑文档

编辑文档是Word文字处理软件最主要的功能之一，编辑文档的操作主要包括：在文档中输入内容，复制、剪切与粘贴文本，以及查找与替换文本等。下面分别进行介绍。

1. 输入当前日期或时间

【理论基础】

用户想要在文档中输入内容，只要将鼠标光标放在目标位置，然后通过键盘直接输入即可，如文字、数字、英文、日期和时间等内容。其中，日期和时间是经常需要输入的内容，如果用户想要输入当前的日期或时间，则可以使用Word自带的插入日期和时间功能。

案例素材	原始文件：素材\第1章\会议纪要—原始文件 最终效果：素材\第1章\会议纪要—最终效果	 1–1 输入当前日期或时间

【操作方法】

01 打开本案例的原始文件，将鼠标光标定位到需要插入日期或时间的位置，然后切换到【插入】选项卡，单击【文本】组中的【日期和时间】按钮，如图1-11所示。

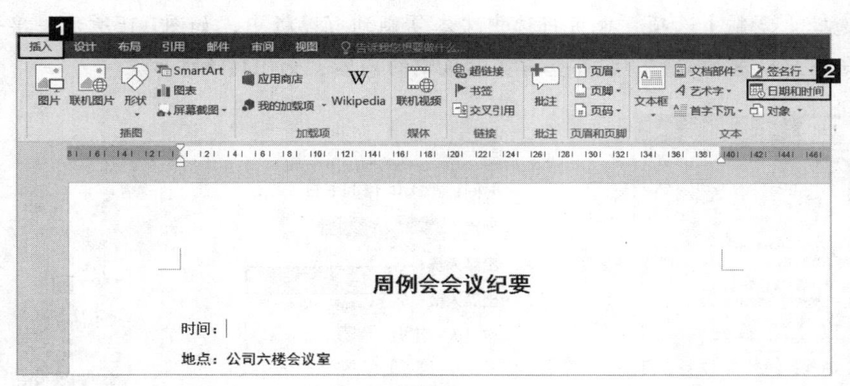

▲图 1-11

02 弹出【日期和时间】对话框，在【语言(国家/地区)】下拉列表中选择【中文(中国)】，然后在【可用格式】列表框中选择一种需要的格式，单击【确定】按钮，即可在文档中插入当前的日期，步骤如图1-12所示，结果如图1-13所示。

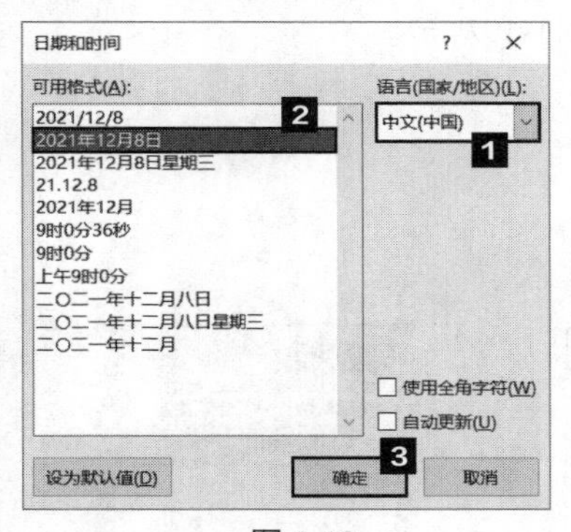

▲图 1-12

▲图 1-13

小贴士

如果想要每次打开文档时插入的日期或时间都能够随当前日期自动更新，只要在【日期和时间】对话框中勾选右下角的【自动更新】复选框，再插入日期或时间即可。

2. 复制、剪切与粘贴文本

【理论基础】

在编辑文档的过程中，经常会用到复制、剪切和粘贴操作。这些操作都是通过剪贴板来完成的，剪贴板是Windows的一块临时存储区，复制和剪切的内容都会临时存储在剪贴板上，然后通过粘贴操作粘贴到其他位置。

复制文本时，被选中的内容仍按原样保留在原来的位置，同时会被复制一份到剪贴板中；剪切文本时，被选中的内容会放入剪贴板中，执行粘贴操作后，会出现一份相同的信息，原来位置的内容会被删除；执行复制或剪切操作后，接下来就可以进行粘贴了，它将剪贴板中复制或剪切的内容粘贴到其他位置。接下来分别介绍各功能的具体操作方法。

【操作方法】

01 选中文本“公司六楼会议室”，然后切换到【开始】选项卡，单击【剪贴板】组中的【复制】按钮，即可将选中文本复制到剪贴板中，如图1-14所示。或者选中文本后，单击鼠标右键，从快捷菜单中选择【复制】选项，也可将选中文本复制到剪贴板中，如图1-15所示。单击【剪贴板】右下角的对话框启动器按钮，即可查看剪贴板中的内容，如图1-16所示。

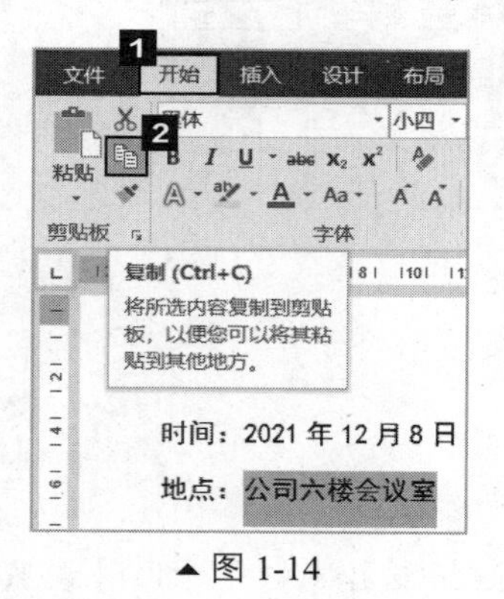

▲图 1-14

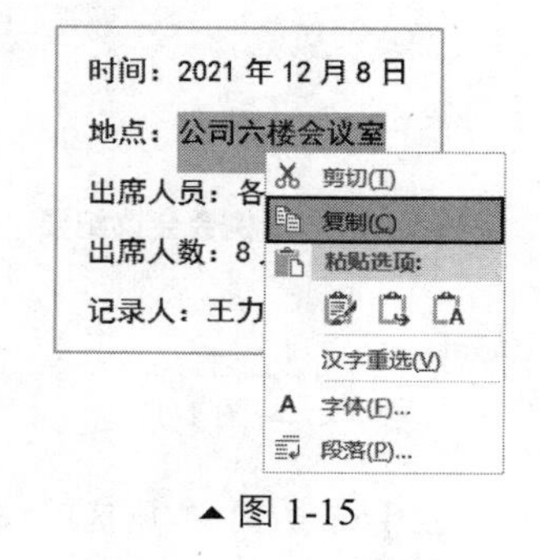

▲图 1-15

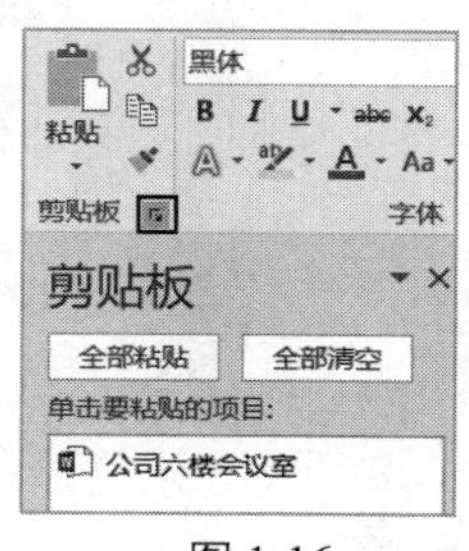

▲图 1-16

02 选中文本“王力”，单击【剪贴板】组中的【剪切】按钮，即可将选中文本剪切到剪贴板中，如图1-17所示。或者选中文本后，单击鼠标右键，从快捷菜单中选择【剪切】选项，也可将选中文本剪切到剪贴板中，如图1-18所示。此时剪贴板中的内容如图1-19所示。

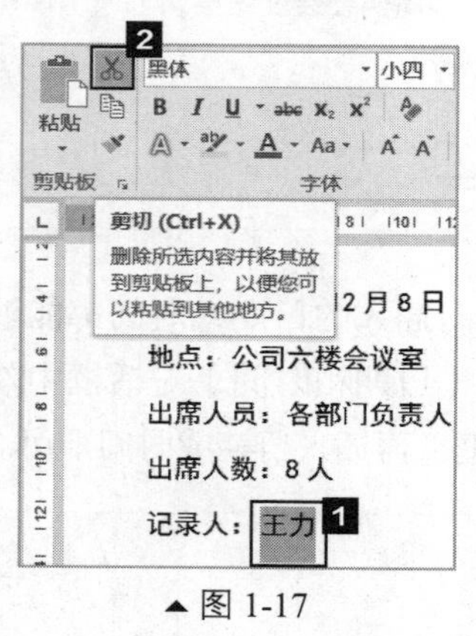

▲图 1-17

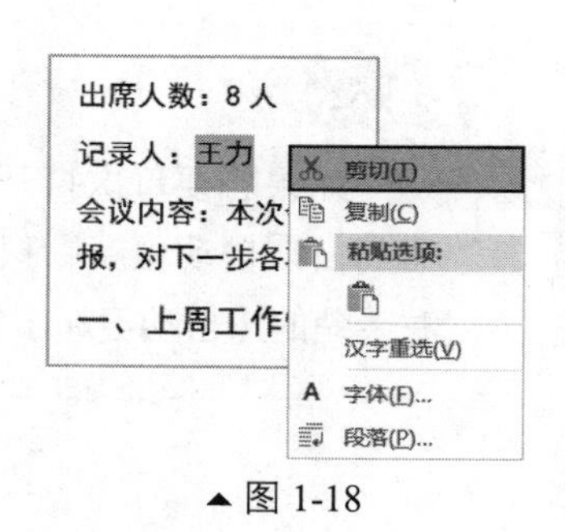

▲图 1-18

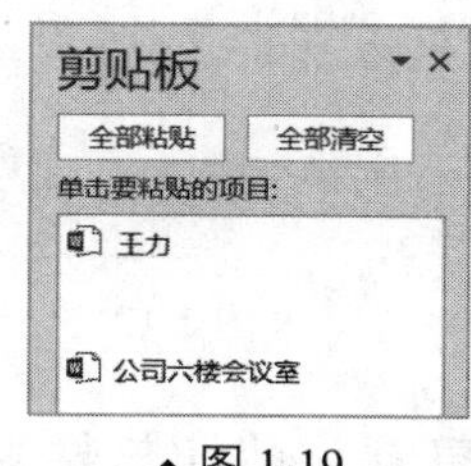

▲图 1-19

03 将鼠标光标定位到需要粘贴的位置，即文本“记录人：”的后面，单击【剪贴板】组中的【粘贴】按钮的下半部分，从下拉列表中选择需要的粘贴类型即可，如图1-20所示。或者将鼠标光标定位到需要粘贴的位置后，单击鼠标右键，打开快捷菜单，从【粘贴选项：】组中选择需要的粘贴类型即可，如图1-21所示。或者打开剪贴板，单击“王力”选项，也可以执行粘贴操作，如图1-22所示。

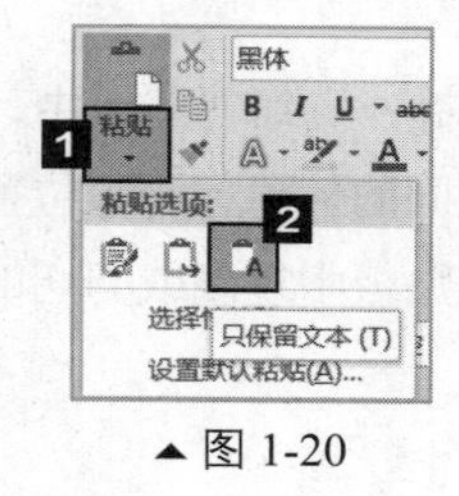

▲图 1-20

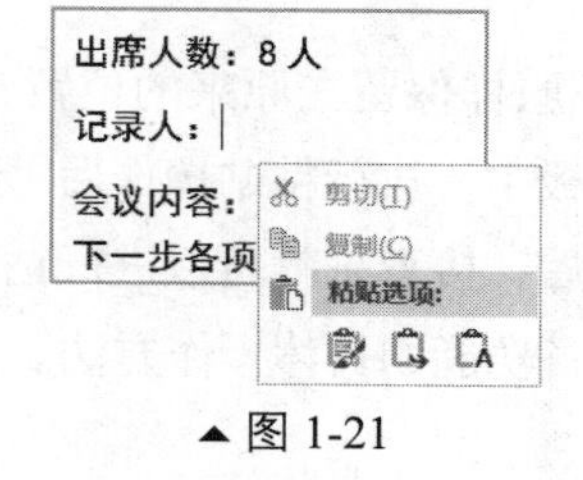

▲图 1-21

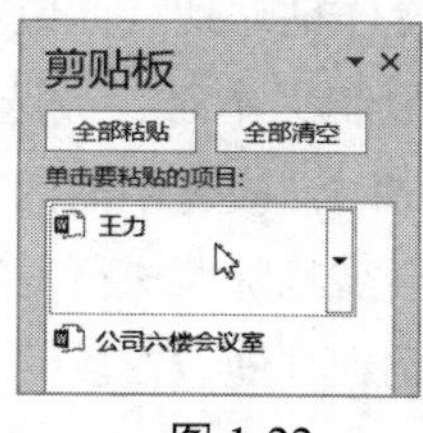

▲图 1-22

小贴士

在以上3种粘贴方法中，使用【粘贴】按钮或通过单击鼠标右键打开快捷菜单的方法，只能粘贴剪贴板中最后一次复制或剪切的内容；而直接在剪贴板中选择内容的方法，则可以粘贴剪贴板中之前的内容。

知识链接

复制、剪切和粘贴的快捷操作：按【Ctrl】+【C】组合键，可以快速复制文本。按【Ctrl】+【X】组合键，可以快速剪切文本。按【Ctrl】+【V】组合键，可以快速粘贴文本。

3. 查找与替换文本

【理论基础】

在编辑文档的过程中，用户有时需要查找并替换某些文字，使用Word 2016强大的查找和替换功能，可以节约大量的时间。查找和替换文本的具体操作如下。

【操作方法】

案例素材

原始文件：素材\第1章\会议纪要01—原始文件

最终效果：素材\第1章\会议纪要01—最终效果

1-2 查找与替换文本

01 打开本案例的原始文件，切换到【开始】选项卡，单击【编辑】组中的【查找】按钮，弹出【导航】窗格，在文本框中输入“企业”，随即系统自动查找该文本所在的位置，同时文本“企业”在文档中以黄色底纹显示，如图1-23所示。

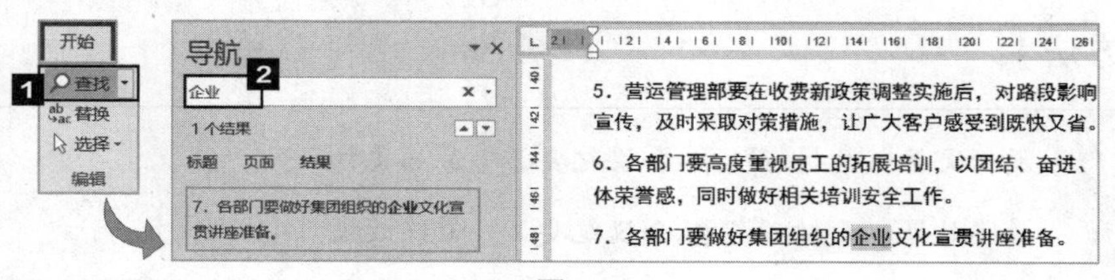

▲图 1-23

02 如果要替换文本，单击【编辑】组中的【替换】按钮，弹出【查找和替换】对话框，在【替换为】文本框中输入“公司”，单击【全部替换】按钮，如图1-24所示。

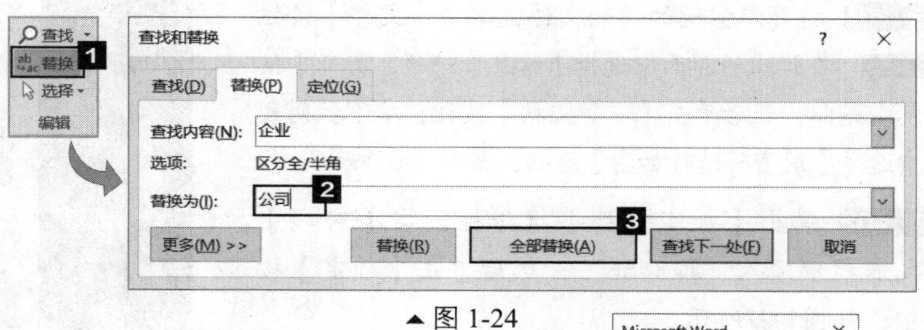

▲图 1-24

03 弹出提示框，提示“全部完成。完成1处替换。”，单击【确定】按钮，如图1-25所示。文档中的“企业”即被替换为“公司”。

▲图 1-25

知识链接

在【查找和替换】对话框中，当在【查找内容】和【替换为】文本框中分别输入查找值和替换值后，单击【替换】【全部替换】和【查找下一处】按钮会有不同的效果。

①如果单击【替换】按钮，将自动选中文档中第一个出现查找值的内容，再次单击【替换】按钮，会将选中的查找值替换为替换值；②如果单击【全部替换】按钮，文档中与查找值相同的部分将全部替换为替换值；③如果单击【查找下一处】按钮，将自动选中文档中下一个与查找值相同的部分，再次单击【查找下一处】按钮，将继续选中文档中下一个与查找值相同的部分，以此类推。

知识链接

查找和替换的快捷操作：按【Ctrl】+【F】组合键，可以执行查找操作；按【Ctrl】+【H】组合键，可以执行替换操作。

删除文本的快捷操作：按【Backspace】键，可以向左删除一个字符；按【Delete】键，可以向右删除一个字符；按【Ctrl】+【Z】组合键，可以撤销上一步操作。

1.1.4 保护文档

1. 设置文档加密

【理论基础】

在日常办公中，为了保证文档的安全，用户需要对文档进行加密设置。再次启动文档时，需要输入正确的密码才能将其打开。对文档设置加密的具体操作如下。

【操作方法】

案例素材	原始文件：素材\第1章\会议纪要02—原始文件 最终效果：素材\第1章\会议纪要02—最终效果	 1-3 设置文档加密

01 打开本案例的原始文件，单击【文件】按钮 文件，在弹出的界面中选择【信息】选项，打开【信息】界面，然后单击【保护文档】按钮，从下拉列表中选择【用密码进行加密】选项，如图1-26所示。

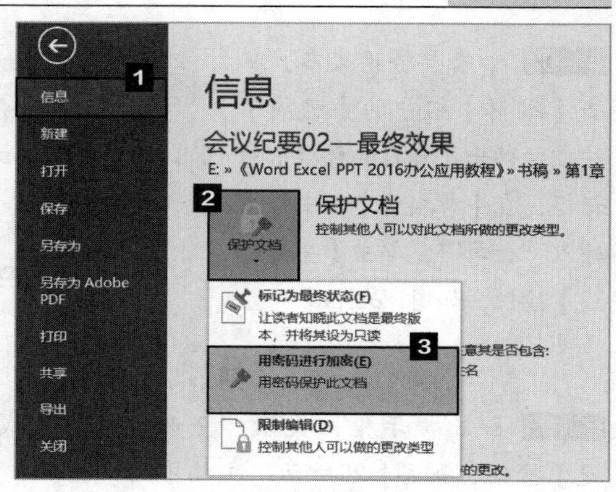

▲图 1-26

02 弹出【加密文档】对话框，在【密码】文本框中输入“123456”，然后单击【确定】按钮，如图1-27所示。

03 弹出【确认密码】对话框，在【重新输入密码】文本框中再次输入“123456”，然后单击【确定】按钮，如图1-28所示。

04 保存后再次启动该文档时，会弹出【密码】对话框，在【请键入打开文件所需的密码】文本框中输入密码“123456”，然后单击【确定】按钮即可打开该文档，如图1-29所示。

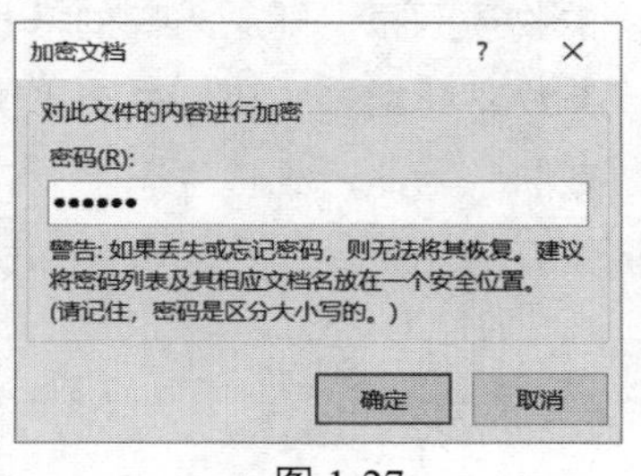

▲图 1-27

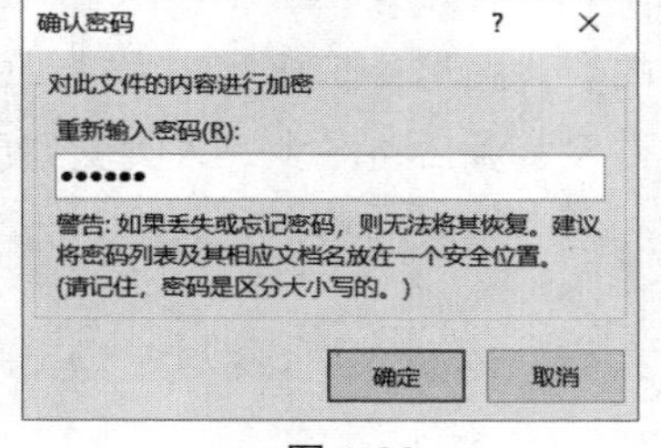

▲图 1-28

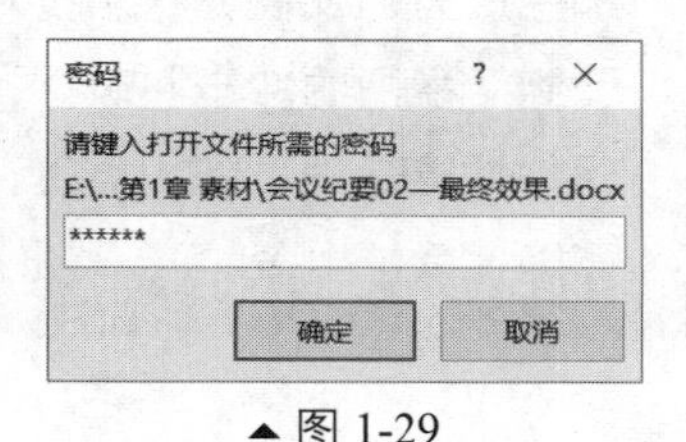

▲图 1-29

2. 启动强制保护

【理论基础】

用户还可以设置文档的编辑权限，启动文档的强制保护功能，具体的操作步骤如下。

【操作方法】

案例素材	原始文件：素材\第1章\会议纪要03—原始文件 最终效果：素材\第1章\会议纪要03—最终效果

1–4 启动强制保护

01 打开本案例的原始文件，切换到【审阅】选项卡，单击【保护】组中的【限制编辑】按钮，弹出【限制编辑】窗格，在【2.编辑限制】组合框中勾选【仅允许在文档中进行此类型的编辑】复选框，在其下方的下拉列表中选择【不允许任何更改(只读)】选项，单击【是，启动强制保护】按钮，如图1-30所示。

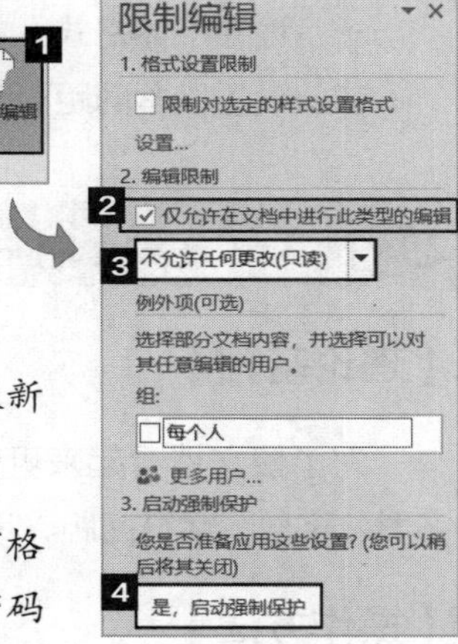

▲图 1-30

02 弹出【启动强制保护】对话框，在【新密码(可选)】和【确认新密码】文本框中都输入“123”，单击【确定】按钮，如图1-31所示。

03 此时文档处于被保护状态，如果要取消保护，在【限制编辑】窗格中单击【停止保护】按钮，在弹出的【取消保护文档】对话框中输入密码“123”，然后单击【确定】按钮，如图1-32所示。

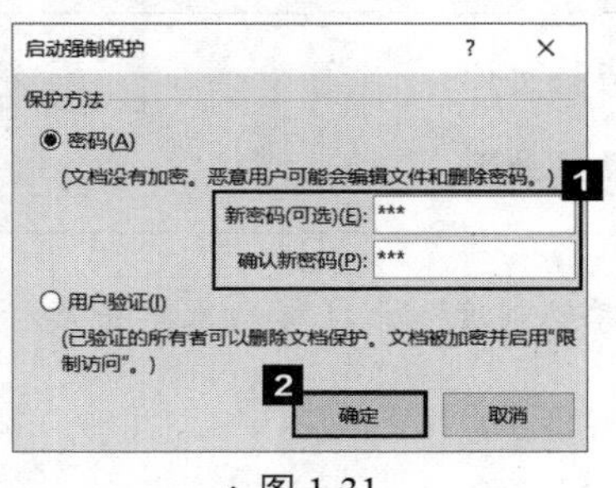

▲图 1-31

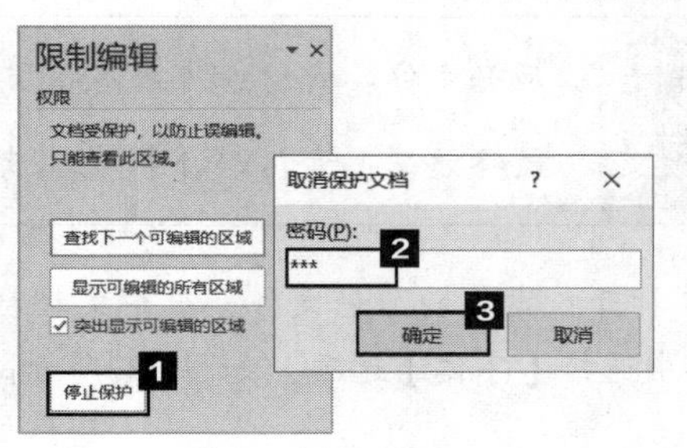

▲图 1-32

素养教学

自然环境是人类生存的基本条件，是发展生产、繁荣经济的物质源泉。随着人口的增长和生产力的发展，科学技术的突飞猛进，工业及生活排放的废弃物不断增多，自然生态平衡受到了猛烈的冲击和破坏，许多资源日益减少，人类受到严重威胁。因此，维护生态平衡，保护环境是关系到人类生存、社会发展的根本性问题。为了更美好的明天，让我们一起保护环境，爱护生命。

1.2 公司考勤制度

【案例分析】

考勤制度是为维护公司的正常工作秩序，使员工自觉遵守工作时间和劳动纪律，根据国家相关政策法规并结合本公司的实际情况制定的。本节内容以考勤制度为例，介绍一下字体格式、段落格式、页面背景的设置方法，以及审阅文档的具体方法。

具体要求：设置标题文字的字体格式，使其突出显示；将正文标题的字体加粗并添加下划线；设置正文段落的段落格式；为页面添加水印背景；审阅文档内容。

【知识与技能】

一、设置字体格式
二、设置段落间距和对齐方式
三、设置页面背景的水印
四、审阅文档

1.2.1 设置字体格式

【理论基础】

为了使文档看起来更美观，用户可以对字体格式进行设置。字体格式的设置主要包括字体、字形、字号、字符间距、下画线等的设置。具体操作方法如下。

【操作方法】

案例素材	原始文件：素材\第1章\公司考勤制度—原始文件 最终效果：素材\第1章\公司考勤制度—最终效果	 1–5 设置字体格式

01 打开本案例的原始文件，选中文档标题“公司考勤制度”，在标题上单击鼠标右键，从快捷菜单中选择【字体】选项，如图1-33所示。

02 弹出【字体】对话框，自动切换到【字体】选项卡，在【中文字体】的下拉列表中选择【华文中宋】，在【字形】列表框中选择【加粗】选项，在【字号】列表框中选择【二号】，如图1-34所示。

03 切换到【高级】选项卡，在【间距】下拉列表中选择【加宽】，将【磅值】设置为“3磅”，如图1-35所示。

04 设置完成后，单击【确定】按钮，字体效果如图1-36所示。

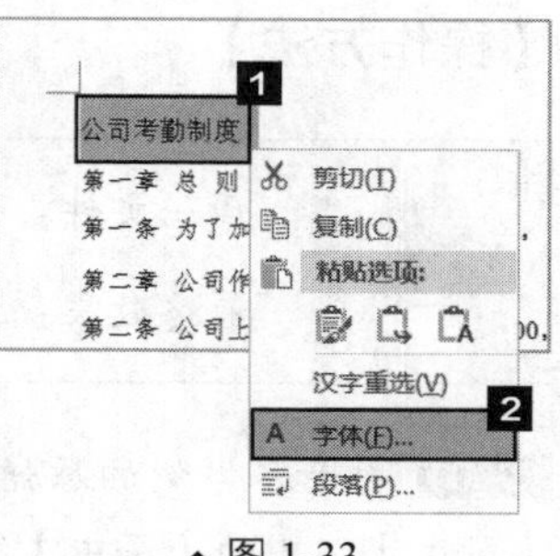

▲图1-33

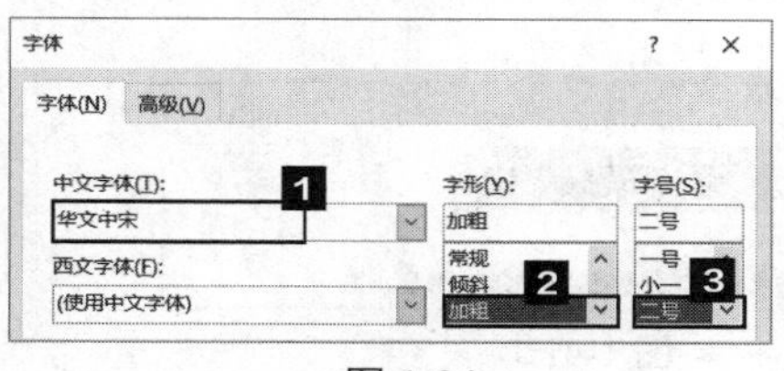

▲图1-34

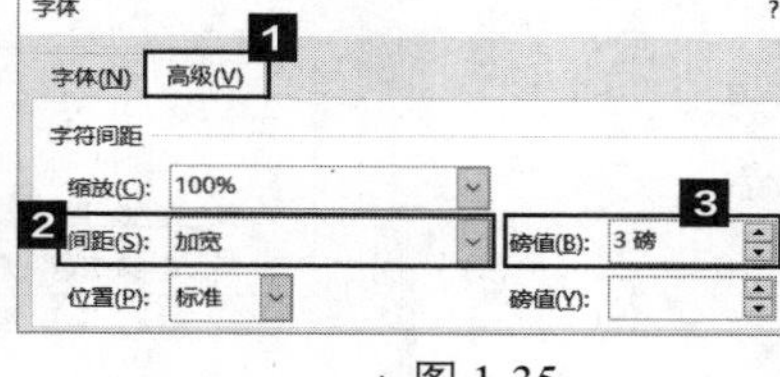

▲图1-35

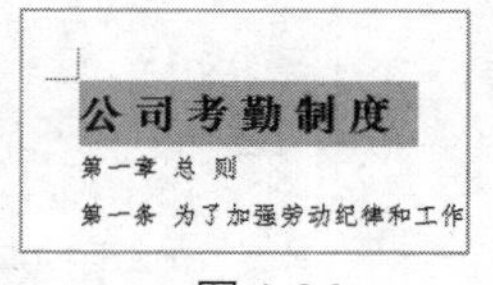

▲图1-36

05 用户除了可以在【字体】对话框中对选中文本进行设置外，还可以直接在【字体】组中进行设置。选中正文中的标题（按住【Ctrl】键选取），如图1-37所示，然后切换到【开始】选项卡，单击【字体】组中的【加粗】按钮B和【下划线】按钮U，如图1-38所示。设置完成后，字体效果如图1-39所示。

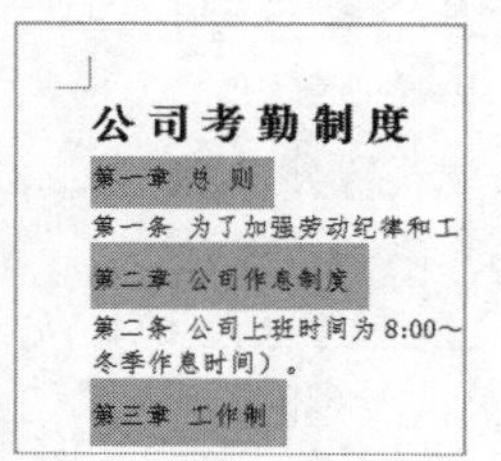

▲图1-37

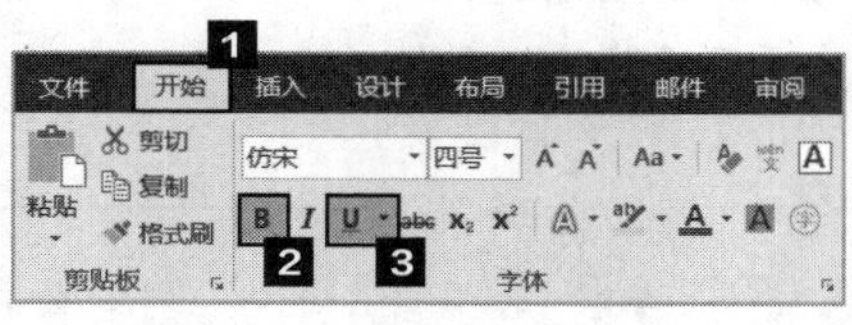

▲图1-38

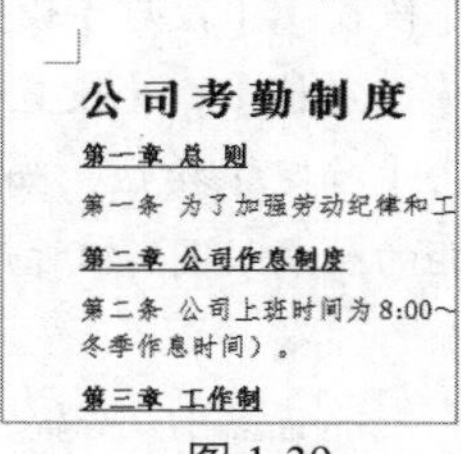

▲图1-39

知识链接

对于文档的字体格式设置，目前没有统一的规定，只要文档的字体易于阅读，层级显示明显即可。常用的企业文档通常使用的字体有黑体、宋体、仿宋或楷体，如果没有特殊的要求，字号一般使用以下标准：标题使用二号字，加粗显示；如果有副标题，副标题使用四号字；正文部分的一级标题使用四号字，加粗显示；二级、三级标题使用小四号字；正文使用小四号字（以上内容仅供参考，如果文档没有那么多的层级，根据内容需求选用合适的字号即可）。

1.2.2 设置段落格式

【理论基础】

段落格式的设置内容主要包括：对齐方式、段落缩进、间距、行距等，用户可以通过【段落】组进行设置，也可以通过【段落】对话框进行设置，具体操作步骤如下。

【操作方法】

案例素材

原始文件：素材\第1章\公司考勤制度01—原始文件

最终效果：素材\第1章\公司考勤制度01—最终效果

1-6 设置段落格式

01 打开本案例的原始文件，选中文档标题“公司考勤制度”，切换到【开始】选项卡，单击【段落】组中的【居中】按钮，如图1-40所示。设置完成后，设置居中的效果如图1-41所示。

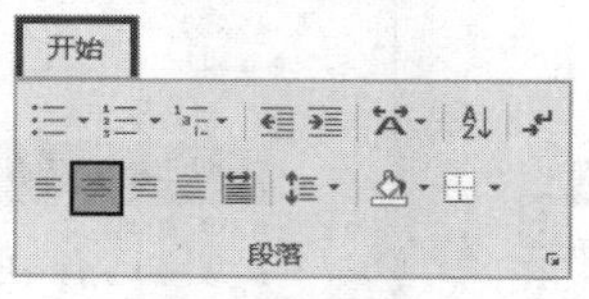

▲图 1-40

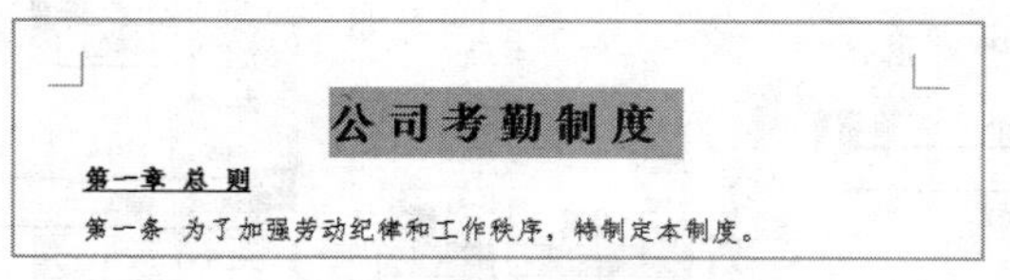

▲图 1-41

02 选中文档中章号下面的所有正文部分（按住【Ctrl】键选取），然后在选中区域单击鼠标右键，从快捷菜单中选择【段落】选项，如图1-42所示。

03 弹出【段落】对话框，在【间距】组中，将【段前】【段后】设置为“0.1行”，【行距】设置为【固定值】，【设置值】为“24磅”，设置完成后单击【确定】按钮，如图1-43所示。设置段落间距和行距的效果如图1-44所示。

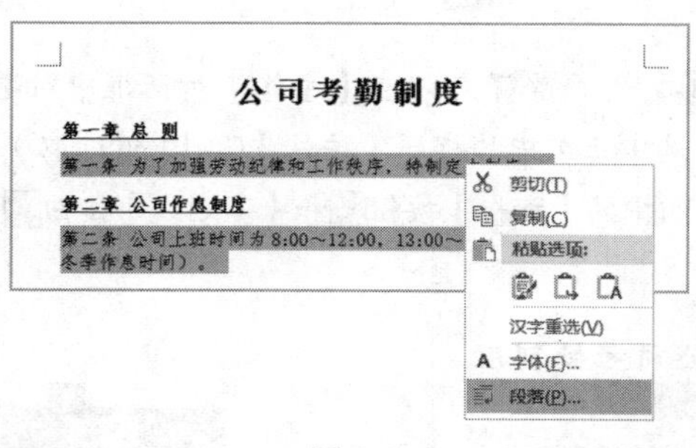

▲图 1-42

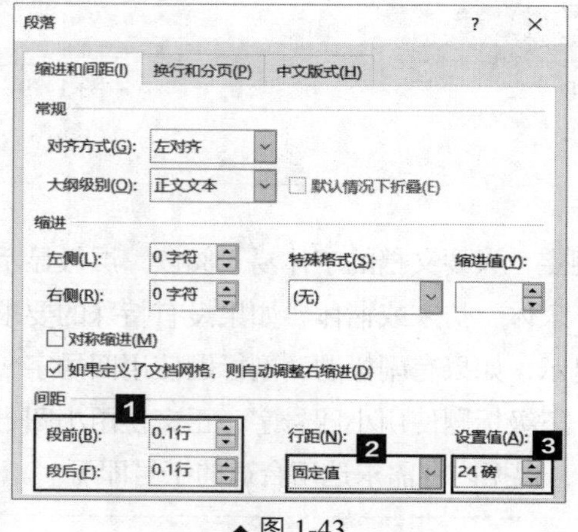

▲图 1-43

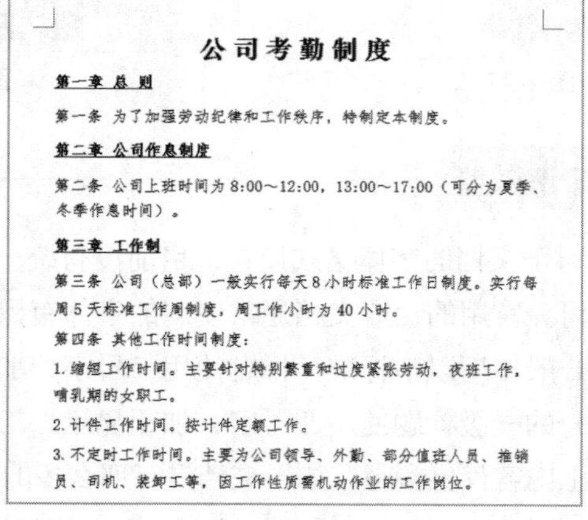

▲图 1-44

1.2.3 设置页面背景

【理论基础】

在编辑文档的过程中，除了文字和段落，用户还可以对文档的页面背景进行设置，如可以为文档添加水印、设置页面颜色等。具体操作步骤如下。

【操作方法】

案例素材	原始文件：素材\第1章\公司考勤制度02—原始文件 最终效果：素材\第1章\公司考勤制度02—最终效果

1-7 设置页面背景

01 打开本案例的原始文件，切换到【设计】选项卡，单击【页面背景】组中的【水印】按钮，如图1-45所示。从下拉列表中选择【自定义水印】选项，如图1-46所示。

02 弹出【水印】对话框，选中【文字水印】单选项，在【文字】下拉列表中选择【请勿带出】选项，在【字体】下拉列表中选择【经典楷体简】选项，在【字号】下拉列表中选择【100】选项，其他选项保持默认设置，单击【确定】按钮，如图1-47所示。返回文档，效果如图1-48所示。

▲图 1-45

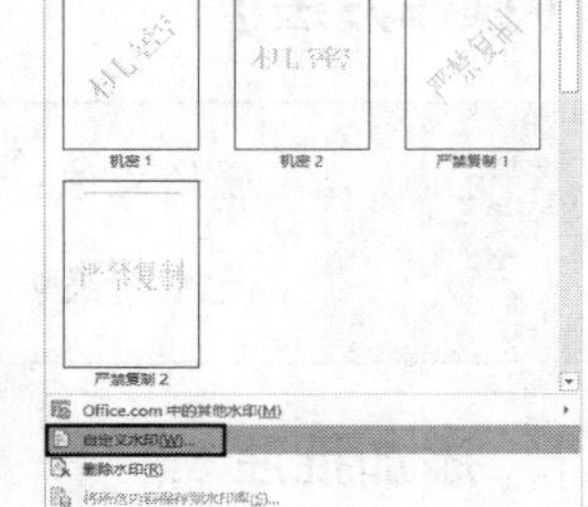

▲图 1-46

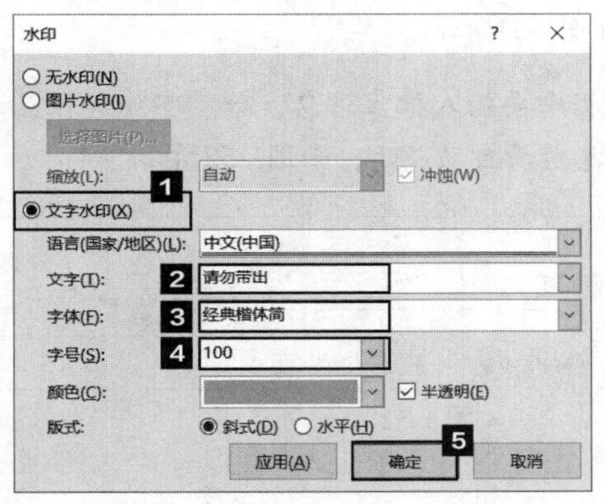

▲图 1-47

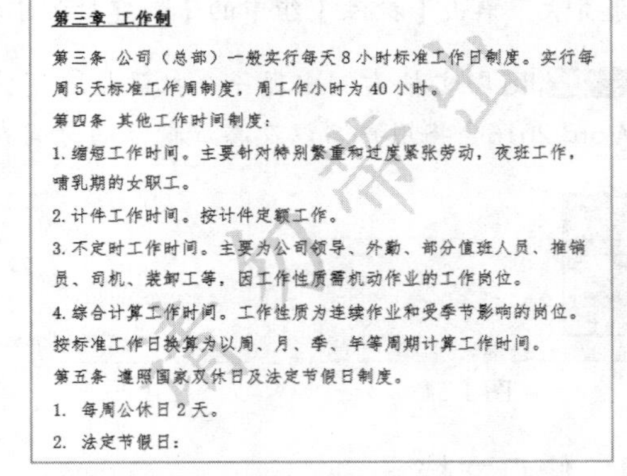

第三章 工作制

第三条 公司（总部）一般实行每天8小时标准工作日制度。实行每周5天标准工作周制度，周工作小时为40小时。

第四条 其他工作时间制度：

1.缩短工作时间。主要针对特别繁重和过度紧张劳动，夜班工作，哺乳期的女职工。

2.计件工作时间。按计件定额工作。

3.不定时工作时间。主要为公司领导、外勤、部分值班人员、推销员、司机、装卸工等，因工作性质需机动作业的工作岗位。

4.综合计算工作时间。工作性质为连续作业和受季节影响的岗位。按标准工作日换算为以周、月、季、年等周期计算工作时间。

第五条 遵照国家双休日及法定节假日制度。

1. 每周公休日2天。

2. 法定节假日：

▲图 1-48

文档页面颜色的设置很简单，只要单击【页面背景】组中的【页面颜色】按钮，从下拉列表中选择一种合适的背景颜色即可，如图1-49所示。

或者可以单击【主题颜色】中的【其他颜色】选项，打开【颜色】对话框，在【颜色】对话框中自定义颜色的RGB值，如图1-50所示。

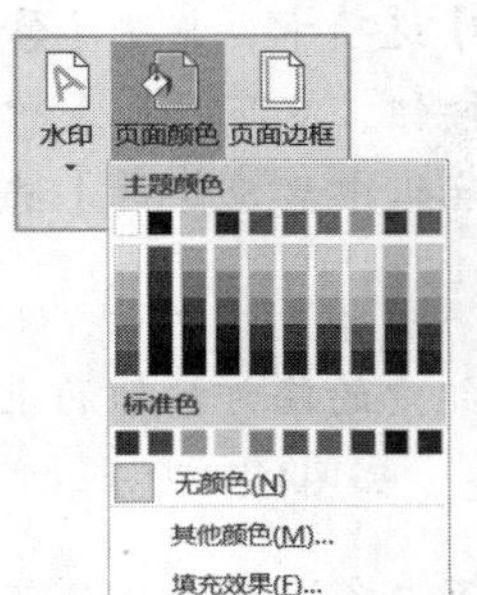

▲图 1-49

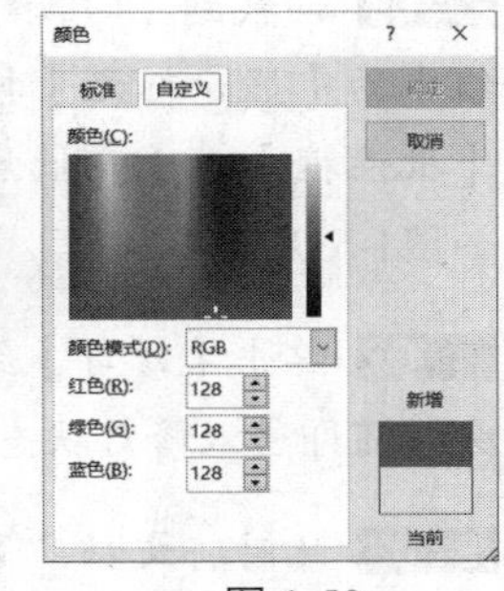

▲图 1-50

小贴士

在设置文档的页面背景时，建议在水印和页面颜色两种方式中只选择一种，否则背景内容过多，既影响美观，也不利于文档内容的展示，从而影响用户的阅读效果。

1.2.4 审阅文档

【理论基础】

在日常工作中，某些文件可能需要经过领导审阅或相互讨论后才能够执行，这时用户就需要在文件上进行一些批示或修改。Word 2016提供了批注和修订等审阅工具，可以帮助用户更好地理解及跟踪文档的修改情况，大大提高工作效率。下面分别介绍审阅功能的具体应用。

【操作方法】

案例素材	原始文件：素材\第1章\公司考勤制度03—原始文件 最终效果：素材\第1章\公司考勤制度03—最终效果	 1-8 审阅文档

1. 添加批注

01 打开本案例的原始文件，选中需要添加批注的文字，如“第一章 总则”，切换到【审阅】选项卡，单击【批注】组中的【新建批注】按钮，如图1-51所示。

02 随即文档右侧出现一个批注框，用户可以根据需要输入批注信息，如“字体加粗显示”，Word 2016会将用户名以及添加批注的时间在批注信息前面自动显示，如图1-52所示。

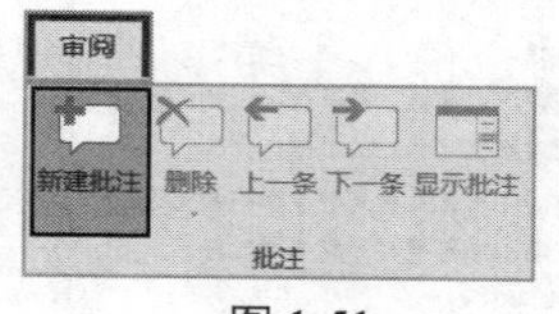

▲图 1-51

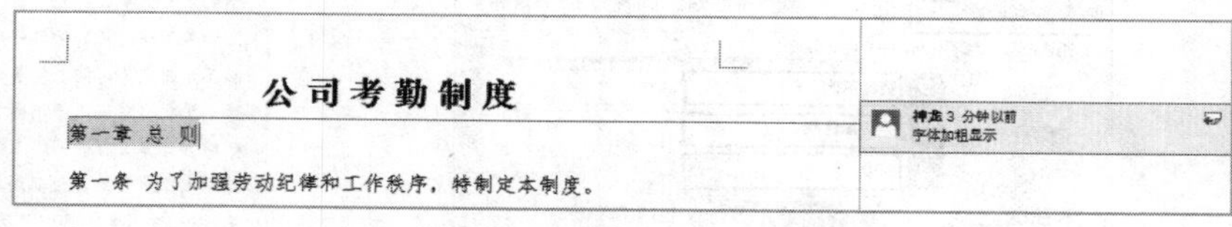

▲图 1-52

2. 修订文档

01 切换到【审阅】选项卡，单击【修订】组中的【显示标记】按钮，从下拉列表中选择【批注框】→【在批注框中显示修订】选项，如图1-53所示。

02 单击【修订】组中的修订按钮的上半部分，随即进入修订状态，如图1-54所示。

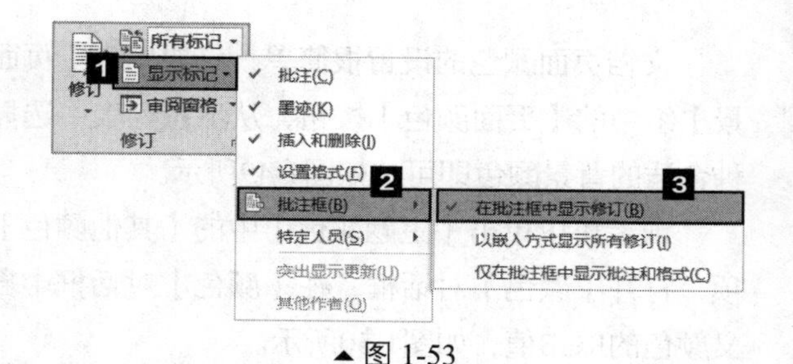

▲图 1-53

03 此时将文档“第二条”中的括号部分删除，则右侧批注框中将显示修订的内容（作者、修订时间和删除的内容），如图1-55所示。

▲图 1-54

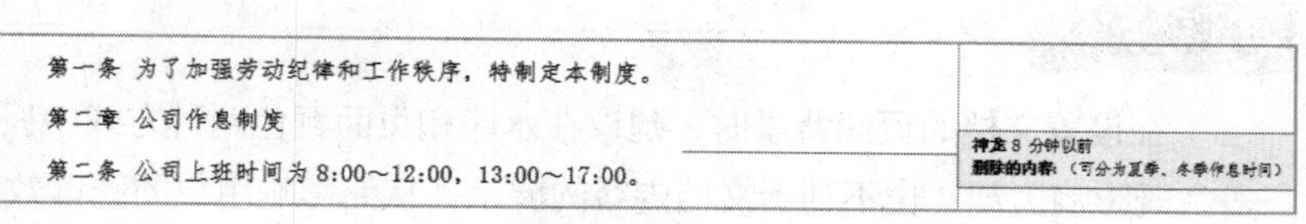

▲图 1-55

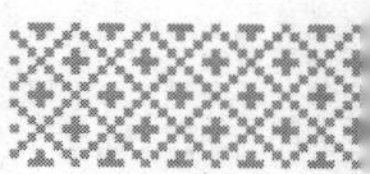

知识链接

对文档修订前如果没有设置步骤01的内容，直接修订后的显示效果如图1-56所示。

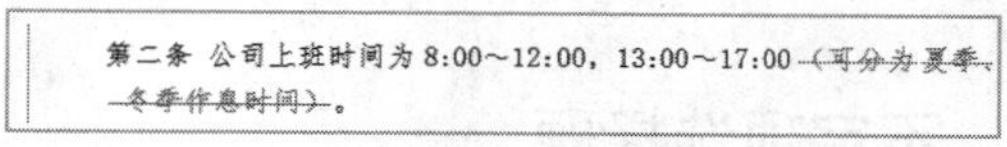

第二条 公司上班时间为8:00～12:00，13:00～17:00~~（可分为夏季、冬季作息时间）~~。

▲图 1-56

1.3 综合实训：“不忘初心，强国有我”歌唱方案

【实训目标】

通过设置“不忘初心，强国有我”歌唱方案的文档格式，掌握文档格式设置的要点，从而进一步提高Word文档的编辑与美化能力。

【实训操作】

01 打开本实训的原始文件，将文档标题的字体设置为三号字、居中显示。

02 将正文第一段最后一句中“不忘初心，强国有我”几个字设置为斜体、双下画线。

03 将一级标题的字体设置为四号、加粗显示；二级标题的字体设置为四号。

04 将正文的段落间距设置为1.5倍行距。

05 对文档进行加密，设置文档的打开密码为“666666”。文档设置好后的效果如图1-57所示。

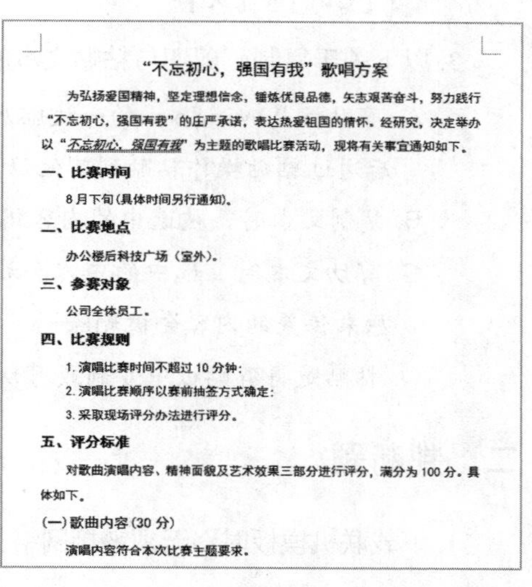

“不忘初心，强国有我”歌唱方案

为弘扬爱国精神，坚定理想信念，锤炼优良品德，矢志艰苦奋斗，努力践行“不忘初心，强国有我”的庄严承诺，表达热爱祖国的情怀。经研究，决定举办以“*不忘初心，强国有我*”为主题的歌唱比赛活动，现将有关事宜通知如下。

一、比赛时间

8月下旬(具体时间另行通知)。

二、比赛地点

办公楼后科技广场（室外）。

三、参赛对象

公司全体员工。

四、比赛规则

1. 演唱比赛时间不超过10分钟；
2. 演唱比赛顺序以赛前抽签方式确定；
3. 采取现场评分办法进行评分。

五、评分标准

对歌曲演唱内容、精神面貌及艺术效果三部分进行评分，满分为100分。具体如下。

(一)歌曲内容(30分)

演唱内容符合本次比赛主题要求。

▲图 1-57

等级考试重难点内容

本章主要考查用户对Word文档的基本编辑操作，需读者重点掌握以下内容。

1. 新建文档（新建空白文档、新建基于模板的文档）。

2. 保存文档（保存新建的文档、将文档另存、设置自动保存）。

3. 对文档内容进行简单编辑（输入当前日期或时间、查找和替换是重点）。

4. 保护文档（设置文档加密、启动强制保护）。

5. 设置文档格式（设置字体格式、段落格式和页面背景）。

6. 对文档进行审阅（添加批注、修订文档）。

本章习题

一、不定项选择题

1. 在Word 2016中，创建一个新的空白文档的组合键是（　　）。

A.【Ctrl】+【C】　　B.【Ctrl】+【D】
C.【Ctrl】+【F】　　D.【Ctrl】+【N】

2. 以下组合键中，可以打开【查找和替换】对话框的是（　　）。

A.【Ctrl】+【F】　　B.【Ctrl】+【H】
C.【Ctrl】+【X】　　D.【Ctrl】+【Z】

3. 以下关于复制、剪切与粘贴文本的内容中，正确的有（　　）。

A. 剪贴板是Windows的一块临时存储区，复制和剪切的内容都会临时存储在剪贴板上，然后通过粘贴操作粘贴到其他位置
B. 复制文本时，被选中的内容仍按原样保留在原来的位置，同时会被复制一份到剪贴板中
C. 剪切文本时，选中的内容会放入剪贴板中，执行粘贴操作后，会出现一份相同的信息，原来位置的内容会被删除
D. 粘贴是将剪贴板中复制或剪切的内容粘贴到文档的其他位置

二、判断题

1. 下载联机模板时，无须链接网络，直接下载即可。（　　）

2. 按【Backspace】键，向右删除一个字符；按【Delete】键，向左删除一个字符。（　　）

3. 在编辑文档的过程中，可以按【Ctrl】+【S】组合键对已完成内容进行保存。（　　）

三、简答题

1. 对于已经保存的文档，再次编辑后可以使用哪些方式保存？

2. 简述常用的企业文档中字体的设置标准。

3. 选择一种审阅工具，简要介绍其操作方法。

四、操作题

1. 对“员工行为准则”文档的字体格式和段落格式进行设置，使文档看起来更美观、易读。

2. 设置文档的限制编辑类型，仅允许在文档中添加批注，密码设置为“12345”。

第2章 图文混排与表格应用

Word文档的主要功能是文字编辑功能，用户打开文档后便可直接输入文字进行编辑。但是在日常办公文档中，为了使文档内容更丰富，排版方式更灵活，有时还需要插入文本框、图片、形状和表格等元素。本章内容将结合日常办公中具有代表性的图文混排文档（如工作证、企业文化手册等），介绍文本框、图片、形状和表格的具体应用。通过本章的学习，读者能够轻松掌握图文混排的技巧，制作出美观、大方的办公文档。

学习目标

1. 掌握文本框的插入与设置方法
2. 掌握图片的插入与设置方法
3. 掌握形状的插入与设置方法
4. 掌握表格的插入与设置方法
5. 学会文档页面的设置方法
6. 学会插入并设置个性封面样式的方法

2.1 工作证

【案例分析】

工作证是单位或公司组织成员的证件，主要作为员工在某单位工作的凭证，是公司形象和认证的一种标志。每个单位或公司可以根据自身需要，制作专属的工作证。

具体要求：在已创建的工作证文档中，插入文本框，输入工作证标题并进行字体格式设置；插入图片，调整图片的位置，将图片裁剪为圆形；插入形状，设置形状格式并放在合适的位置；插入表格，在表格中输入内容并进行格式设置。

【知识与技能】

一、插入并设置文本框　　三、插入并设置形状
二、插入并设置图片　　四、插入并设置表格

2.1.1 插入并设置文本框

【理论基础】

在Word文档中，如果想要调整部分文字的位置，可以通过设置对齐方式、段落间距，或者输入空格等方式来实现。但是以上操作都过于复杂，甚至有时还达不到想要的效果。对于这种情况，我们可以通过插入文本框的方式来编辑文字。文本框可以直接通过鼠标来调整大小或移动位置，操作起来十分方便。下面介绍文本框的具体应用。

【操作方法】

案例素材	原始文件：素材\第2章\工作证—原始文件 最终效果：素材\第2章\工作证—最终效果	 2-1 插入并设置文本框

01 打开本案例的原始文件，切换到【插入】选项卡，单击【文本】组中的【文本框】按钮，从下拉列表中选择【绘制文本框】选项，如图2-1所示。

02 此时鼠标指针变成十字形状，按住鼠标左键拖曳即可绘制一个文本框，在文本框中输入“工作证”，其字体格式设置为方正兰亭粗黑简体、40号、绿色，字符间距加宽5磅，如图2-2所示。

03 将文本框的边框设置为【无轮廓】。选中文本框，切换到【绘图工具】的【格式】选项卡，单击【形状样式】组中的【形状轮廓】按钮，从下拉列表中选择【无轮廓】选项，如图2-3所示。

▲图 2-1

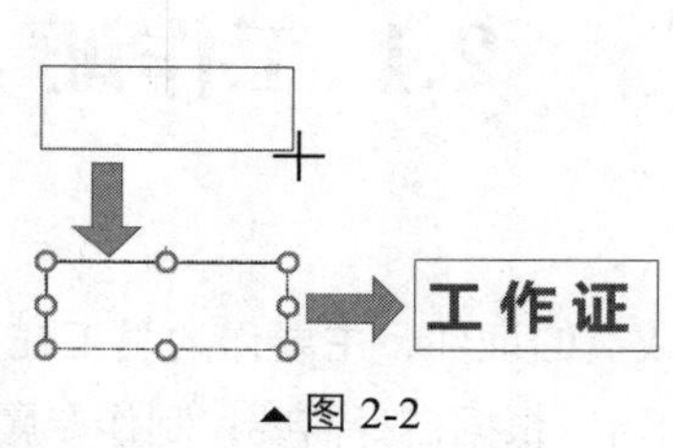

▲图 2-2

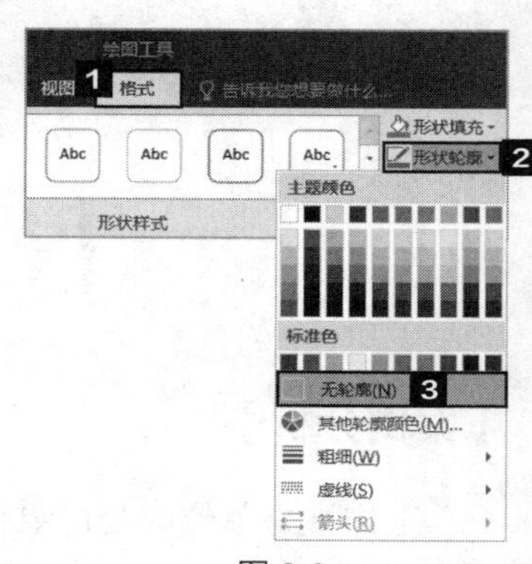

▲图 2-3

04 再插入一个文本框，输入英文“WORK PERMIT”，将其字体格式设置为Arial Black、17号、绿色，将文本框的边框也设置为【无轮廓】，然后将其移至“工作证”的下方，效果如图2-4所示。

工作证
WORK PERMIT

▲图 2-4

小贴士

文本框由于可以灵活地调整大小和移动位置，因此适用于多元素排版的场合。选中文本框后，将鼠标指针移至其边缘的8个小圆圈上，当鼠标指针变成双向箭头形状时，按住鼠标左键拖曳即可调整文本框大小；选中文本框后，将鼠标指针移至其四周的边线上，当鼠标指针变成十字箭头形状时，按住鼠标左键拖曳即可移动文本框位置。

2.1.2 插入并设置图片

【理论基础】

在制作工作证时，为了展示员工形象，通常会插入员工的个人照片。为了使工作证的版面更美观，在插入照片后，还需要用到文字环绕和裁剪功能来对照片进行编辑和裁剪。下面介绍插入图片的具体操作方法。

【操作方法】

案例素材	原始文件：素材\第2章\工作证01—原始文件 最终效果：素材\第2章\工作证01—最终效果

2-2 插入并设置图片

01 打开本案例的原始文件，切换到【插入】选项卡，单击【插图】组中的【图片】按钮，如图2-5所示。

▲图 2-5

02 弹出【插入图片】对话框，选择需要的图片素材，单击【插入】按钮，如图2-6所示。

03 选中插入的图片，单击图片右上角的【布局选项】按钮，打开"布局选项"下拉列表，从下拉列表的【文字环绕】组中选择【浮于文字上方】，如图2-7所示。

04 文字环绕设置完成后，即可对图片进行编辑。将图片调整为合适的大小，移至标题下方，如图2-8所示。

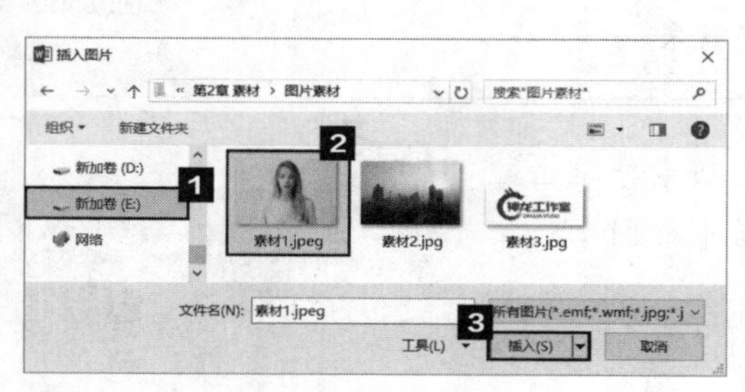

▲图 2-6

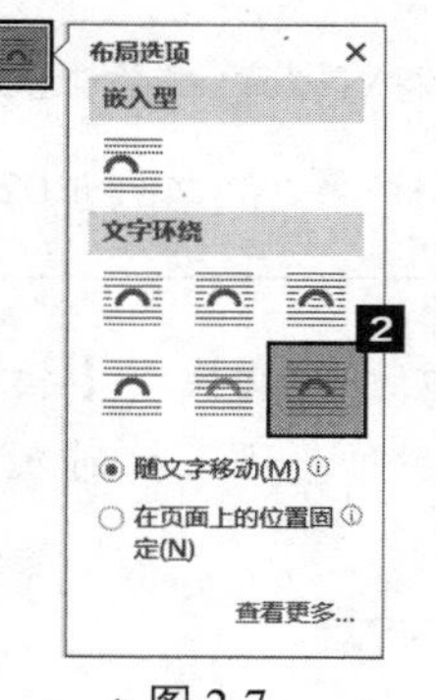

▲图 2-7

▲图 2-8

05 切换到【图片工具】的【格式】选项卡，单击【大小】组中的【裁剪】按钮，从下拉列表中选择【裁剪为形状】→【椭圆】选项，如图2-9所示。

06 单击【裁剪】按钮，从下拉列表中选择【纵横比】→【1:1】选项，如图2-10所示。这样，椭圆形图片会按纵横比1:1进行裁剪，变成圆形，如图2-11所示。

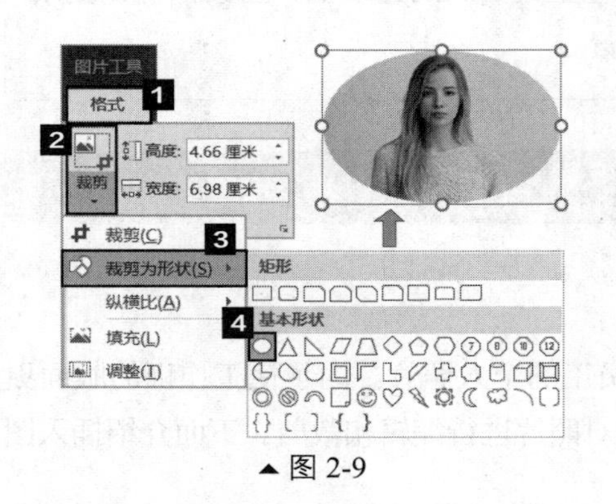

▲图 2-9

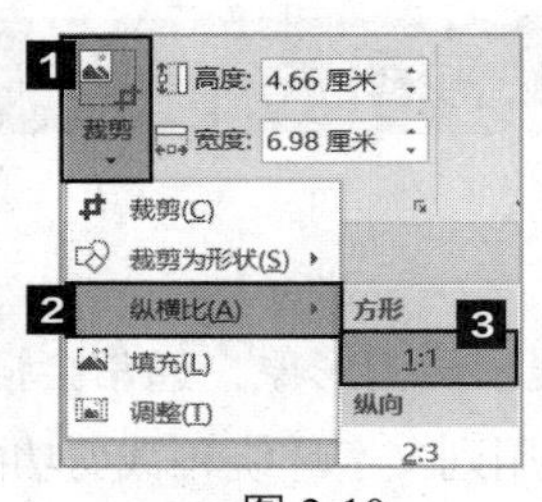

▲图 2-10

▲图 2-11

小贴士

由于在Word中默认插入的图片是嵌入式的，嵌入式图片与文字属于同一层，图片好比单个的特大字符，被放置在两个字符之间。为了美观和便于排版，用户需要先调整图片的环绕方式，如本案例将环绕方式设置为【浮于文字上方】。

2.1.3 插入并设置形状

【理论基础】

有时根据排版需求，用户需要在文档中插入一些形状元素。例如，在制作工作证的案例中，插入的员工照片颜色较浅，不太容易与背景区分，这时就可以插入一个椭圆，将照片放在椭圆中，使照片内容更突出。下面介绍插入形状的具体操作方法。

【操作方法】

案例素材	原始文件：素材\第2章\工作证02—原始文件 最终效果：素材\第2章\工作证02—最终效果	 2-3 插入并设置形状

01 打开本案例的原始文件，切换到【插入】选项卡，单击【插图】组中的【形状】按钮，从下拉列表中选择【椭圆】选项，如图2-12所示。

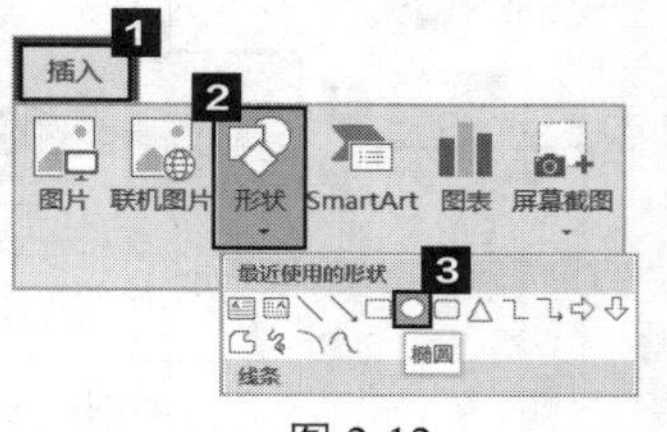

▲图 2-12

02 当鼠标指针变成十字形状时，按住【Shift】键，同时按住鼠标左键拖曳，即可绘制一个圆形，如图2-13所示。

03 切换到【绘图工具】的【格式】选项卡，将【形状填充】设置为【无填充颜色】，将【形状轮廓】设置为绿色，将【粗细】设置为3磅，如图2-14所示。

04 设置完成后，将圆形移至照片上方，调整好其位置和大小，效果如图2-15所示。

▲图 2-13

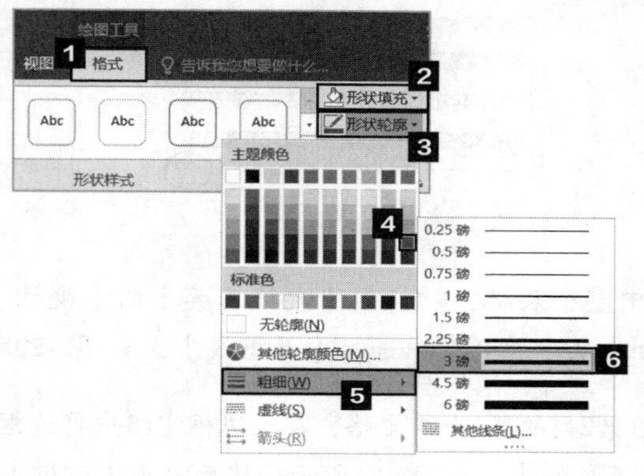

▲图 2-14

▲图 2-15

2.1.4 插入并设置表格

【理论基础】

在对文档进行排版时，有些文字需要整齐排列，如工作证中的姓名、部门、职务、编号等信息。对于这类信息，我们可以使用表格的形式输入，以方便排版。插入表格的具体操作方法如下。

【操作方法】

案例素材	原始文件：素材\第2章\工作证03—原始文件 最终效果：素材\第2章\工作证03—最终效果	 2–4 插入并设置表格

01 打开本案例的原始文件，切换到【插入】选项卡，单击【表格】组中的【表格】按钮，从下拉列表中选择【插入表格】选项，如图2-16所示。

02 弹出【插入表格】对话框，在【表格尺寸】组中，将【列数】调整为2，【行数】调整为6，单击【确定】按钮，即可在文档中插入表格，如图2-17所示。

03 单击表格左上角的按钮⊞可全选整个表格，按住鼠标左键拖曳，将表格移至合适的位置。然后将鼠标指针放在表格右下角，当鼠标指针变成斜向双箭头时，可以调整表格大小，如图2-18所示。

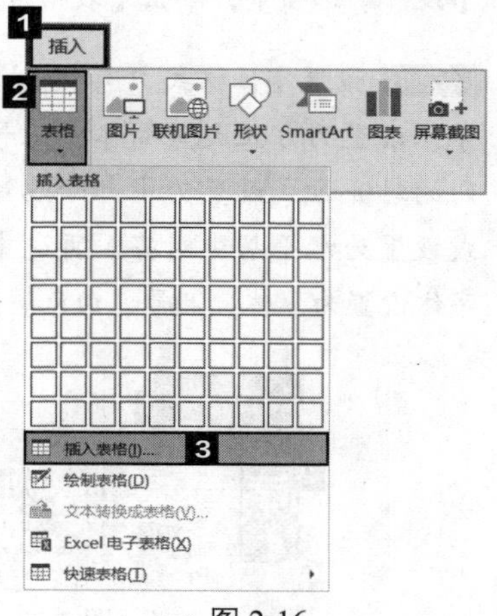

▲图 2-16

04 在表格的对应位置输入内容，如图2-19所示。

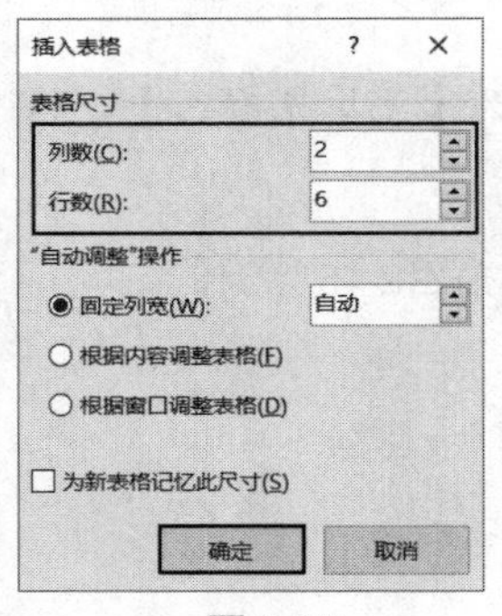

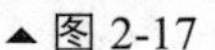

▲图 2-17

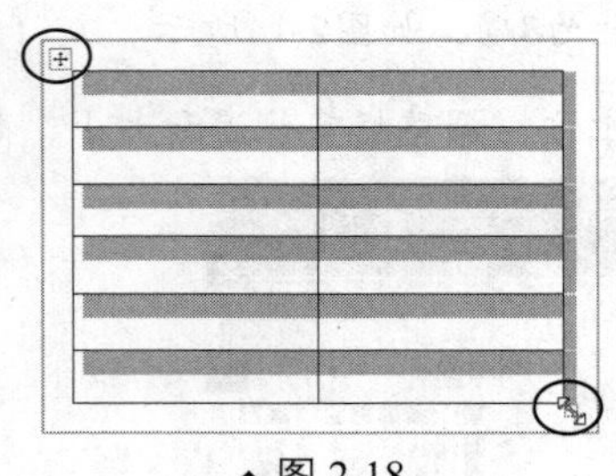

▲图 2-18

姓名/Name：	曼迪
部门/Department：	财务部
职务/Position：	经理
编号/Number：	6898
神龙工作室	

▲图 2-19

05 设置表格格式。选中整个表格，切换到【表格工具】的【设计】选项卡，单击【边框】组中【边框】按钮的下半部分，从下拉列表中选择【无框线】，如图2-20所示。

06 设置表格边框。选中第2列的第1个单元格，在【边框】组中将边框粗细设置为1.5磅，绿色，在【边框】下拉列表中选择【下框线】，如图2-21所示。然后单击【边框】组中的【边框刷】按钮，此时鼠标指针变成笔状，依次在第2列的第2个～第4个单元格的下边框上单击，如图2-22所示。

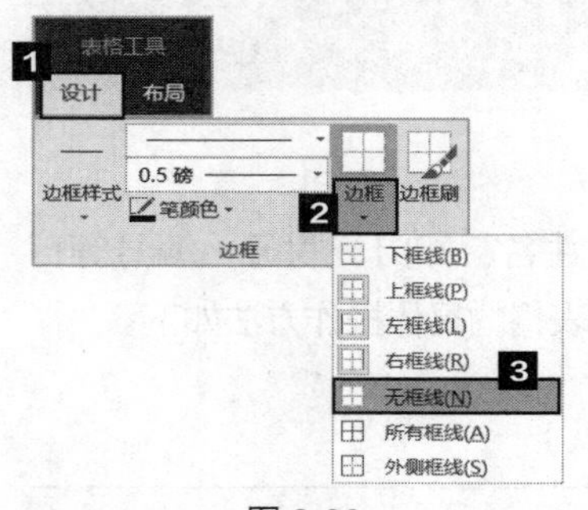

▲图 2-20

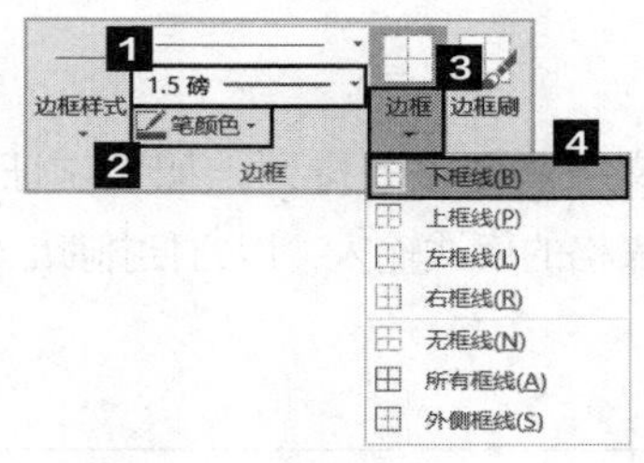

▲图 2-21

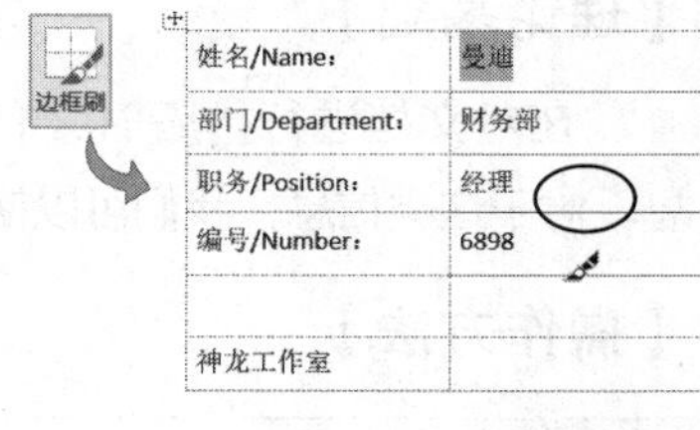

▲图 2-22

07 设置表格最后一行。选中表格的最后1行，切换到【表格工具】的【布局】选项卡，单击【合并】组中的【合并单元格】按钮，然后单击【对齐方式】组中的 【水平居中】按钮，如图2-23所示。切换到【设计】选项卡，单击【表格样式】组中的【底纹】按钮，从下拉列表中选择绿色，如图2-24所示。

08 设置字体格式。选中表格的第1行～第4行，将字体设置为方正大黑简体、三号、绿色。然后将第1列的对齐方式设置为中部两端对齐，第2列的对齐方式设置为水平居中对齐。再选中表格的最后1行，将字体设置为黑体、20号、白色。效果如图2-25所示。

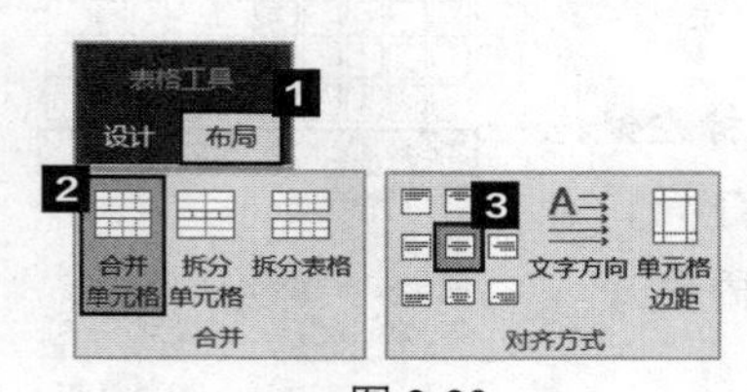

▲图 2-23

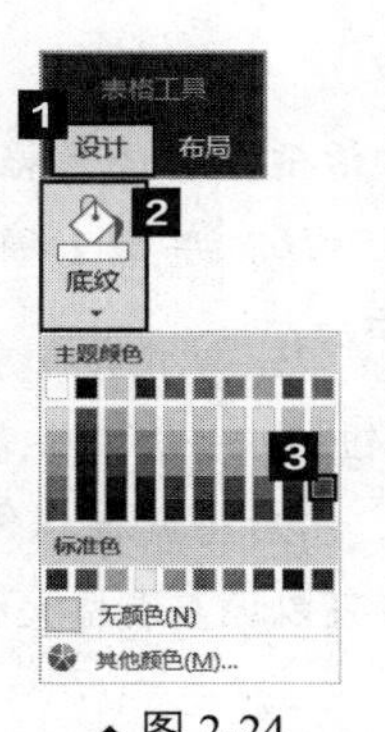

▲图 2-24

▲图 2-25

素养教学

新时代需要新担当、新作为，青年大学生要立鸿鹄志、做奋斗者，要求学真学问、练真本领，要知行合一、做实干家，努力在奋斗中释放青春激情、追逐青春理想！坚持以德智体美劳全面发展的社会主义事业建设者和接班人的使命担当，为“两个一百年”奋斗目标，为中华民族伟大复兴的中国梦奉献青春、才智和力量！

2.2 企业文化手册

【案例分析】

企业文化手册是企业文化塑造和设计的最终成果。企业文化手册是企业文化对外宣传的一种手段，可对外发放，以达到一定的宣传效果。同时，它也是让企业内部员工了解并加以学习进而提高企业宣传力的一种途径。本节主要介绍企业文化手册的页面设置和封面设置的内容。

具体要求：设置文档的页面布局，调整页边距、纸张方向和纸张大小；插入封面，通过插入图片和文本框，快速地为文档设计封面。

【知识与技能】

一、设置页边距
二、设置纸张方向
三、设置纸张大小
四、插入封面页
五、设计个性化封面样式

2.2.1 设置页面

【理论基础】

创建文档后，用户需要根据文档的内容或排版需要，对文档进行页面设置，内容包括：页边距、纸张方向和纸张大小。页边距是页面的边线到文字的距离，设置页边距可以使文档的正文部分与页面边缘保持一个合适的距离。纸张方向分为两种：横向和纵向，其中纵向是比较常规的设置选项。纸张大小也分为多种不同的类型，为了便于打印输出，最常用的纸张大小为A4。下面介绍页面设置的具体操作方法。

【操作方法】

案例素材	原始文件：素材\第2章\企业文化手册—原始文件 最终效果：素材\第2章\企业文化手册—最终效果	 2–5 设置页面

01 设置页边距。打开本案例的原始文件，切换到【布局】选项卡，单击【页面设置】组中的【页边距】按钮，从下拉列表中选择一种合适的页边距选项，如本案例中选择【适中】选项，如图2-26所示。

02 设置纸张方向。单击【页面设置】组中的【纸张方向】按钮，从下拉列表中选择【纵向】，如图2-27所示。

03 设置纸张大小。单击【页面设置】组中的【纸张大小】按钮，从下拉列表中选择合适的纸张大小，如本案例选择【A4】选项，如图2-28所示。

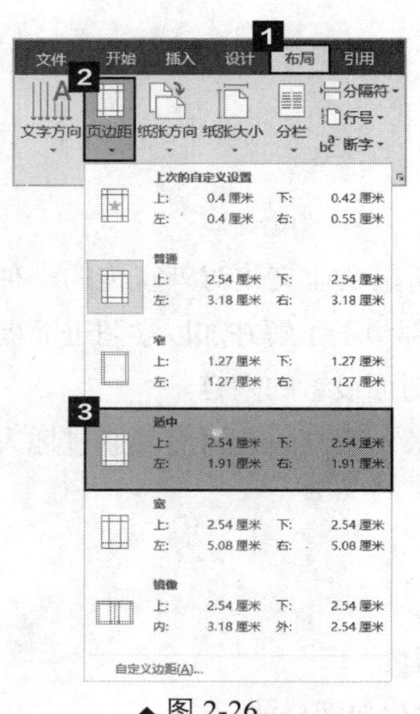

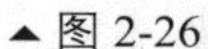

▲图2-26

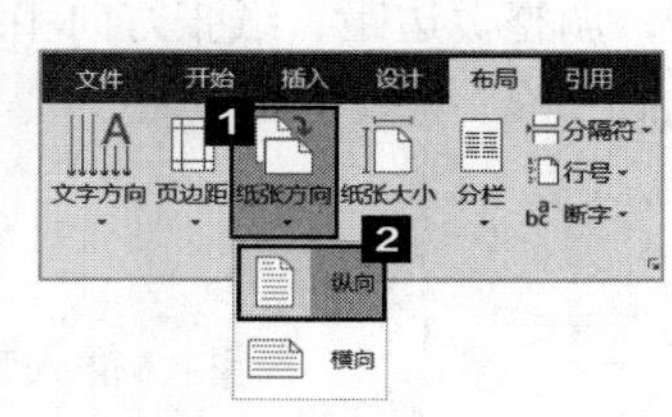

▲图2-27

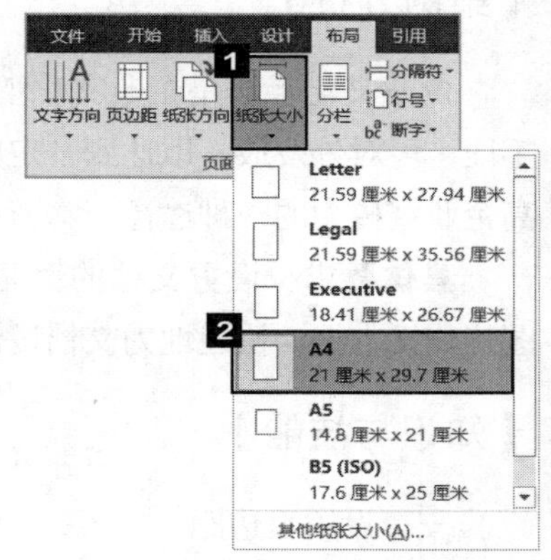

▲图2-28

知识链接

以上页面设置中，下拉列表中的选项都是Word系统内置的选项，但是系统内置选项并不能涵盖所有办公文档的页面设置内容。当内置选项无法满足用户的设置需求时，用户可以自定义页面设置的内容，具体操作如下。

单击【页面设置】右下角的对话框启动器按钮，打开【页面设置】对话框，自定义设置页边距、纸张方向、纸张大小等，如图2-29所示。

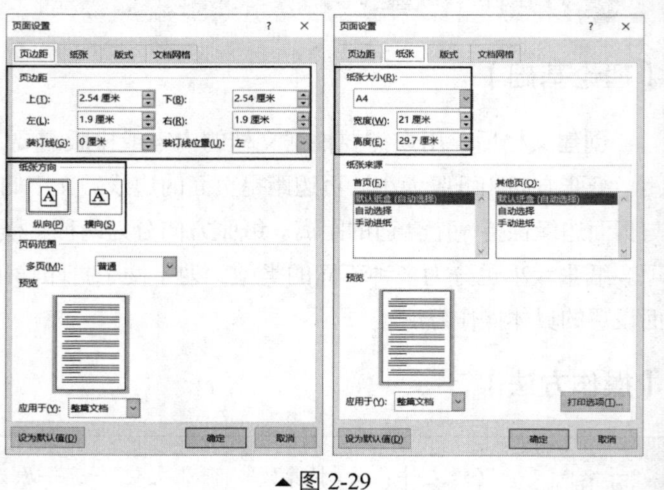

▲图2-29

2.2.2 插入封面

【理论基础】

Word 2016中提供了多种封面样式，用户可以直接插入合适的封面样式，然后进行简单的修改。如果系统内置的封面样式不能满足用户的需求，用户也可以插入一个空白页，设置个性化的封面样式。下面介绍具体的操作方法。

【操作方法】

案例素材	原始文件：素材\第2章\企业文化手册01—原始文件 最终效果：素材\第2章\企业文化手册01—最终效果

2-6 插入封面

1. 插入系统内置封面

打开本案例的原始文件，切换到【插入】选项卡，单击【页面】组中的【封面】按钮，从下拉列表中选择一种合适的封面样式即可，如图2-30所示。

▲图 2-30

2. 设置自定义封面

01 插入一个空白页作为封面页。首先将鼠标光标定位到文档首行的行首，然后切换到【插入】选项卡，单击【页面】组中的【空白页】按钮，如图2-31所示，即可在首行的前面插入一个空白页。

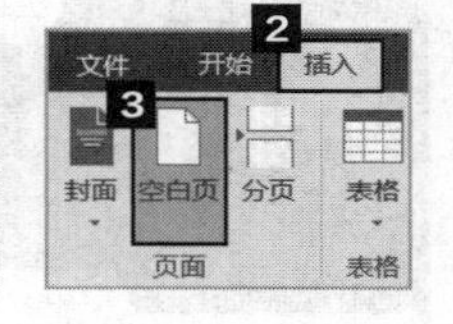

▲图 2-31

02 在封面页中插入图片。将鼠标光标定位在插入的空白页中，插入一张需要的图片，然后选中该图片，将其文字环绕方式设置为【衬于文字下方】，如图2-32所示。并将图片裁剪为【六边形】，如图2-33所示。调整图片大小并移至封面页中间偏下的位置，如图2-34所示。

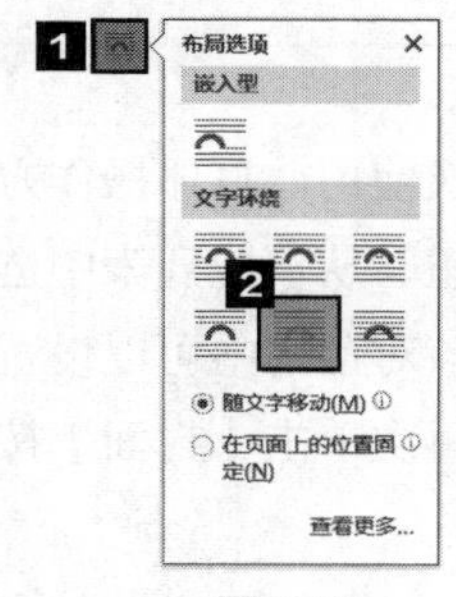

▲图 2-32

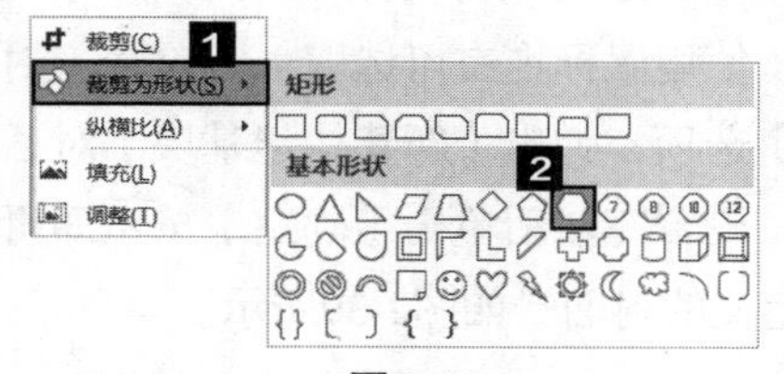

▲图 2-33

▲图 2-34

03 在封面页中插入形状。使用插入形状功能在封面页中绘制一个六边形，并将六边形的【形状轮廓】设置为【无轮廓】，将【形状填充】颜色设置为蓝色，个性色1，深色25%，然后调整好六边形的大小，将其移至图片上方，如图2-35所示。

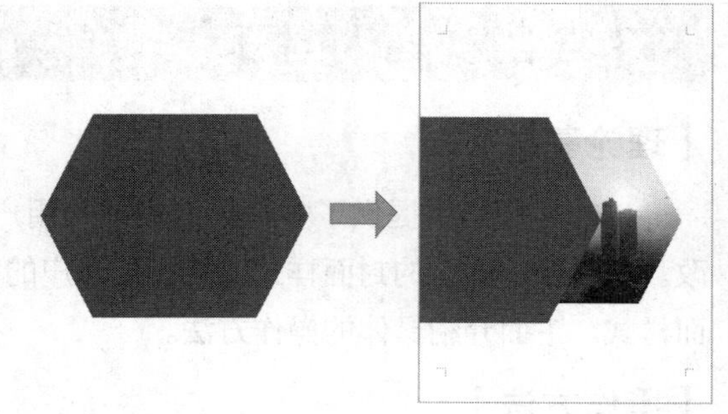

▲图 2-35

04 在封面页中插入标题。使用插入文本框功能，插入一个横排文本框，输入标题“企业文化手册”，将其字体格式设置为方正大黑简体、48号、白色。再插入一个横排文本框，输入英文“The enterprise culture”，将其字体格式设置为方正大黑简体、28号、白色。效果如图2-36所示。

05 在封面页中插入公司Logo（商标）。为进一步修饰封面，使用插入图片功能插入企业的Logo图片。调整好Logo图片的大小，并移至封面左上角位置，如图2-37所示。

06 在封面页中插入年份。使用插入文本框功能，插入一个横排文本框，输入年份“2022”，将其字体格式设置为方正大黑简体、20号，居中显示。然后调整好文本框的大小，并移至封面右上角位置，如图2-38所示。

▲图 2-36

▲图 2-37

▲图 2-38

知识链接

用户在自定义封面设置完成后，还可以将其保存到封面库中，以供下次使用。具体操作方法为：选中封面页的所有内容（使用鼠标拖曳可选取），单击【封面】按钮，从下拉列表中选择【将所选内容保存到封面库】选项，弹出【新建构建基块】对话框，在该对话框中可以设置自定义封面的【名称】等内容，设置完成后单击【确定】按钮即可。用户再次单击【封面】按钮，即可在下拉列表中看到自定义的封面，如图2-39所示。

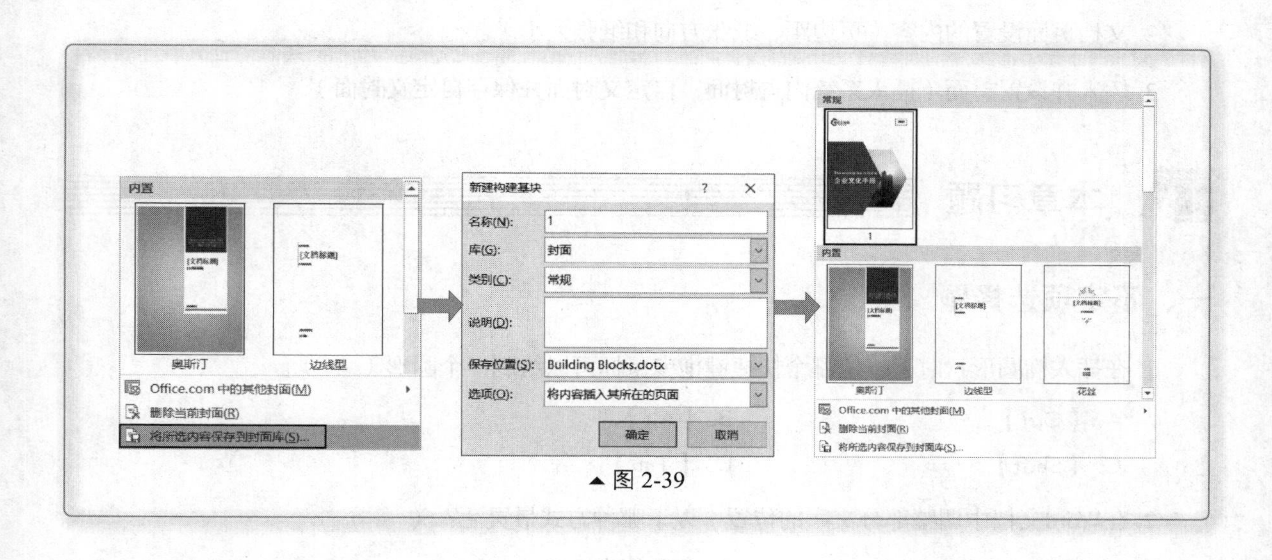

▲图 2-39

2.3 综合实训："志存高远"个人简历制作

【实训目标】

通过制作个人简历，掌握文本框、形状、图片和表格等元素在Word排版中的应用，并且通过对个人简历内容的填写，促进学生制定未来就业目标，不断提高自身素质，为今后顺利就业做好准备。

【实训操作】

01 新建一个Word文档，通过插入形状并进行设计，规划简历的框架结构。

02 插入文本框，填写各项目的标题及具体内容。注意字体格式、段落格式的设置。

03 为了更好地展示个人形象，可以在简历中插入一张证件照并进行简单设置，如图2-40所示（仅供参考，学生可设计出更有创意的简历模板）。

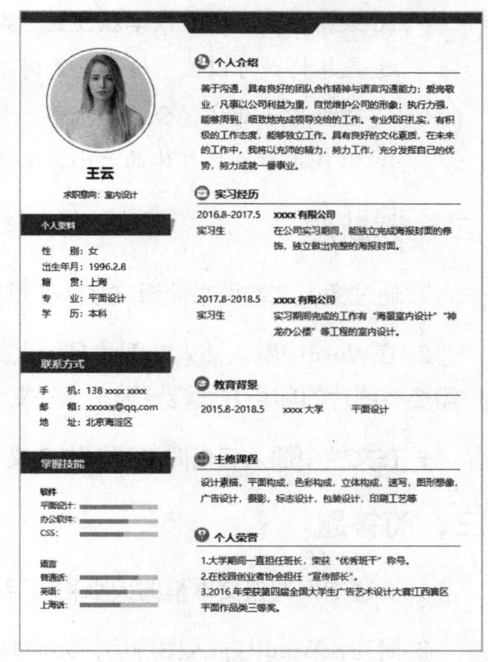

▲图 2-40

等级考试重难点内容

本章主要考查Word文档的图文混排与表格应用，需读者重点掌握以下内容。

1. 图文混排的方法（插入并设置文本框、图片、形状和表格）。

2. 文档页面设置的内容（页边距、纸张方向和纸张大小）。

3. 插入并设置封面（插入系统内置封面，自定义封面并保存自定义封面）。

本章习题

一、不定项选择题

1. 在插入椭圆形状时，按住哪个快捷键拖曳鼠标可以绘制一个圆形（　　）。

A. 【Ctrl】　　B. 【Alt】

C. 【Shift】　　D. 【Tab】

2. 在Word文档中调整部分文字的位置，以下哪种方式最灵活？（　　）

A. 设置对齐方式　　B. 设置段落间距

C. 输入空格　　D. 插入文本框

3. 以下关于在Word中插入表格的说法中，正确的有（　　）。

A. 表格中的字体可以单独设置格式

B. 表格格式可以使用格式刷复制

C. 表格中不能实现合并单元格

D. 只能调整表格整体的大小，不能单独调整某行或列的大小

二、判断题

1. 通过插入文本框来编辑文字，在排版时更具灵活性。（　　）

2. 在Word中默认插入的图片是嵌入式的，嵌入式图片与文字属于同一层，为了便于排版，用户需要将图片的环绕方式设置为【浮于文字上方】。（　　）

3. 在文档中插入表格时，可以自定义表格的行数和列数。（　　）

三、简答题

1. 简述如何调整文本框的大小和位置。

2. 简述在Word中插入图片后，为何要调整环绕方式。

3. 简述如何将自定义封面保存到封面库中。

四、操作题

1. 在文档中插入一个表格，并对表格进行美化（设置字体格式、对齐方式、合并单元格）。

2. 为个人简历插入一个封面并进行设计。

第3章 高级排版

Word文档除了具备强大的文字处理和多元素排版功能，还支持套用样式，插入目录、页眉、页脚、题注、脚注、SmartArt图形等高级排版功能。本章内容将结合实际案例，按照循序渐进的原则，向读者介绍高级排版的具体功能及方法。

读者在学完本章内容后，可以快速提高Word文档排版的能力，轻松制作出专业的办公文档，并极大地提高日常办公效率。

学习目标

1. 学会套用并新建样式
2. 掌握分隔符的用法
3. 掌握插入题注和脚注的方法
4. 掌握页眉和页脚的具体设置方法
5. 学会插入并编辑目录
6. 学会插入并设置 SmartArt 图形

3.1 项目计划书

【案例分析】

在日常办公中的很多文档都要求格式规范、便于查看，即对排版的要求较高，如项目计划书就是其中一类。评价一份项目计划书质量的好坏，排版也是其中很重要的因素。下面我们以电商生鲜产品项目计划书为例，介绍文档高级排版的具体功能。

具体要求：对各级标题套用样式；将引言部分单独分页；插入题注和脚注；为文档设置页码；插入并编辑目录。

【知识与技能】

一、为文档使用样式
二、插入分页符与分节符
三、插入题注和脚注
四、插入页码
五、插入并编辑目录

3.1.1 使用样式

【理论基础】

样式是一组已经命名的字符和段落格式。在编辑文档的过程中，正确设置和使用样式可以极大地提高工作效率。Word 2016系统中内置了一个样式库，用户可以直接使用内置样式设置文档格式，也可以根据需求修改或新建样式。下面介绍具体的操作方法。

【操作方法】

案例素材	原始文件：素材\第3章\项目计划书—原始文件 最终效果：素材\第3章\项目计划书—最终效果	 3–1 使用样式

1. 使用内置样式库

01 打开本案例的原始文件，选中正文中的所有一级标题文本（按【Ctrl】键可以同时选中多个不相邻的文本），切换到【开始】选项卡，单击【样式】组中样式列表右下角的【其他】按钮，如图3-1所示。

▲图 3-1

02 弹出【样式】下拉列表，从中选择合适的样式，如【一级标题】选项，如图3-2所示。

03 选中正文中的所有二级标题文本，使用同样的方法，从【样式】下拉列表中选择【二级标题】选项，如图3-3所示。一级标题和二级标题的设置效果如图3-4所示。

▲图 3-2

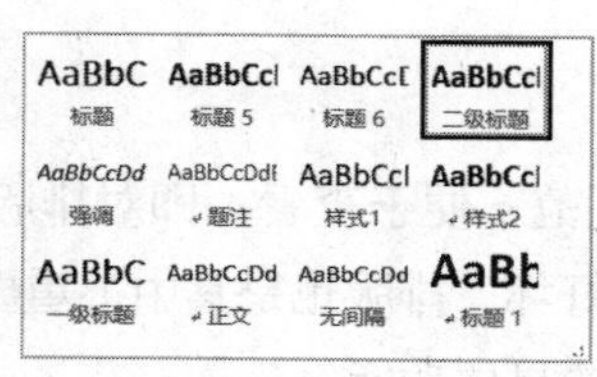

▲图 3-3

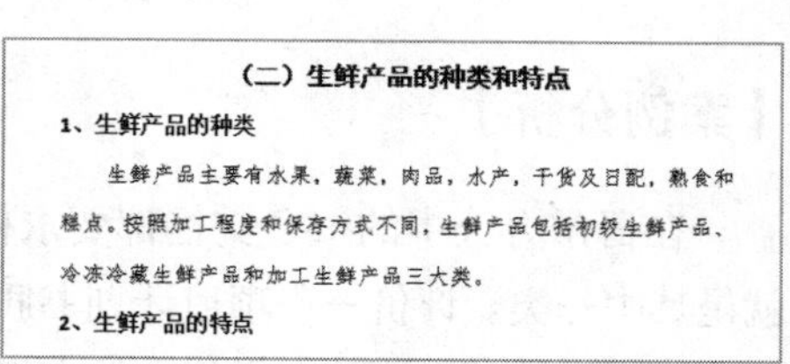

▲图 3-4

2. 自定义样式

如果系统内置的样式无法满足排版需求，用户就可以根据需要使用自定义样式。

01 切换到【开始】选项卡，单击【样式】组中右下角的对话框启动器按钮，弹出【样式】任务窗格，单击左下角的【新建样式】按钮，如图3-5所示。

02 弹出【根据格式设置创建新样式】对话框，单击【格式】按钮即可对字体或段落的格式进行设置，如图3-6所示。

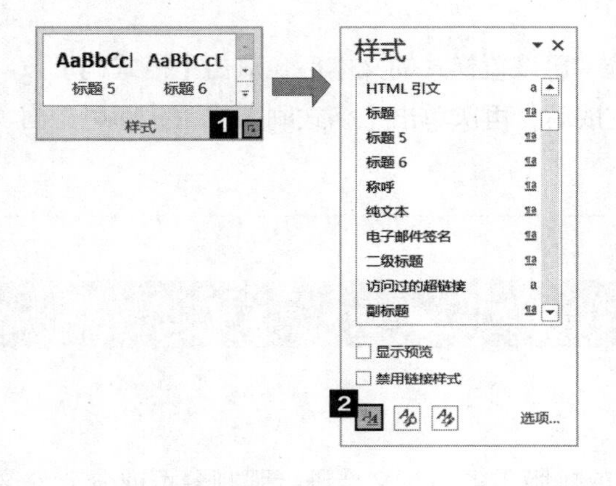

▲图 3-5

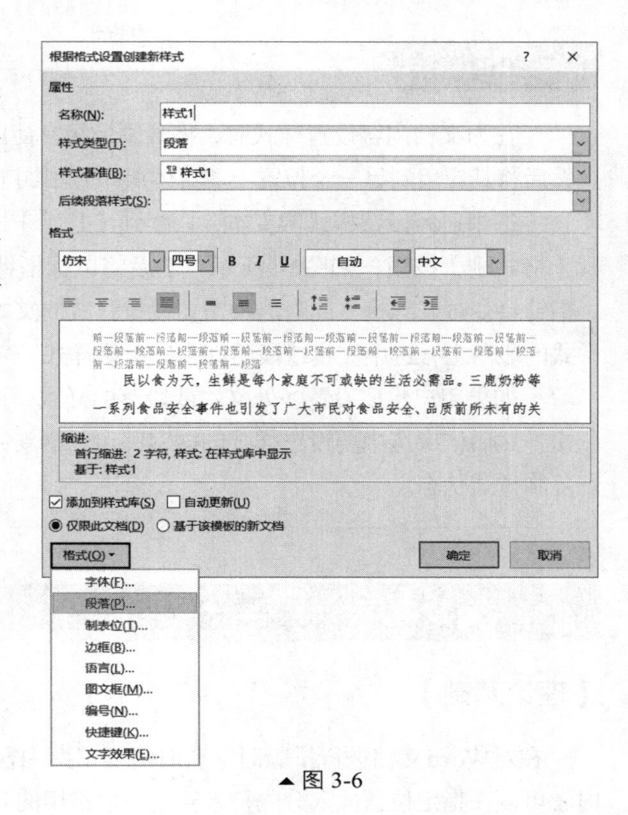

▲图 3-6

3. 修改样式

无论是系统内置的样式还是用户自定义的样式，都可以随时进行修改。修改样式的具体操作如下。

01 打开【样式】任务窗格，选中需要修改的样式名称，单击鼠标右键，从快捷菜单中选择【修改】选项，如图3-7所示。

02 弹出【修改样式】对话框，在该对话框中对样式进行重新设置即可，如图3-8所示。

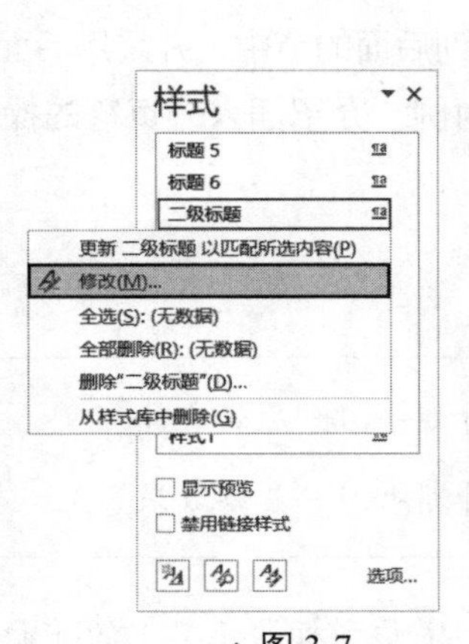

▲图 3-7

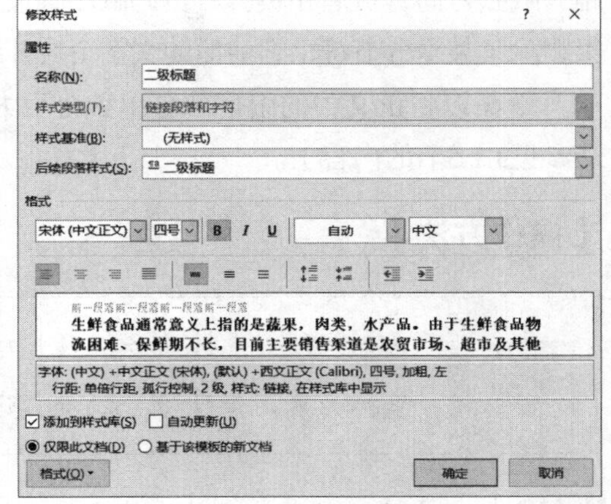

▲图 3-8

小贴士

修改样式后，文档中凡是应用了该样式的内容都会自动更新为新样式。

如果用户想要快速查看各样式包含的具体内容，只需在【样式】任务窗格中，将鼠标指针移动到样式名称上即可。

知识链接

在为文档内容设置样式时，格式刷是经常使用的一个工具。它可以复制一个位置的样式，然后将其应用到另一个位置上。具体操作方法如下。

选中已经设置样式的文本，切换到【开始】选项卡，单击【剪贴板】组中的【格式刷】按钮，如图3-9所示，然后将鼠标指针移动到文档的编辑区域。鼠标指针会变成形状，此时选中需要设置样式的文本或将鼠标指针定位到要设置样式的段落上，选中文本或段落就会应用该样式。

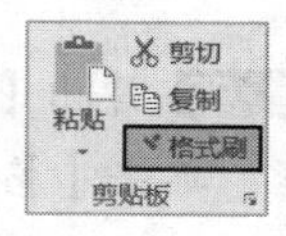

▲图 3-9

如果用户想要设置多处文本或段落的样式，选中已设置样式的文本后，双击【格式刷】按钮，然后依次选中要设置样式的内容即可。刷新完成后，再次单击【格式刷】按钮，即可退出复制样式状态。

3.1.2 插入分隔符

【理论基础】

在对Word文档进行排版时，有时需要根据内容或排版需求，对文档进行强制分页或分节。这时就可以在指定位置插入分隔符来实现。最常用的分隔符主要有两种：分页符和分节符。

当文字或图形填满一页时，Word会自动插入一个分页符并开始新的一页。如果用户想要在特定位置开始新的一页，则可以手动插入分页符。

分节符是指为表示节的结尾插入的标记，起着分隔其前面文本格式的作用。若要更改页边距、纸张方向、页眉和页脚、页码顺序等设置，则可以插入分节符，然后分别设置各节的格式。如果删除了某个分节符，它前面的文字会合并到后面的节中，并采用后面的节的格式设置。

下面以将正文中的引言部分单独分页为例，介绍插入分页符的操作方法（关于分节符的应用请参见3.1.5节的内容）。

【操作方法】

案例素材	原始文件：素材\第3章\项目计划书01—原始文件 最终效果：素材\第3章\项目计划书01—最终效果

3-2 插入分隔符

01 打开本案例的原始文件，将鼠标光标定位到标题（二）的前面，切换到【布局】选项卡，单击【页面设置】组中的【分隔符】按钮，从下拉列表中选择【分页符】组中的【分页符】选项，如图3-10所示。

02 此时文档中插入一个分页符，鼠标光标之后的文档【从标题（二）开始】自动切换到了下一页，如图3-11所示。

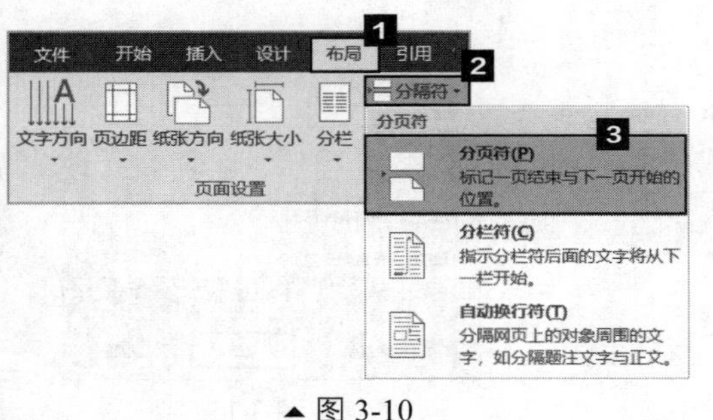

▲图 3-10

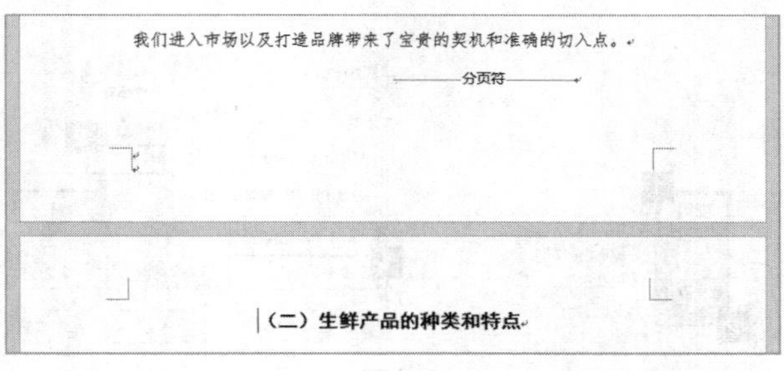

▲图 3-11

知识链接

如果分页后看不到分页符，可以切换到【开始】选项卡，然后单击【段落】组中的【显示/隐藏编辑标记】按钮查看，如图3-12所示。

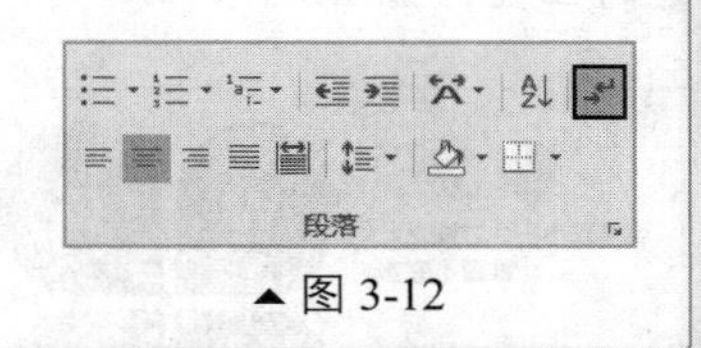

▲图 3-12

3.1.3 插入题注和脚注

【理论基础】

在编辑文档的过程中，为了使读者便于阅读和理解文档内容，经常需要在文档中插入题注和脚注，用于对文档的对象进行解释说明。

题注是指出现在图表下方的一段简短的描述，它可以用来描述图表的重要信息。如果文档中有很多的图片或表格，还要为这些图片或表格进行编号，那么使用题注功能再合适不过了。

脚注是指出现在页面底端，用来对文档中某个内容进行解释、说明或提供参考资料等对象。

下面介绍插入题注和脚注的具体操作方法。

【操作方法】

案例素材	原始文件：素材\第3章\项目计划书02—原始文件 最终效果：素材\第3章\项目计划书02—最终效果	 3–3 插入题注和脚注

1. 插入题注

01 打开本案例的原始文件，选中准备插入题注的图片，切换到【引用】选项卡，单击【题注】组中的【插入题注】按钮，如图3-13所示。

02 弹出【题注】对话框，单击【新建标签】按钮，弹出【新建标签】对话框，在【标签】文本框中输入“图”，单击【确定】按钮，如图3-14所示。

03 返回【题注】对话框，此时【题注】文本框中自动显示“图1”，【标签】文本框中自动显示“图”，【位置】文本框中自动显示“所选项目下方”，单击【确定】按钮，如图3-15所示。

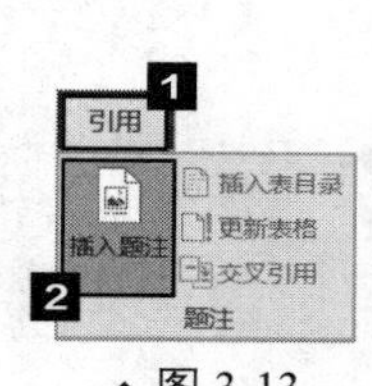

▲图 3-13

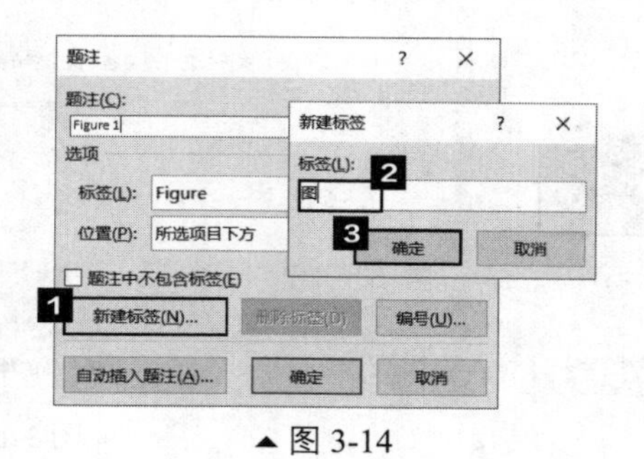

▲图 3-14

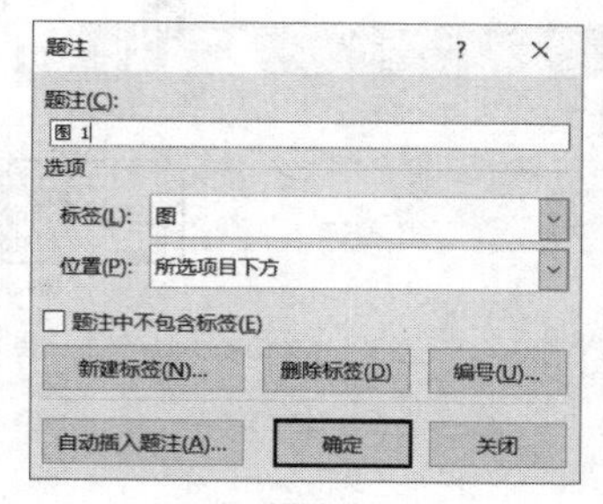

▲图 3-15

04 返回文档，此时在选中图片的下方自动显示题注“图1”，将其调整为合适的大小并放于合适的位置，如图3-16所示。

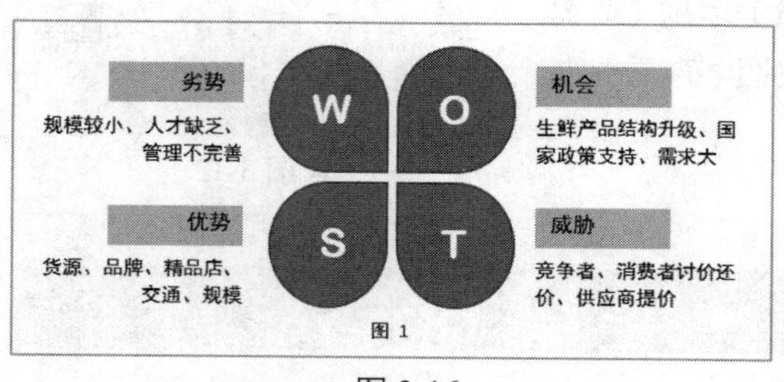

▲图 3-16

设置好第一张图片的题注后，选中下一张图片，再次执行同样的操作，在【题注】对话框中将自动显示“图2”，直接单击【确定】按钮，返回文档后选中图片下方将自动显示题注“图2”，以此类推。

2. 插入脚注

01 将鼠标光标定位在文档中准备插入脚注的位置，如标题（四）中文本“SWOT”的右侧，切换到【引用】选项卡，单击【脚注】组中的【插入脚注】按钮，如图3-17所示。

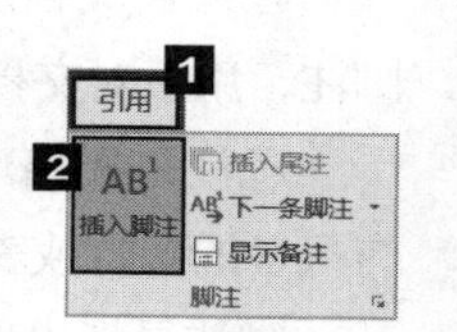

▲图 3-17

02 此时，在文档的底部出现一个脚注分隔符，在分隔符下方会出现一个脚注编号，用户在编号右侧输入脚注内容即可，如图3-18所示。

03 将鼠标光标移动到正文中插入脚注的编号（标识）上可以查看脚注的内容，如图3-19所示。

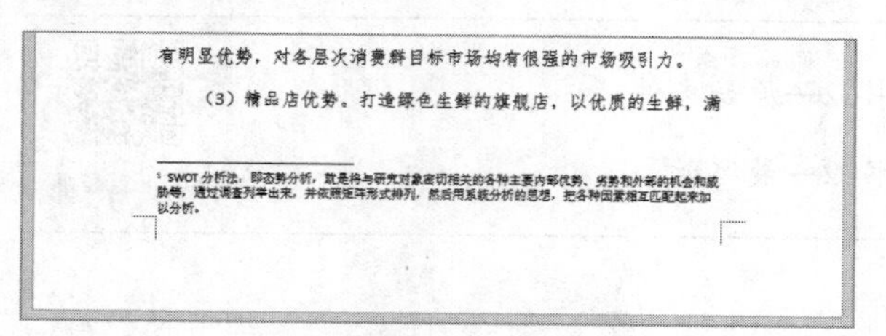

▲图 3-18

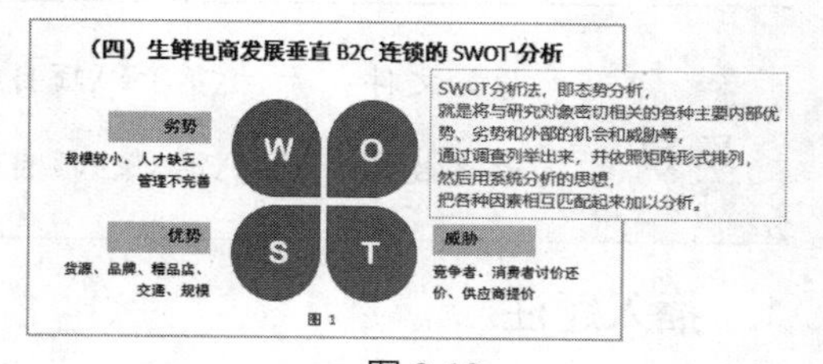

▲图 3-19

知识链接

如果要删除脚注，将鼠标光标定位到脚注的标识（编号）上，将其标识删除即可。

当文档中有多处插入脚注时，脚注的编号会按照其在文档中的前后顺序进行排列，并随时更新（例如，在已插入脚注的前面再插入一个脚注，则新插入的脚注编号为1，之前插入的脚注编号变为2）。

3.1.4 设置页眉和页脚

【理论基础】

页眉和页脚常用于显示文档的附加信息，不仅可以是文字信息，还可以插入图片和示意图等形式的信息。通常用户会在页眉处插入公司Logo（商标）图案，在页脚处插入文档的页码。下面分别介绍在页眉和页脚处插入图片和页码的具体操作方法。

【操作方法】

案例素材	原始文件：素材\第3章\项目计划书03—原始文件 最终效果：素材\第3章\项目计划书03—最终效果	 3-4　设置页眉和页脚

1. 在页眉处插入图片

01 打开本案例的原始文件，在任意一页的页眉或页脚处双击，使页眉和页脚处于编辑状态，同时激活【页眉和页脚工具】栏，此时勾选【设计】选项卡中【选项】组中的【奇偶页不同】复选框，如图3-20所示。

02 文档第2页的页眉显示为“偶数页页眉”。将鼠标光标定位到该页眉处，切换到【插入】选项卡，单击【插图】组中的【图片】按钮，打开【插入图片】对话框，在【插入图片】对话框中选择需要的图片，如本案例中插入的公司Logo，单击【插入】按钮，如图3-21所示。

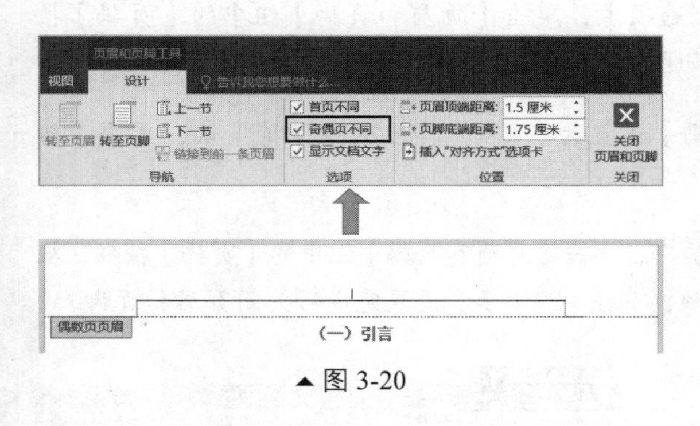

▲图 3-20

▲图 3-21

03 插入公司Logo图片后，将图片的布局方式设置为【浮于文字上方】，然后调整为合适的大小，移至偶数页页眉的左上角，如图3-22所示，此时文档所有偶数页的页眉都是同样的效果。

04 将鼠标光标定位到奇数页页眉中，使用同样的方法为奇数页页眉的右上角插入公司Logo图片，如图3-23所示。

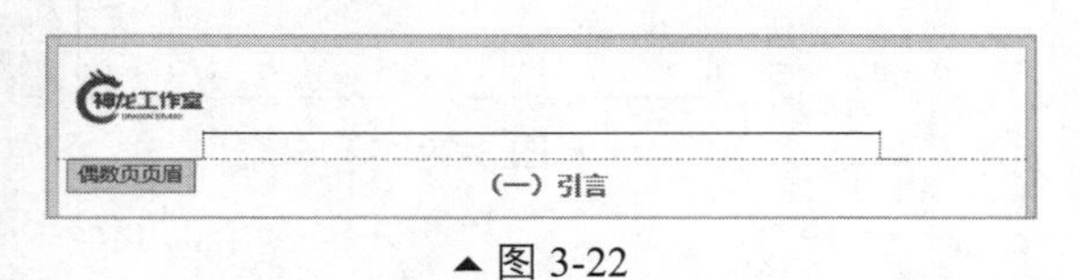

▲图 3-22

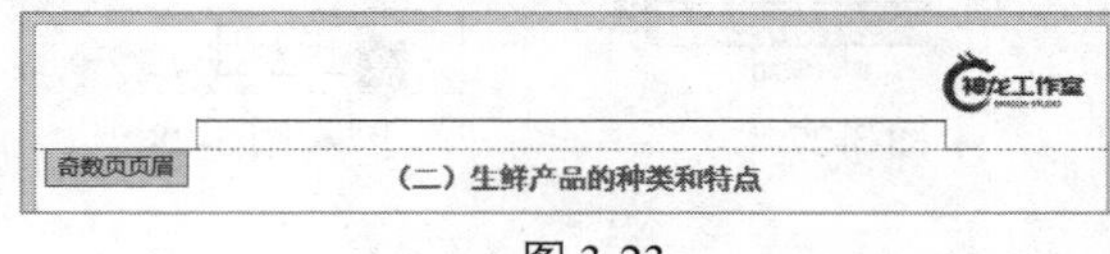

▲图 3-23

05 单击【页眉和页脚工具】栏中的【关闭页眉和页脚】按钮，可以看到页眉中都有一条黑色的框线，这是插入页眉后系统自动添加的，如图3-24所示。

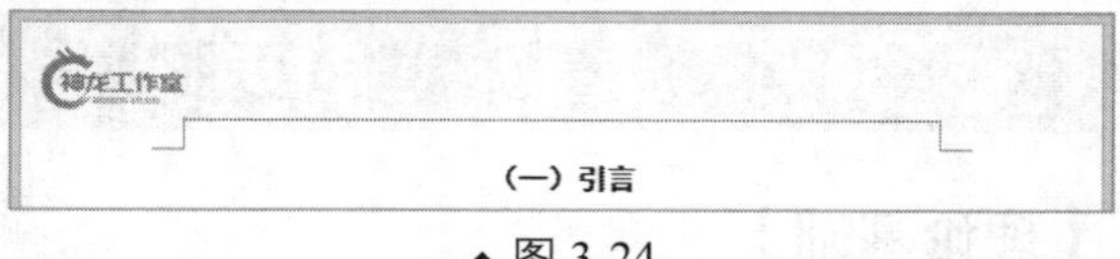

▲图 3-24

▲图 3-25

06 将鼠标光标定位到首页页眉中，切换到【设计】选项卡，单击【页面背景】组中的【页面边框】按钮，弹出【边框和底纹】对话框，切换到【边框】选项卡，默认设置为【无】，单击【应用于】的下拉按钮，选择【段落】选项，单击【确定】按钮，如图3-25所示。

07 将鼠标光标分别定位到偶数页页眉和奇数页页眉中，采用上述同样的方法，将页眉的边框设置为无。设置后偶数页的页眉效果如图3-26所示。

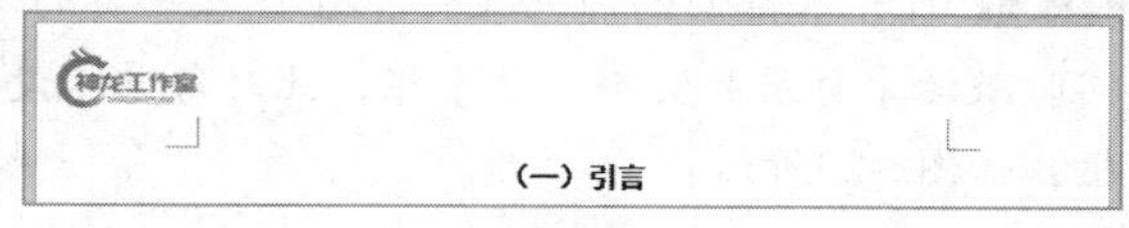

▲图 3-26

2. 在页脚处插入页码

01 打开本案例的原始文件，切换到【插入】选项卡，单击【页眉和页脚】组中的【页码】按钮，从下拉列表中选择【设置页码格式】选项，如图3-27所示。

02 弹出【页码格式】对话框，将【起始页码】设置为“1”，其他选项保持默认，单击【确定】按钮，如图3-28所示。

03 将鼠标光标定位到文档的第2页中，即引言页中，单击【页眉和页脚】组中的【页码】按钮，从下拉列表中选择【页面底端】→【普通数字2】选项，如图3-29所示。设置完成后关闭页眉和页脚。

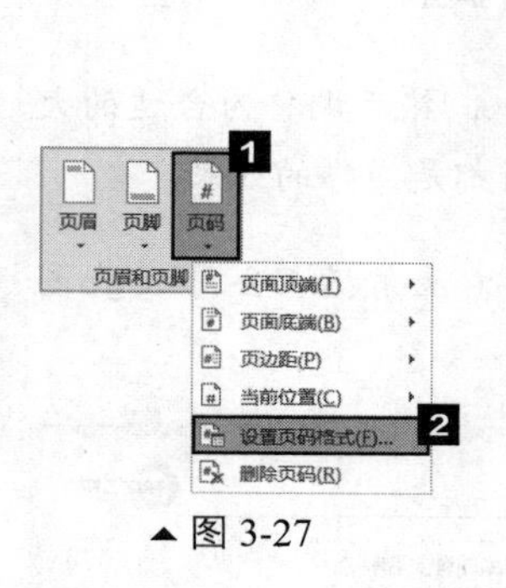

▲图 3-27

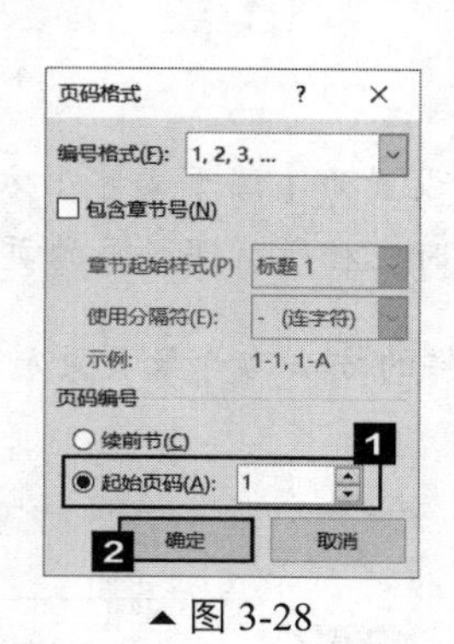

▲图 3-28

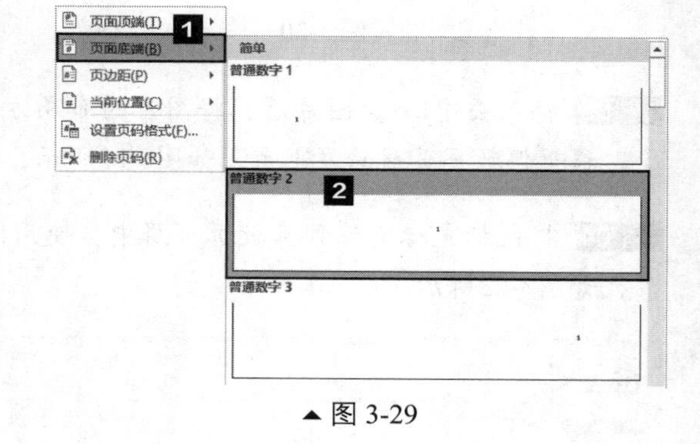

▲图 3-29

04 将鼠标光标定位到文档的第3页中，即偶数页中，单击【页眉和页脚】组中的【页码】按钮，从下拉列表中选择【页面底端】→【普通数字2】选项，如图3-30所示。

05 设置完成后关闭页眉和页脚，在奇数页和偶数页中插入的页码效果如图3-31所示。

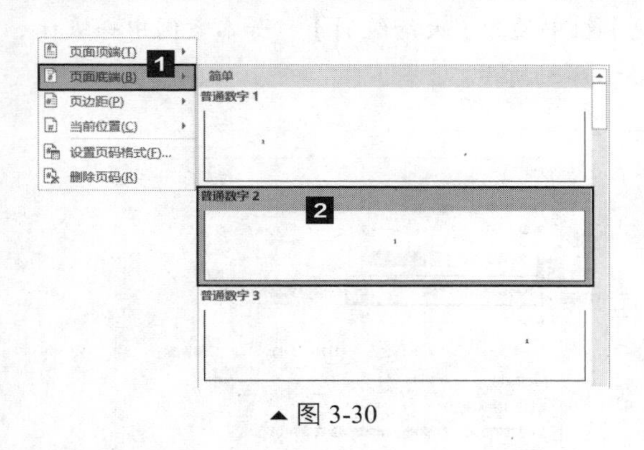

▲图 3-30

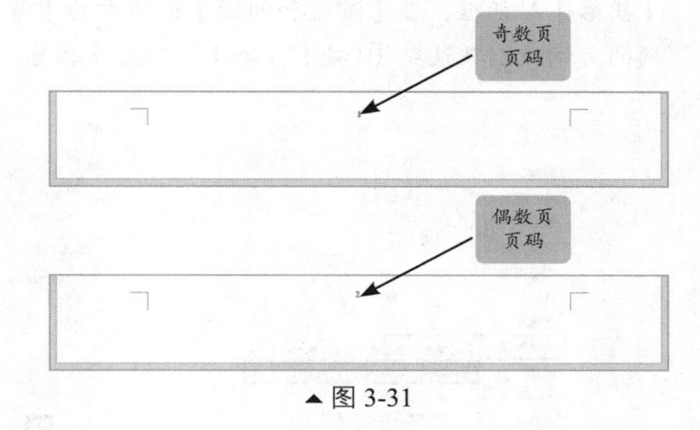

▲图 3-31

小贴士

在编辑页眉和页脚时，由于系统默认勾选【首页不同】选项，因此封面页不参与编辑。并且本案例在设置页眉和页脚之前勾选了【奇偶页不同】选项，因此这里需要单独设置奇数页、偶数页的页眉和页脚。

3.1.5 插入并编辑目录

【理论基础】

文档创建完成后，为了便于阅读，我们可以为文档添加目录以使文档的结构更加清晰，便于读者对文档内容进行迅速定位。

在插入目录之前，用户先要根据文本的标题样式设置大纲级别，大纲级别设置完毕后，即可在文档中自动生成目录。下面介绍具体的操作方法。

【操作方法】

案例素材	原始文件：素材\第3章\项目计划书04—原始文件 最终效果：素材\第3章\项目计划书04—最终效果	 3–5 插入并编辑目录

1. 设置大纲级别

大纲级别是标题所处层次的级别编号，Word 2016中内置的标题样式的大纲级别都是默认的，用户可以直接应用，当然也可以自定义。

01 打开本案例的原始文件，将鼠标光标定位在一级标题的文本上，打开【样式】任务窗格，在【一级标题】上单击鼠标右键，从快捷菜单中选择【修改】选项，如图3-32所示。

02 打开【修改样式】对话框，单击【格式】按钮，从下拉列表中选择【段落】选项，打开【段落】对话框，在【缩进和间距】选项卡的【常规】组中设置【大纲级别】，如本案例中一级标题的大纲级别默认是【1级】，单击【确定】按钮，如图3-33所示。

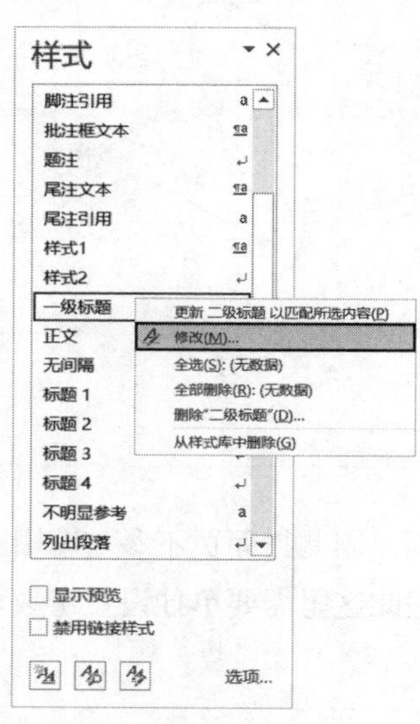

▲图 3-32

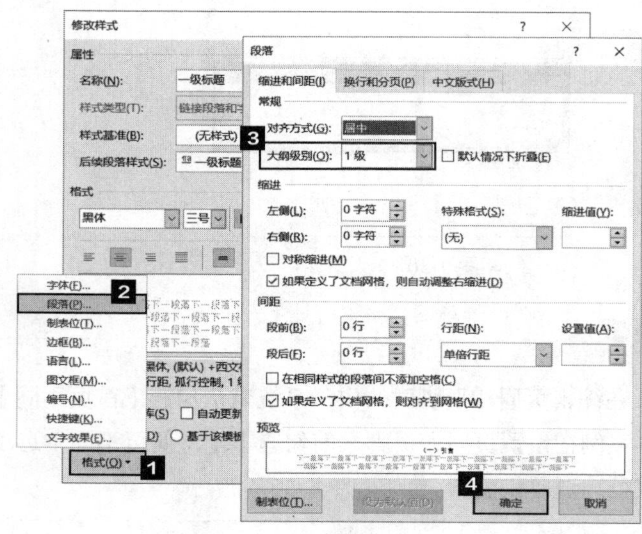

▲图 3-33

03 使用同样的方法，设置好各级别标题的大纲级别。本案例中二级标题的大纲级别为2级。

2. 自动生成目录

01 将鼠标光标定位到文档首行的行首，切换到【引用】选项卡，单击【目录】组中的【目录】按钮，从下拉列表中选择【自动目录1】选项，如图3-34所示，即可在引言的前面自动生成目录，效果如图3-35所示。

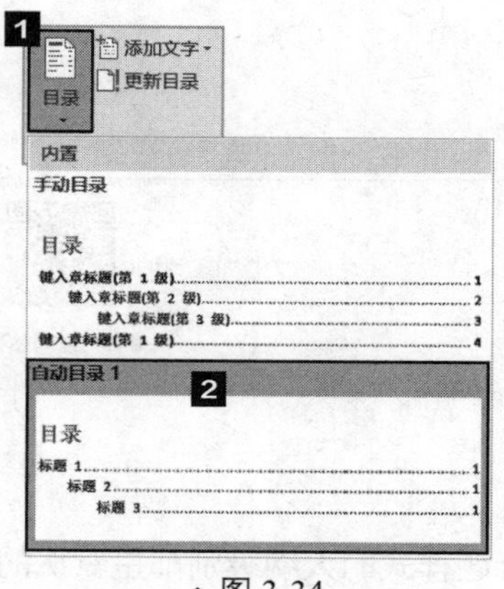

▲图 3-34

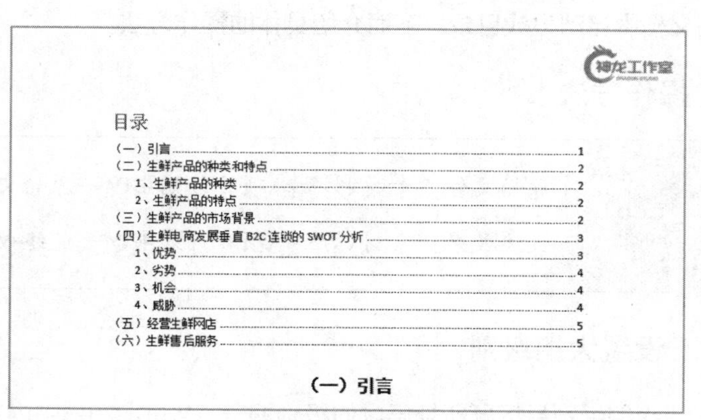

▲图 3-35

02 目录生成后，可以对目录的格式进行设置。这里将标题“目录”居中显示，将目录正文部分的字号设置为四号，效果如图3-36所示。

03 通常目录需要单独占用一页，并且单独编页码，因此需要将目录与后面的内容分节。将鼠标光标定位到“（一）引言”的行首，然后切换到【布局】选项卡，单击【页面设置】组中的【分隔符】按钮，从下拉列表中选择【分节符】→【下一页】，如图3-37所示。

目录

（一）引言......1
（二）生鲜产品的种类和特点......2
1、生鲜产品的种类......2
2、生鲜产品的特点......2
（三）生鲜产品的市场背景......2
（四）生鲜电商发展垂直 B2C 连锁的 SWOT 分析......3
1、优势......3
2、劣势......4
3、机会......4
4、威胁......4
（五）经营生鲜网店......5
（六）生鲜售后服务......5

▲图 3-36

04 将目录单独分节后，可以看到在后面的节中，首页（引言页）的页码没有了，这是因为在前面插入页码时，系统默认设置了【首页不同】，因此分节后，每个节中的首页都没有页码。此时将该节中的【首页不同】取消即可。在引言页的页眉处双击，进入编辑状态。然后切换到【页眉和页脚工具】的【设计】选项卡，取消勾选【选项】组中的【首页不同】复选框，如图3-38所示。

05 设置“（一）引言”部分的页码从1开始。切换到【插入】选项卡，单击【页眉和页脚】组中的【页码】按钮，从下拉列表中选择【设置页码格式】选项，打开【页码格式】对话框，将【起始页码】设置为“1”，单击【确定】按钮，如图3-39所示。

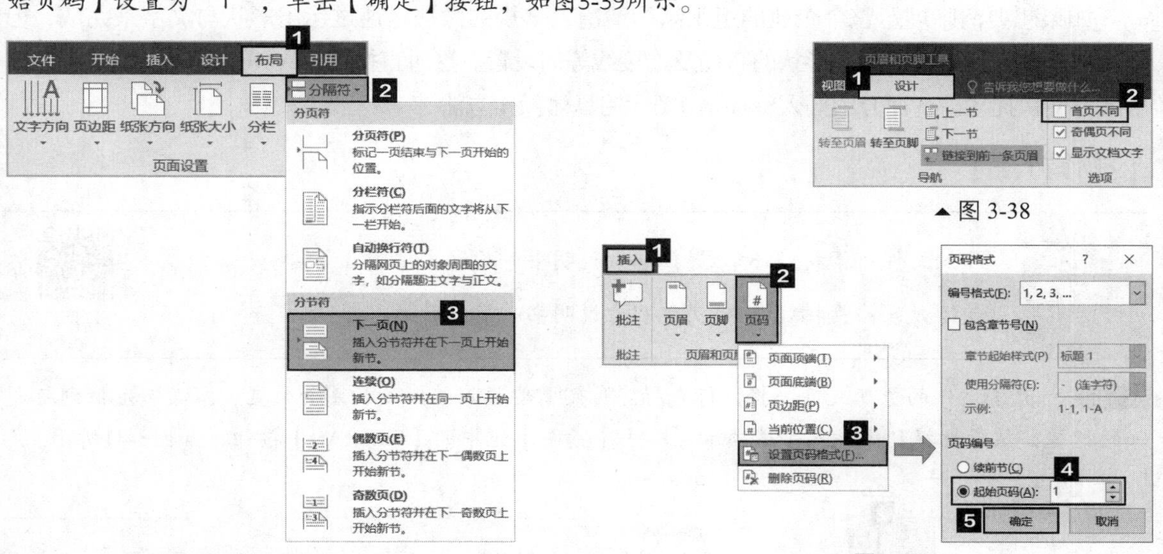

▲图 3-37　　▲图 3-38　　▲图 3-39

知识链接

在生成目录后，如果对文档的内容或格式进行了编辑，则需要更新目录。具体方法为：切换到【引用】选项卡，单击【目录】组中的【更新目录】按钮，弹出【更新目录】对话框，选中【更新整个目录】单选项，单击【确定】按钮即可，如图3-40所示。

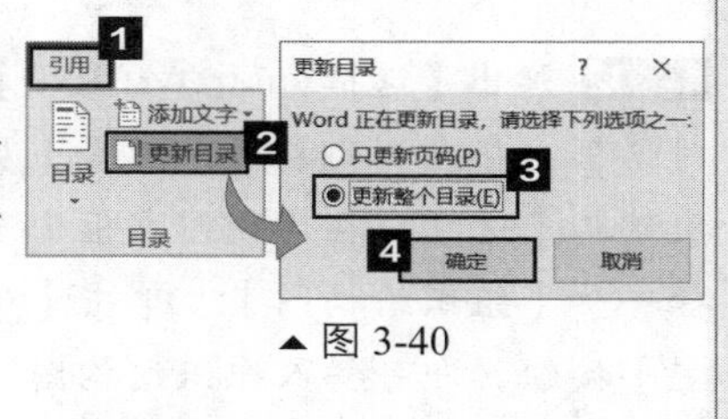

▲图 3-40

3.2 岗位职责说明书

【案例分析】

岗位职责说明书，是表明企业期望员工做些什么、规定员工应该做些什么、应该怎么做，以及在什么样的情况下履行职责的总汇。岗位职责说明书最好是根据企业的具体情况进行制定。在制定时首先要明确企业的组织结构，因此本节内容将具体介绍如何制作组织结构图。

具体要求：插入SmartArt图形，选择一种合适的组织结构图，按照企业的组织结构编辑组织结构图的内容；对组织结构图进行设置和美化。

【知识与技能】

一、插入SmartArt图形
二、编辑SmartArt图形
三、美化SmartArt图形

3.2.1 插入 SmartArt 图形

【理论基础】

如果想要清晰展示整个企业的组织结构情况，常规的做法是通过运用形状与文字来完成，但是这种做法步骤烦琐，涉及形状的布局及连接线等的设置。这时直接使用Word中内置的SmartArt图形就方便快捷了。下面介绍插入SmartArt图形的具体操作方法。

【操作方法】

案例素材	
	原始文件：素材\第3章\岗位职责说明书—原始文件
	最终效果：素材\第3章\岗位职责说明书—最终效果

3–6 插入SmartArt图形

01 打开本案例的原始文件，将鼠标光标定位到需要插入组织结构图的位置，本案例定位到标题一的行尾，然后切换到【插入】选项卡，单击【插图】组中的【SmartArt】按钮，如图3-41所示。

▲图 3-41

02 弹出【选择SmartArt图形】对话框，在左侧列表框中选择【层次结构】选项，在右侧列表框中选择一种【组织结构图】，单击【确定】按钮，即可插入组织结构图，如图3-42所示。

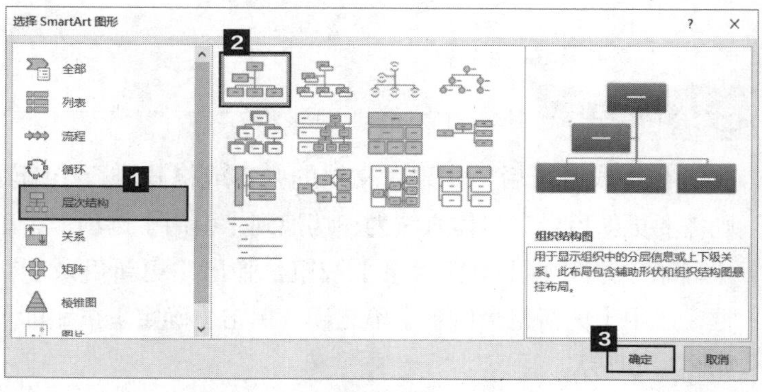

▲图 3-42

03 插入组织结构图后，选中整个结构图，单击其右上角的【布局选项】按钮，从下拉列表中选择【上下型环绕】选项，如图3-43所示。

04 如果还要在结构图中添加职位图形，可以通过单击鼠标右键来实现。选中一个形状，单击鼠标右键，从快捷菜单中选择【添加形状】→【在下方添加形状】，如图3-44所示。

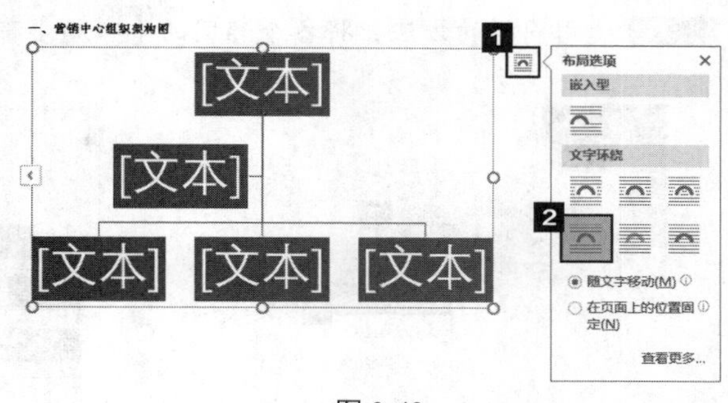

▲图 3-43

05 使用同样的方法添加其他需要的职位图形。所有图形添加完成后，在图形上单击鼠标左键可进入编辑状态，输入对应的部门名称和职位名称即可，如图3-45所示。

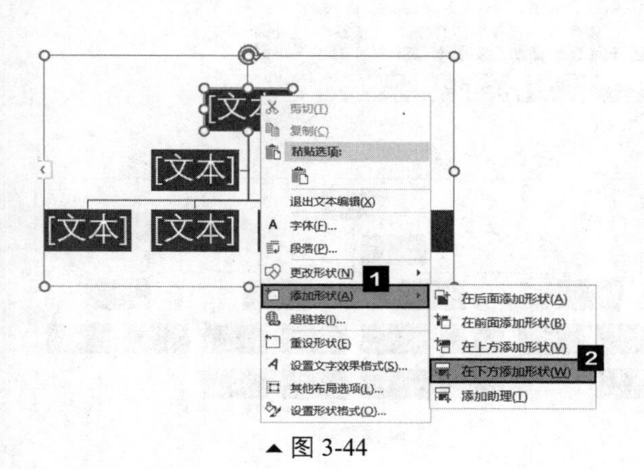

▲图 3-44

▲图 3-45

3.2.2 设置 SmartArt 图形

【理论基础】

如果用户对系统内置的SmartArt图形格式不满意，还可以对SmartArt图形进行编辑和美化。下面介绍编辑和美化SmartArt图形的具体操作方法。

【操作方法】

案例素材	原始文件：素材\第3章\岗位职责说明书01—原始文件 最终效果：素材\第3章\岗位职责说明书01—最终效果

3-7 设置 SmartArt 图形

01 设置图形的布局。选中“市场部”图形，切换到【SmartArt工具】的【设计】选项卡，单击【创建图形】组中的【布局】按钮，从下拉列表中选择【两者】选项，如图3-46所示。

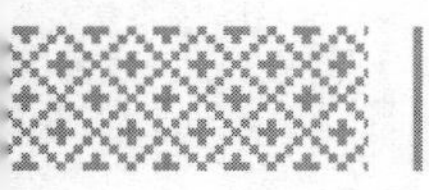

02 使用同样的方法，将各个部门的【布局】都设置为【两者】，效果如图3-47所示。

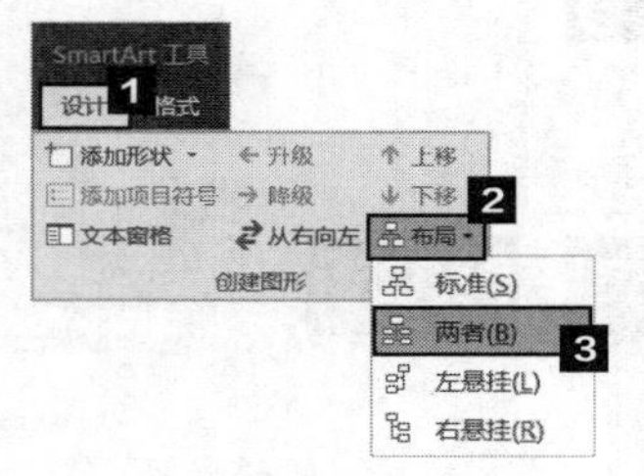

▲图 3-46

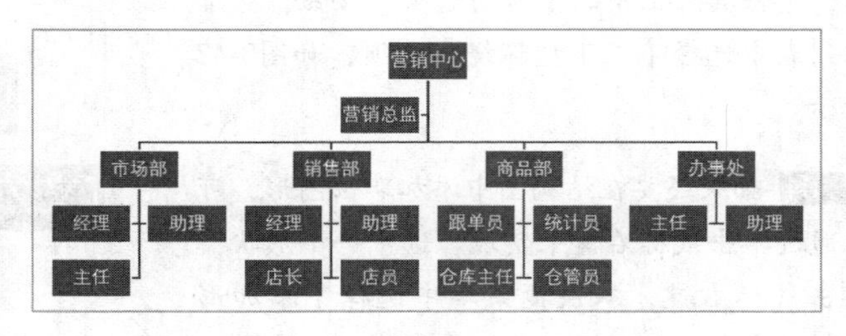

▲图 3-47

03 选中SmartArt图形，切换到【SmartArt工具】的【设计】选项卡，在【SmartArt样式】组中选择一种合适的样式，这里选择【中等效果】，如图3-48所示。

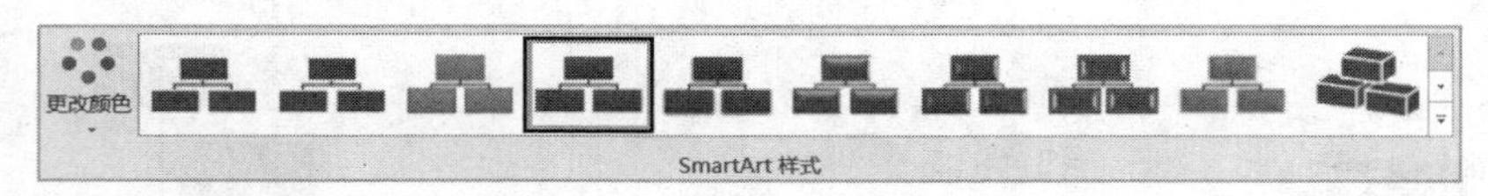

▲图 3-48

04 选中SmartArt图形，对字体进行设置。切换到【开始】选项卡，将字体设置为宋体，字号设置为11，效果如图3-49所示。

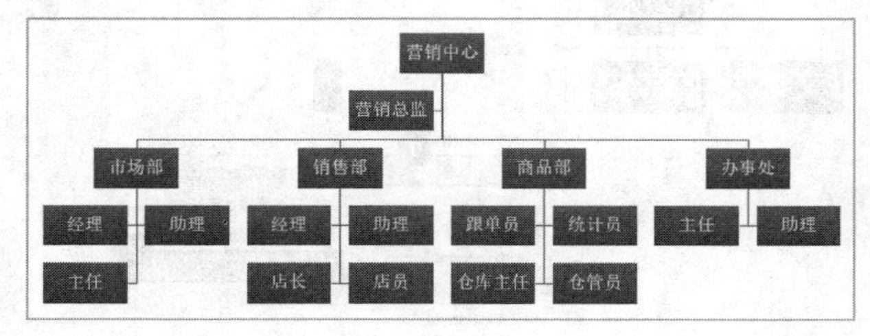

▲图 3-49

05 最后根据排版需求，调整SmartArt图形的大小。选中SmartArt图形后，在其四周会出现8个控制点，将鼠标指针放在控制点上，按住鼠标左键不放，此时鼠标指针呈十字形状，拖曳鼠标指针即可调整图形大小，如图3-50所示。

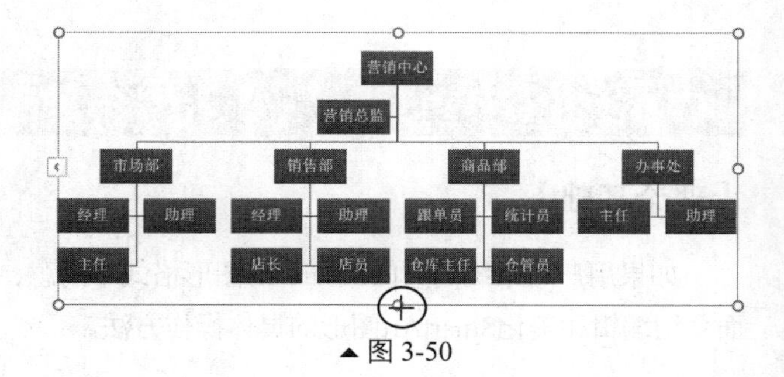

▲图 3-50

知识链接

若在SmartArt图形中输入文字，首先需要一个个选中形状，然后输入文字内容。如果要输入的文字内容很多，这样输入就会比较麻烦。

用户可以选中SmartArt图形，单击左侧的【展开】按钮，弹出【在此处键入文字】任务窗格，然后在该任务窗格中输入文字即可，如图3-51所示。

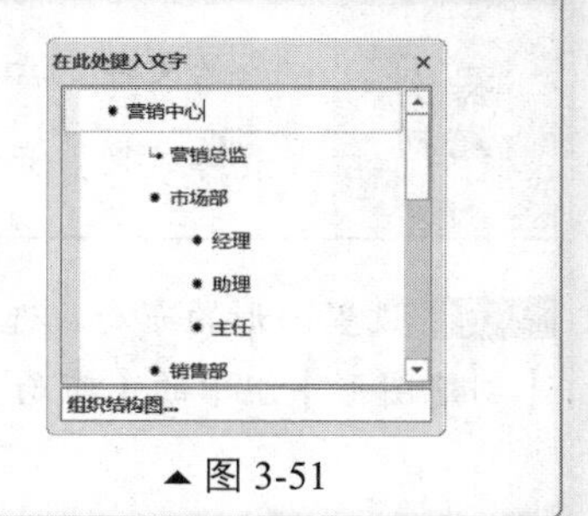

▲图 3-51

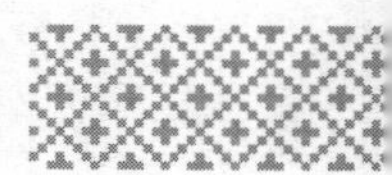

素养教学

古人曰："凡事预则立，不预则废。"做事情如果能事先计划，就很容易成功；没有计划，可能事情做着做着就不知道原来的方向了。学习和工作也是一样，要实现长远的目标，绝非一日之功，必须脚踏实地，有步骤地努力。因此，从实际出发，安排好学习和工作任务十分必要。

3.3 综合实训：电子商务商业策划书

【实训目标】

通过为商业策划书插入页码、插入分节符、生成目录等操作，读者进一步巩固所学知识，提高文档高级排版的能力。

【实训操作】

01 打开实训素材"电子商务商业策划书—原始文件"，将一级标题的大纲级别设置为"1级"，二级标题的大纲级别设置为"2级"。

02 生成目录，使用"自动目录1"样式，并对目录格式进行设置。

03 将目录与后面的内容分节，并且在下一页上开始新节。

04 从正文部分开始插入页码，从1开始编码，并且奇偶页相同。

05 更新目录，只更新页码，效果如图3-52所示。

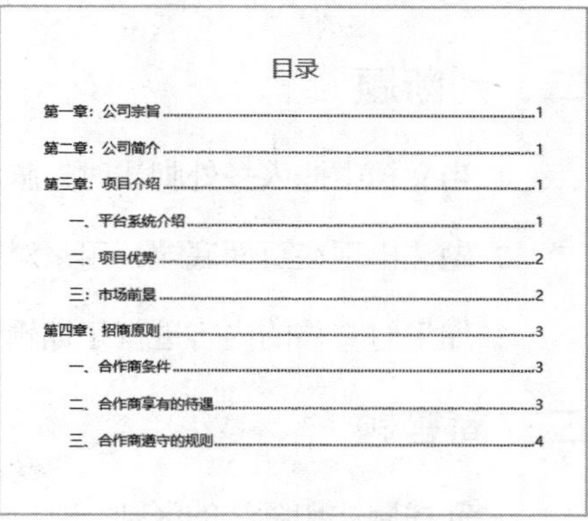
目录

第一章：公司宗旨 1
第二章：公司简介 1
第三章：项目介绍 1
一、平台系统介绍 1
二、项目优势 2
三：市场前景 2
第四章：招商原则 3
一、合作商条件 3
二、合作商享有的待遇 3
三、合作商遵守的规则 4

▲图 3-52

等级考试重难点内容

本章主要考查Word文档的高级排版功能，需读者重点掌握以下内容。

1. 套用、新建并修改样式。

2. 分隔符的用法（分页符和分节符）。

3. 题注和脚注的插入方法。

4. 页眉和页脚的插入方法（重点掌握页码的插入方法）。

5. 插入并更新目录。

6. 插入并设置SmartArt图形。

本章习题

一、不定项选择题

1. 在复制段落样式时，最常用的工具是（　　）。

A. 复制　　B. 剪切

C. 粘贴　　D. 格式刷

2. 在设置样式时可以包括下列哪些内容？（　　）

A. 字体　　B. 边框

C. 段落　　D. 编号

3. 以下关于分隔符的说法中，正确的有（　　）。

A. 当文字或图形填满一页时，Word会自动插入一个分页符并开始新的一页

B. 如果用户想要在特定位置开始新的一页，则可以手动插入分页符

C. 分节符是指为表示节的结尾插入的标记。分节符起着分隔其前后文本格式的作用

D. 如果删除了某个分节符，它前面的文字会合并到后面的节中，并采用前者的格式设置

二、判断题

1. 当文档中插入多处脚注时，脚注编号会按照其在文档中的前后顺序进行排列。（　　）

2. 题注出现在页面底端，用来对某个内容进行解释、说明或提供参考资料等对象。（　　）

3. 如果对文档的内容进行了编辑，在更新目录时，选中【更新整个目录】选项。（　　）

三、简答题

1. 简述题注和脚注的区别。

2. 简述如何将页眉中的直线边框删除。

3. 简述更新目录的方法。

四、操作题

1. 打开“操作题1—原始文件”，根据提供的文字内容，通过插入SmartArt图形，创建某公司的组织结构图。

2. 打开“操作题1—原始文件”，在页眉中插入公司Logo（图标），要求奇偶页不同，并且将页眉中的直线边框删除。

第二篇

Excel 办公应用

本篇不仅介绍了Excel的主要功能及经典应用，还教你如何快速准确地制作出规范的数据表格，高效分析数据，以及在数据分析的基础上制作可视化图表。学完本篇内容，你能制作出行政管理、人力资源管理、财务管理、采购管理、销售管理等日常办公中常用的基础数据表格和统计分析报表。

- 工作表的基本操作
- 公式与函数的应用
- 美化工作表
- 可视化图表
- 排序、 筛选与分类汇总
- 数据透视表

第4章 工作表的基本操作

Excel 2016是Office 2016的重要办公组件之一，主要用来制作数据表格，对数据进行统计、计算、分析和可视化等操作。工作表是Excel完成工作的基本单位，学习好工作表的基本操作才能为后期的数据编辑和统计工作打好基础。本章内容将从工作表的基本操作开始，选择一些具有代表性的商务办公表格，以案例的形式对各类型数据的输入、快速填充的方法、查找和替换数据、分列数据、数据验证、表格打印等内容进行讲解，让读者从基础开始，对Excel表格的基础知识进行学习、巩固和加强，从而逐步提高对Excel办公软件的应用能力。

学习目标

1. 利用 Excel 软件登记各类型的采购数据
2. 学会在工作表中快速输入数据
3. 掌握数据的查找、替换和分列的方法
4. 学会利用数据验证功能控制录入符合规定的数据
5. 掌握表格的多种打印技巧

4.1 商品采购明细表

【案例分析】

采购是公司经营的核心环节，采购成功与否在一定程度上影响着企业的竞争力。采购部门需要对每次的采购工作进行登记，以便于统计采购的数量、单价和总金额等信息，从而对比供货商价格，节约采购成本，预测采购周期，实现资源合理配置。下面以制作“商品采购明细表”为例，介绍如何在Excel工作表中输入与编辑数据。

具体要求：创建商品采购明细表，然后在工作表中输入商品采购明细表的表头；输入以0开头的序号；输入货币格式的商品单价和总金额；输入标准格式的采购日期；掌握快速填充数据的方法；查找需要的数据；替换指定的数据；对同一列中不同属性的数据进行分列操作。

【知识与技能】

一、输入文本型数据
二、设置数字格式为货币格式
三、输入规范的日期型数据
四、使用填充柄快速填充
五、使用【填充】对话框填充
六、查找和替换数据
七、分列数据

4.1.1 输入数据

创建工作表后的第一步工作就是向工作表中输入各种数据。Excel工作表中常用的数据类型包括文本型数据、货币型数据和日期型数据等，只有正确输入各类型数据，才能保证统计和分析工作的顺利进行。下面具体介绍各类型数据的正确输入方法。

案例素材

原始文件：素材\第4章\商品采购明细表—原始文件

最终效果：素材\第4章\商品采购明细表—最终效果

4-1 输入数据

1. 输入文本型数据

【理论基础】

文本型数据指字符或者数值和字符的组合。在日常的表格输入中，很多的订单编号、采购序号等都是以0开头的数字，如果正常输入，系统会认为输入的是纯数字，按【Enter】键后，编号前面的0都会消失不见。如果将单元格的数字格式设置成文本型后再输入即可正常显示。

【操作方法】

01 打开本案例的原始文件，选中A列，切换到【开始】选项卡，单击【数字】组中【数字格式】文本框的下拉按钮，在下拉列表中选择【文本】选项，这样A列单元格的数字格式就被设置为【文本】了，如图4-1所示。

02 选中A2单元格，输入序号“010001”，按【Enter】键后就可以正常显示了，如图4-2所示。

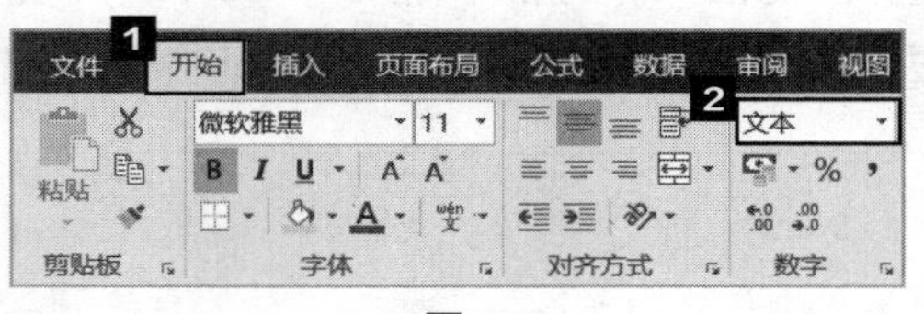

▲图 4-1

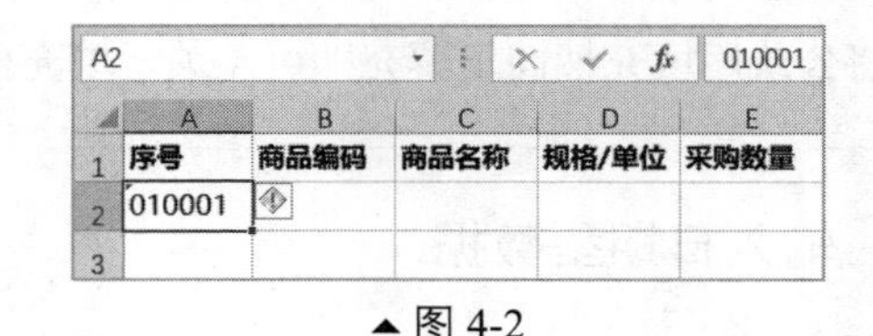

▲图 4-2

小贴士

Excel默认状态下的单元格的数字格式为【常规】，如果输入文本或字符，数字格式仍为【常规】；如果输入数字，会自动转换为【数字】格式，如果输入日期，则转换为【日期】格式。

2. 输入货币型数据

【理论基础】

在Excel中输入数字时，有的时候会要求输入的数字符合某种要求，如不仅要求保留一定位数的小数，而且要求在数值前面添加货币符号，这时就可以将数字格式设置为【货币】。如要输入货币型数据，可以先输入常规数字，然后设置单元格的【数字】格式。

【操作方法】

01 在F2单元格中输入“168”，然后选中F列，切换到【开始】选项卡，单击【数字】组中【数字格式】文本框的下拉按钮，在下拉列表中选择【货币】选项，这样输入的“168”就会以【货币】格式显示，如图4-3所示。

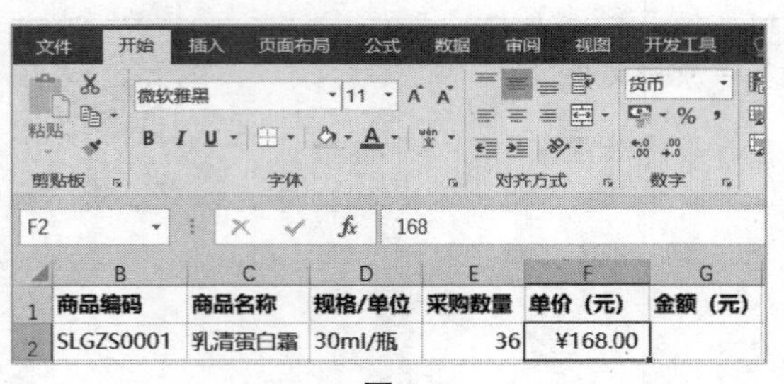

▲ 图 4-3

02 除了设置默认的【货币】格式外，还可以单击【数字】组右下角的【对话框启动器按钮】，打开【设置单元格格式】对话框，对小数位数、货币符号和负数进行自定义设置，如图4-4所示。

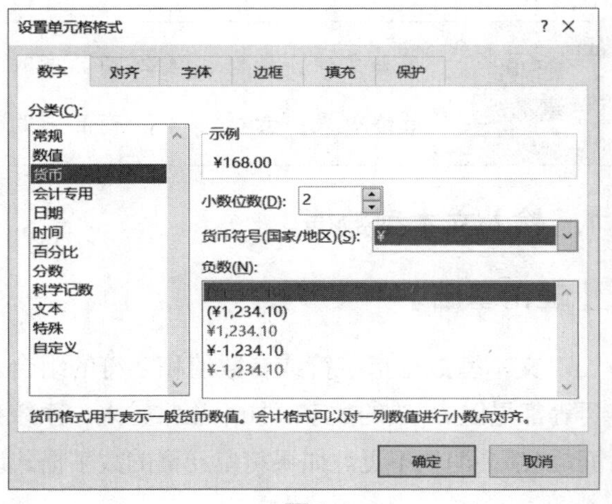

▲ 图 4-4

知识链接

对于本案例中的“金额（元）”字段（见图4-5）也可以按照上述同样的方式，将【数值】设置为【货币】格式显示。需要注意的是：Excel中的数据如果可以计算，就不需要手动输入，因为手动输入很容易出错。金额=单价×数量，因此在G2单元格中输入“=E2*F2”，然后将公式用填充柄向下填充即可（关于填充柄的用法，下文的“快速填充数据”中即会介绍）。

3. 输入日期型数据

【理论基础】

日期型数据直接输入就可以了，但需注意以下几点：日期必须按照规定格式“2022/5/28”或“2022-5-28”输入，年份可以只输入后两位，如“22/5/8”，系统会自动添加前两位；输入的日期必须符合实际，否则系统默认为其为文本型数据，将数字格式显示为“常规”。

【操作方法】

01 选中H2单元格，输入日期“2022/6/1”，按【Enter】键后如图4-5所示。

02 选中I2单元格，输入日期“2022-6-4”，按【Enter】键后如图4-6所示。

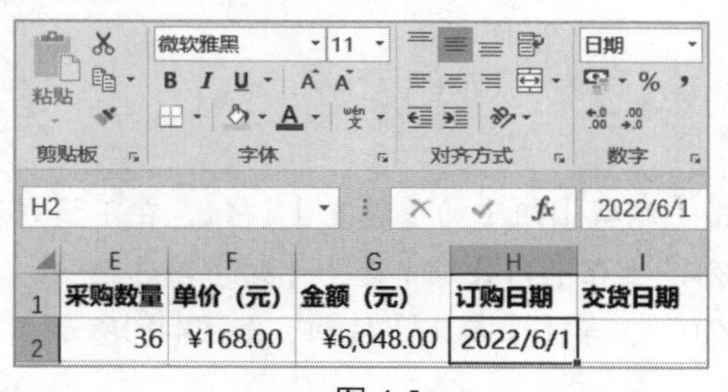

▲图 4-5

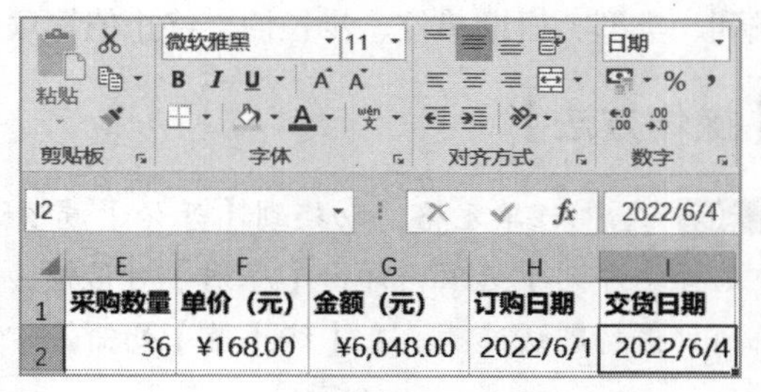

▲图 4-6

小贴士

“2022/6/1”为默认的日期格式，如果想要显示为其他格式，可以选中需要设置的单元格区域，打开【设置单元格格式】对话框，将日期类型设置为需要的格式即可。

4. 快速填充数据

（1）使用填充柄

【理论基础】

选中单元格后，将鼠标指针移至单元格的右下角，这时鼠标指针会变成十字形状，此时被称为“填充柄”。使用填充柄不仅可以填充文本型数据、数值型数据等各类型的数据，而且可以填充公式和单元格格式等内容，节省了手动填充或修改的时间，是提高效率的“神器”。

【操作方法】

01 选中A2单元格，将鼠标指针移至A2单元格的右下角，使鼠标指针会变成十字形状，如图4-7所示。

02 按住鼠标左键向下拖曳，即可将A2中的序号向下填充，并且序号以步长1增加，如图4-8所示。

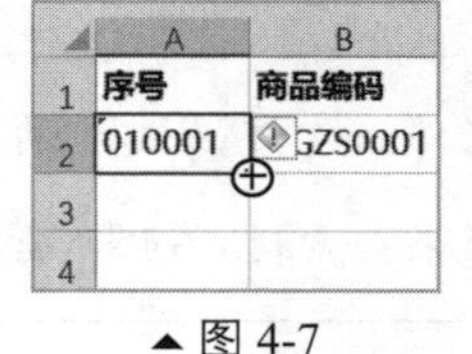

▲图 4-7

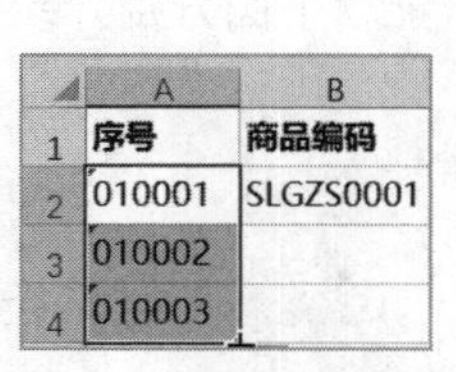

▲图 4-8

03 释放鼠标后，填充区域的右下角会出现一个【自动填充选项】按钮，单击该按钮，在下拉列表中即可选择需要的填充方式，如图4-9所示。

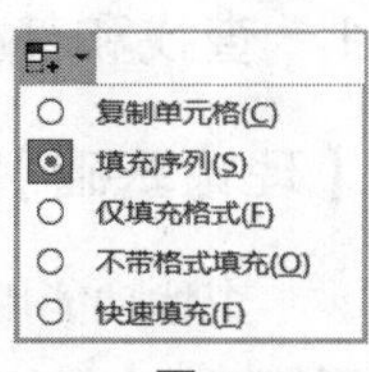

▲图 4-9

如果填充时想要内容不变，在【自动填充选项】列表中选中【复制单元格】单选项即可；如果在填充时，不想将单元格格式带下来，可选中【不带格式填充】单选项。

（2）使用填充按钮

【理论基础】

如果用户想要在连续的单元格中输入有规律（指定步长）的一行或一列数据，就可以使用填充按钮中的【序列】对话框来输入。在【序列】对话框中可以根据需求来设置【序列产生在】的行或列、类型、日期单位、步长值、终止值等项目。

【操作方法】

01 选中H2单元格，切换到【开始】选项卡，单击【编辑】组中的【填充】按钮，在下拉列表中选择【序列】选项，弹出【序列】对话框，在【序列产生在】列表框中选中【列】单选按钮，其他项目保持默认选项，在【终止值】处输入“2022/6/10”，单击【确定】按钮，如图4-10所示。

02 完成操作后，即可看到在H2单元格的下方以步长值为1填充日期序列，如图4-11所示。

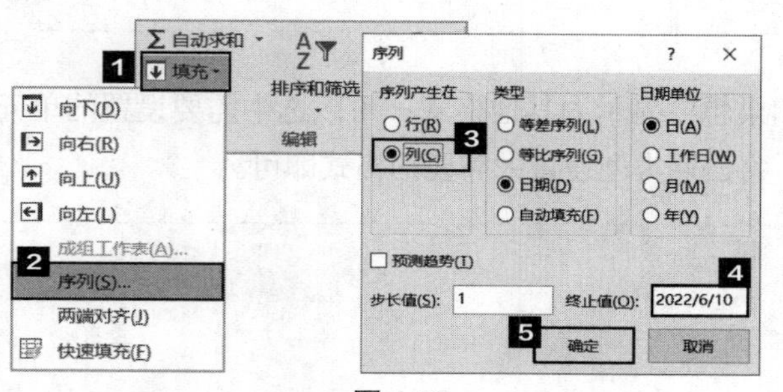

▲图 4-10

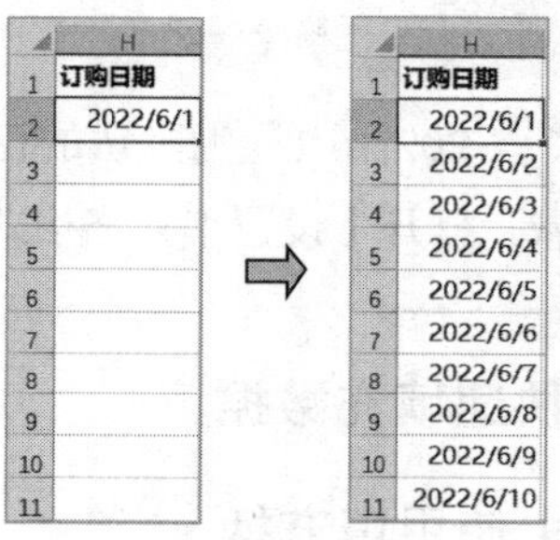

▲图 4-11

4.1.2 编辑数据

数据输入完成后，就可以对数据进行编辑了。在编辑数据的过程中，经常需要对多个数据进行相同的编辑，或对不同的数据进行类似的操作。这样大量重复的操作，如果手动完成，费时又费力，这时就可以借助Excel的某些功能来快速完成。查找、替换和分列就是比较常用的批量操作功能，下面分别介绍其具体应用。

案例素材	原始文件：素材\第4章\商品采购明细表01—原始文件 最终效果：素材\第4章\商品采购明细表01—最终效果

4-2 编辑数据

1. 查找和替换数据

【理论基础】

查找功能用于在选定区域中找到指定条件的数据，替换功能用于在选定区域中用新数据替换原数据。在具体操作时用户可以根据需求选择逐个查找、替换，或一次全部完成。

【操作方法】

01 选中C列，切换到【开始】选项卡，单击【编辑】组中的【查找和选择】按钮，在下拉列表中选择【查找】选项，如图4-12所示。

02 弹出【查找和替换】对话框，默认切换到【查找】选项卡，在【查找内容】文本框中输入“矾”，单击【查找全部】按钮，如图4-13所示。

03 切换到【替换】选项卡，在【替换为】文本框中输入“肌”，单击【全部替换】按钮，此时弹出提示框“全部完成。完成6处替换。”，单击【确定】按钮关闭对话框，如图4-14所示。

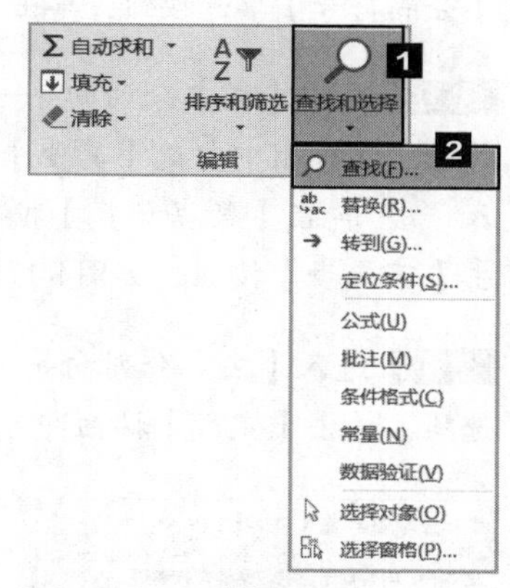

▲图 4-12

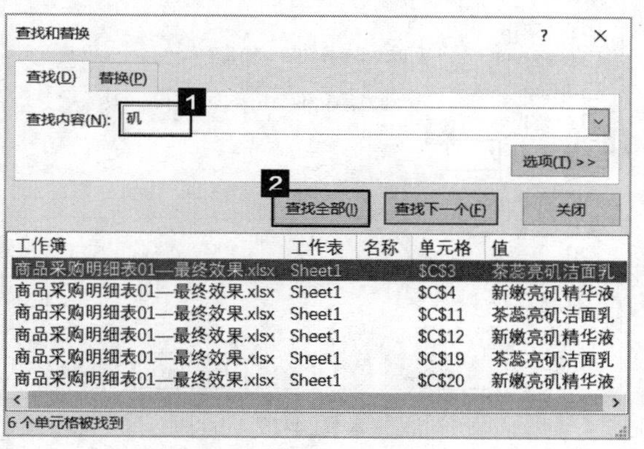

▲图 4-13

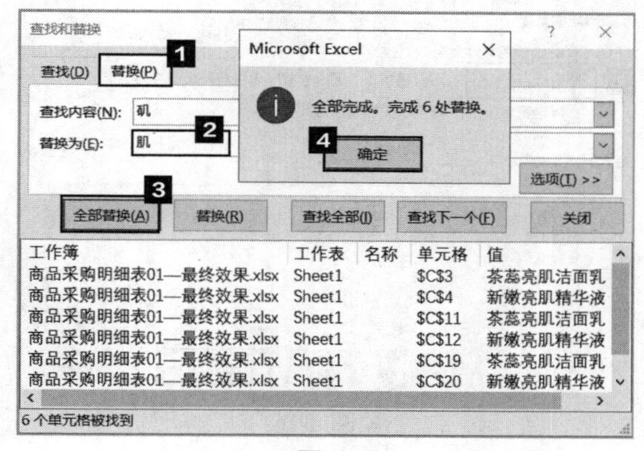

▲图 4-14

小贴士

按【Ctrl】+【F】组合键，可以快速打开【查找和替换】对话框并切换到【查找】选项卡；按【Ctrl】+【H】组合键，可以快速打开【查找和替换】对话框并切换到【替换】选项卡。

2. 对数据进行分列

【理论基础】

Excel中经常出现不同类型的数据被保存在一列的情况，用户需要根据具体情况对这些数据进行分列，以便让不同的数据分列保存。分列工具适用于数据中有明显的分隔符号的情况，如逗号、分号、空格或其他分隔符号等。

【操作方法】

01 选中E列，单击鼠标右键，在快捷菜单中选择【插入】选项，即可在D列后插入一个空白列。然后选中D列，切换到【数据】选项卡，单击【数据工具】组中的【分列】按钮，如图4-15所示。

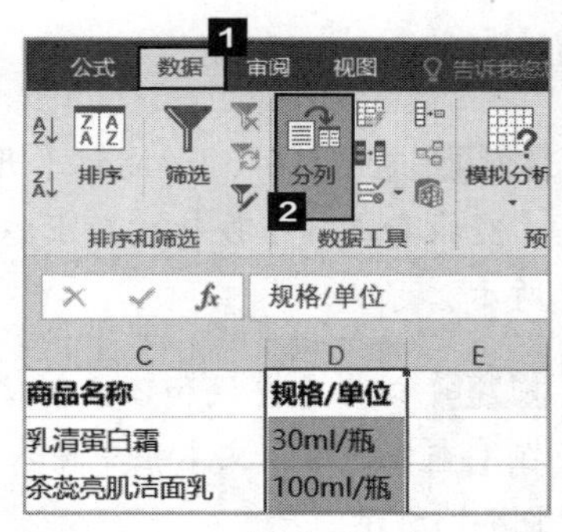

▲ 图 4-15

02 进入【文本分列向导-第1步，共3步】对话框，默认选中【分隔符号】单选按钮，单击【下一步】按钮，如图4-16所示。

03 进入【文本分列向导-第2步，共3步】对话框，在【分隔符号】组合框中勾选【其他】复选框，然后在其右侧文本框中输入“/”，在【数据预览】框中即可看到数据被分成了两列，单击【下一步】按钮，如图4-17所示。

04 进入【文本分列向导-第3步，共3步】对话框，保持默认选项，单击【完成】按钮即可，如图4-18所示。

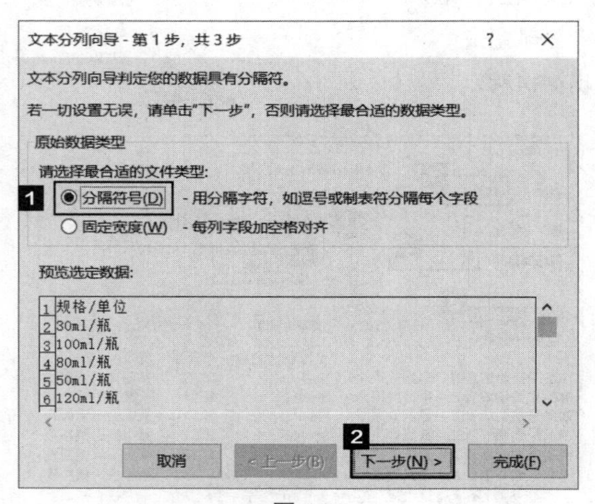

▲ 图 4-16

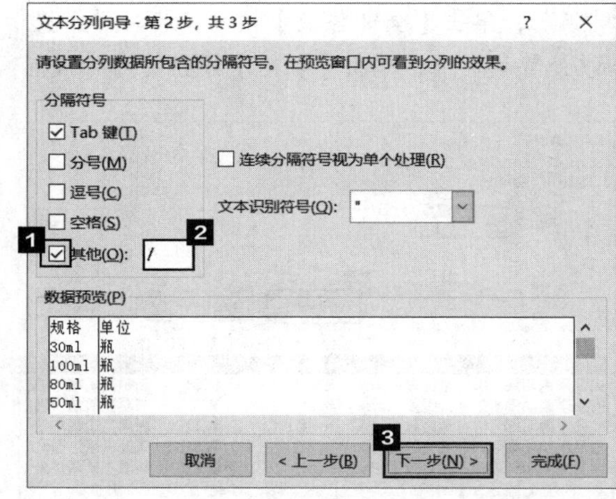

▲ 图 4-17

▲ 图 4-18

知识链接

本案例介绍了数据分列的其中一种方法——“分隔符号”。当要分列的数据没有相同的分隔符号，而所有数据都满足在同一位置分列时，则可以使用“固定宽度”来分列。

操作时只需在【文本分列向导-第1步，共3步】对话框中选中【固定宽度】单选按钮，然后按照提示操作即可。具体操作过程可扫码观看。

4-3 知识链接

在数据分列时需要注意：由于需要分列的数据通常位于数据区域的中间位置，且一列需要分成多列，因此用户需要在分列前插入一定列数的空白列，为分出的新列预留位置。并且【文本分列向导-第3步，共3步】对话框（见图4-18）中【目标区域】的位置默认是当前列，用户可根据需求进行修改。

4.2 员工基本信息表

【案例分析】

为加强对员工的管理，公司在员工入职的时候都会对员工的基本情况进行登记，以便日后查询。员工基本信息表专门用来存储员工的基本信息数据，它是人力资源管理中的基础表格之一。很多员工信息都需要手动录入，为了提高录入的准确性和规范性，用户可以借助Excel数据验证功能。下面以制作“员工基本信息表”为例，介绍数据验证功能的应用。

具体要求：创建员工基本信息表，然后在工作表中输入员工的基本信息数据；在“部门”列设置下拉列表，从下拉列表中选择部门名称；利用数据验证限定手机号码列的文本长度为11，当输入不符合要求的数据时弹出提示框；利用数据验证限定身份证号的内容，避免录入重复的身份证号码。

【知识与技能】

一、利用数据验证功能制作下拉列表

二、利用数据验证限定文本长度

三、利用数据验证功能避免录入重复数据

4.2.1 制作下拉列表

案例素材	原始文件：素材\第4章\员工基本信息表—原始文件 最终效果：素材\第4章\员工基本信息表—最终效果

4-4 制作下拉列表

【理论基础】

在录入数据时，经常需要重复录入某些相同的数据，为了提高录入的效率和准确性，用户可以设置下拉列表，通过鼠标点选的方式来实现高效录入。使用【数据验证】中验证条件的【系列】选项就可以实现该操作，将指定的内容设置成下拉列表。下面以设置部门下拉列表为例，介绍具体操作方法。

【操作方法】

01 打开本案例的原始文件，新建一个空白工作表，重命名为“参数表”，然后在参数表的A1:A7单元格区域中输入部门名称信息，如图4-19所示。

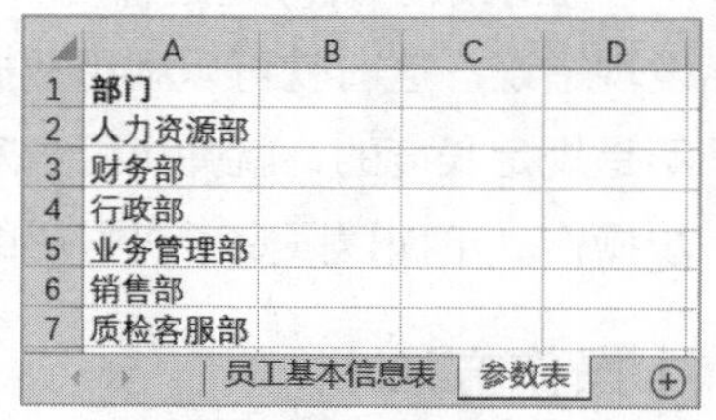

▲图 4-19

02 切换到“员工基本信息表”工作表，选中C2及以下的数据区域，切换到【数据】选项卡，单击【数据工具】组中的【数据验证】按钮的左半部分或上半部分（图示为左半部分），如图4-20所示。

03 弹出【数据验证】对话框，单击【验证条件】组中【允许】的下拉按钮，选择【序列】选项，然后将鼠标光标定位到【来源】文本框中，再选中参数表中的A2:A7单元格区域，之后单击【确定】按钮，如图4-21所示。

04 返回“员工基本信息表”工作表，选中部门标题下的单元格，其右侧会出现一个下拉按钮，单击下拉按钮，从下拉列表中即可选择部门名称，如图4-22所示。

▲图 4-20

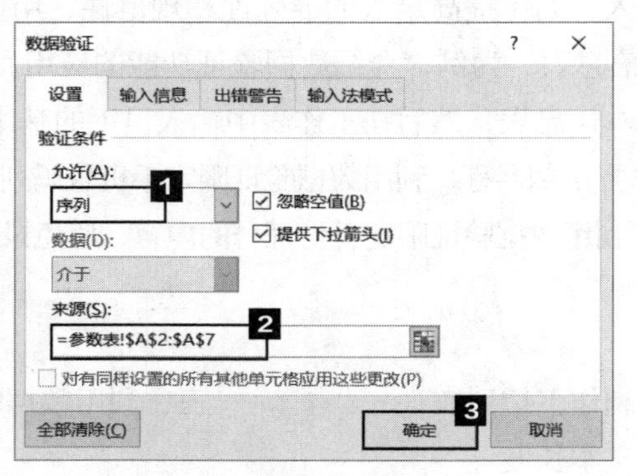

▲图 4-21

▲图 4-22

小贴士

图4-21中【来源】文本框中的数据可以直接选择工作表中的数据区域（如步骤03），也可以手动输入，输入时各选项之间要用英文逗号间隔。

4.2.2 限定文本长度

案例素材	原始文件：素材\第4章\员工基本信息表01—原始文件 最终效果：素材\第4章\员工基本信息表01—最终效果

4-5 限定文本长度

【理论基础】

在录入手机号码这样的长数据时，经常会出现多一位或少一位的情况，如果不仔细核对很难发现错误。这时就可以利用数据验证功能，在输入完成后对输入的文本长度进行检查，如此系统对不是规定长度的，就弹出警告对话框，提醒重新输入。用户只有输入指定长度的内容才能进行下一步操作。下面以限定手机号码的长度为例，介绍具体操作方法。

【操作方法】

01 打开本案例的原始文件，选中D2及以下的数据区域，打开【数据验证】对话框，单击【验证条件】组中【允许】的下拉按钮，选择【文本长度】选项，然后单击【数据】的下拉按钮，选择【等于】选项，在【长度】文本框中输入“11”（手机号码为11位），如图4-23所示。

02 切换到【出错警告】选项卡，在【错误信息】列表框中输入“请检查输入的手机号码是否为11位！”，单击【确定】按钮，如图4-24所示。

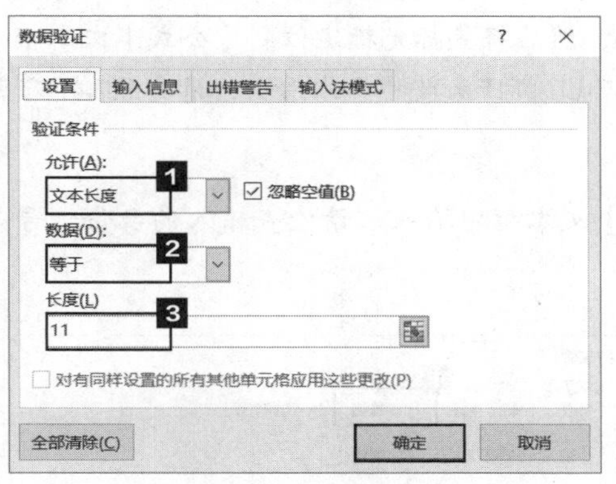

▲图 4-23

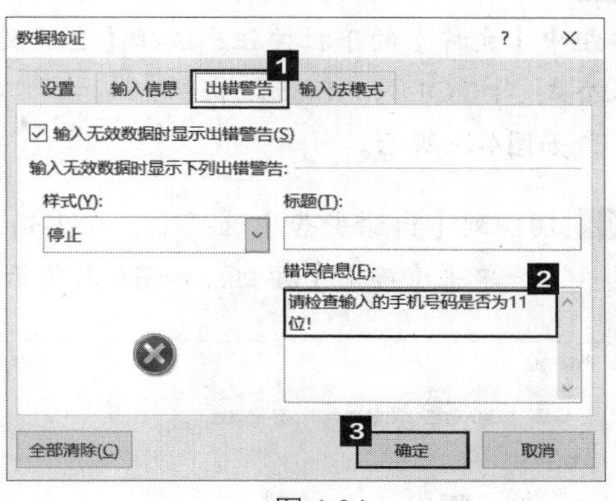

▲图 4-24

03 返回“员工基本信息表”工作表，在D2单元格中输入一个10位手机号码，按【Enter】键，此时会弹出提示框“请检查输入的手机号码是否为11位！”，如图4-25所示。此时，单击【重试】按钮，重新输入11位手机号码，输入正确后将不会弹出提示框。

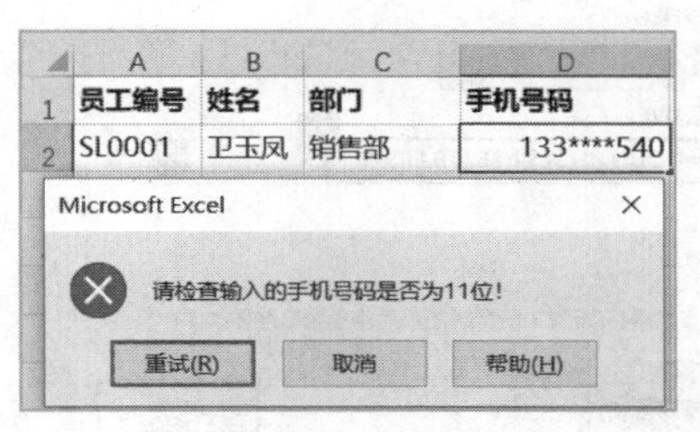

▲图 4-25

知识链接

如果想要将单元格的数据验证效果向下填充，只需用填充柄向下填充即可。在实际工作中，如果要登记的信息很多，可以选中整列（除标题外）来设置数据验证。

4.2.3 避免录入重复的数据

案例素材	原始文件：素材\第4章\员工基本信息表02—原始文件 最终效果：素材\第4章\员工基本信息表02—最终效果

4-6 避免录入重复的数据

【理论基础】

在录入数据时，有些数据是要求具有唯一性的，如身份证号码。由于一个人只能有一个身份证号码，因此在录入员工的身份证号码时，可以利用数据验证功能，当录入重复的身份证号码时，将弹出提示框进行提示，要求重新输入，这样就可以避免重复了。下面具体介绍如何利用数据验证功能对录入的重复数据进行提醒。

【操作方法】

01 打开本案例的原始文件，选中E2:E19单元格区域，打开【数据验证】对话框，单击【验证条件】组中【允许】的下拉按钮，选择【自定义】选项，然后将鼠标光标定位到【公式】文本框中，输入公式“=COUNTIF($E$2:$E$19,E2)=1”（关于COUNTIF函数的具体用法，请参照7.4.4节的内容），如图4-26所示。

02 切换到【出错警告】选项卡，在【错误信息】文本框中输入“请检查输入的身份证号是否重复！”，单击【确定】按钮，如图4-27所示。

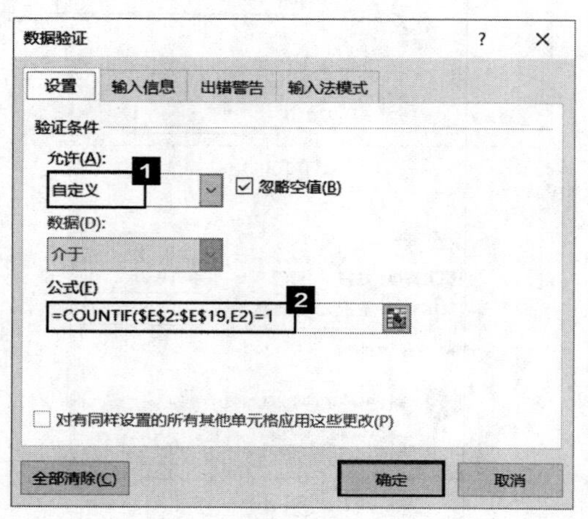

▲图 4-26

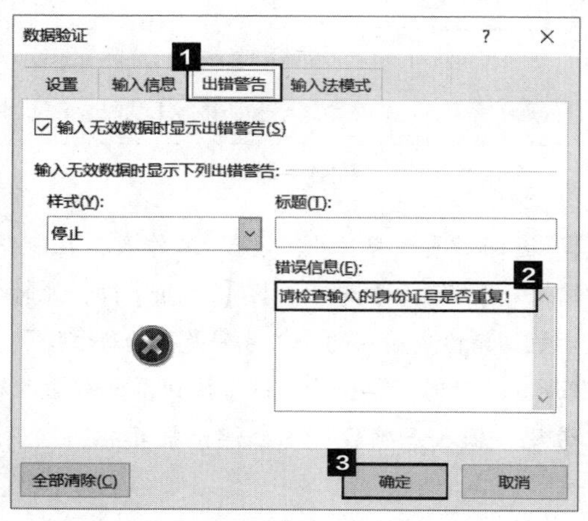

▲图 4-27

03 返回“员工基本信息表”工作表，在E3单元格中输入与E2单元格完全相同的身份证号时，系统就会弹出提示框，如图4-28所示。此时单击【重试】按钮重新输入身份证号即可。

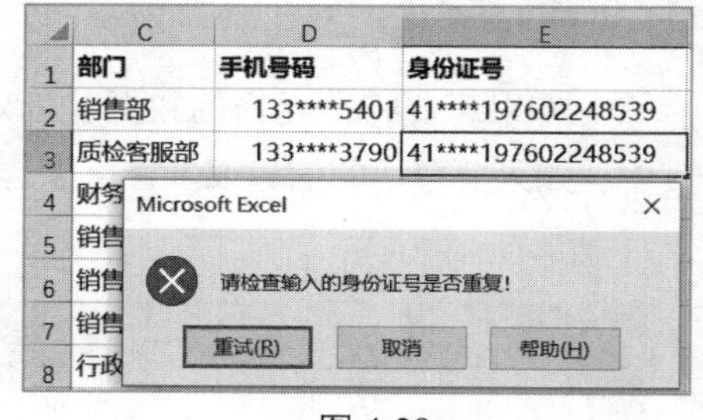

▲图 4-28

本案例在【数据验证】对话框中虽然只输入了E2单元格的公式，但是由于之前已经选中了单元格区域E2:E19，并且公式的第一个参数是绝对引用，第二个参数E2是相对引用，因此Excel会自动将公式复制到其他单元格中。

4.3 员工培训登记表

【案例分析】

为加强对员工培训的管理，公司在员工参加培训活动时，都会打印出培训登记表、培训签到表等表格，对员工的培训内容、签到情况等进行登记，从而及时了解员工参加培训的情况，便于培训流程的顺利进行。在打印表格时，经常会碰到各种各样的问题，如纸张方向不对、纸张大小不合适、页边距太大、无法每页打印标题行、不能一页显示所有列等。掌握一定的打印技巧就可以轻松解决以上问题。下面以打印“员工培训登记表”为例，介绍文件打印的重点操作方法。

具体要求：创建员工培训登记表，对纸张方向、纸张大小、页边距等进行设置，多页打印时每页都打印表头，将所有内容缩至一页打印。

【知识与技能】

一、设置纸张方向、纸张大小和页边距
二、打印顶端标题行
三、将所有内容缩至一页打印

4.3.1 打印前的页面设置

案例素材	原始文件：素材\第4章\员工培训登记表—原始文件 最终效果：素材\第4章\员工培训登记表—最终效果

4–7 打印前的页面设置

【理论基础】

为了提高文件打印的效果，在打印文件前，用户可以根据打印内容和需求，对纸张方向、纸张大小和页边距进行设置，该操作在【页面设置】对话框中就可以完成，具体操作方法如下。

【操作方法】

01 打开本案例的原始文件，切换到【页面布局】选项卡，单击【页面设置】右下角的对话框启动器按钮，如图4-29所示。

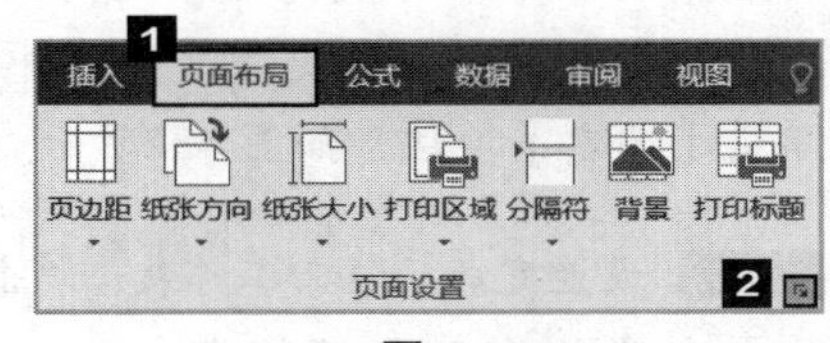

▲ 图 4-29

02 弹出【页面设置】对话框，在【页面】选项卡下，选中【横向】单选按钮，【纸张大小】选择“A4”，如图4-30所示。然后切换到【页边距】选项卡，设置页边距，设置完毕后单击【确定】按钮，如图4-31所示。

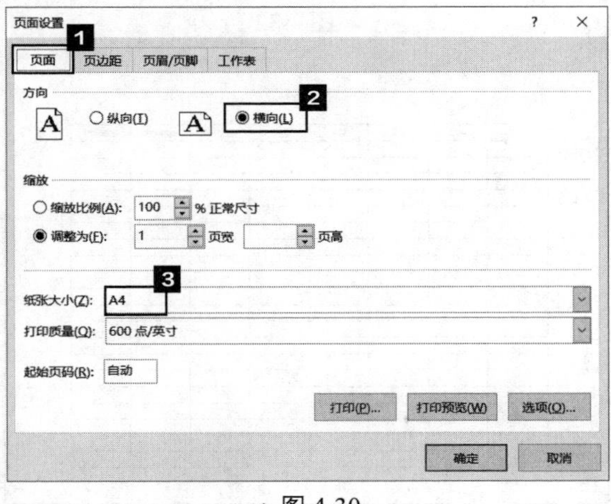

▲ 图 4-30

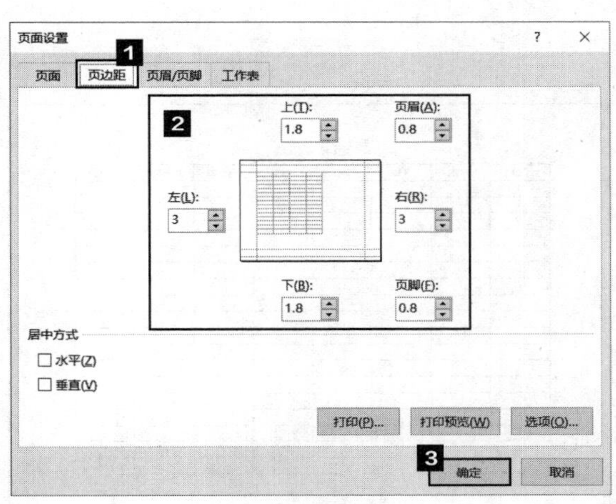

▲ 图 4-31

页面设置完成后，单击【文件】→【打印】，在打印预览窗口即可看到打印效果。

4.3.2 设置每页都打印标题行

案例素材

原始文件：素材\第4章\员工培训登记表01—原始文件

最终效果：素材\第4章\员工培训登记表01—最终效果

4-8 设置每页都打印标题行

【理论基础】

若打印区域较大，需要多页显示，为了方便查看后面几页的内容，用户可以根据需要在每页都打印出标题行。进行打印标题的设置，同样是在【页面设置】对话框中完成，下面介绍具体的操作方法。

【操作方法】

01 打开本案例的原始文件，使用前面同样的方法打开【页面设置】对话框，切换到【工作表】选项卡，将鼠标光标定位到【顶端标题行】文本框中，然后选中工作表中的第二行，单击【确定】按钮，如图4-32所示。

02 设置完成后返回工作表，单击【文件】→【打印】，在打印预览窗口即可看到打印效果。图4-33所示为第1页的打印效果，图4-34所示为第2页～第9页的打印效果。

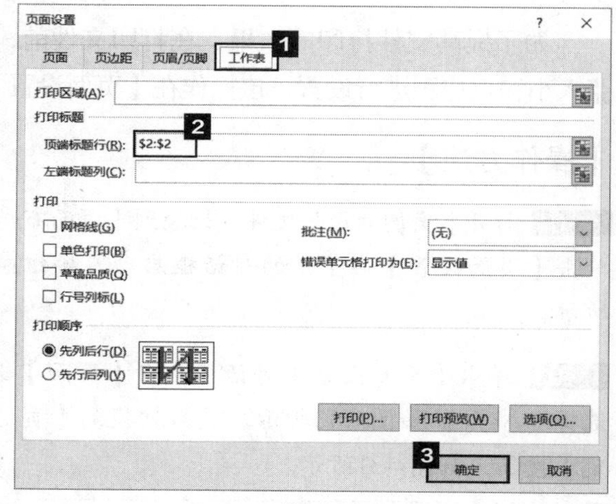

▲图 4-32

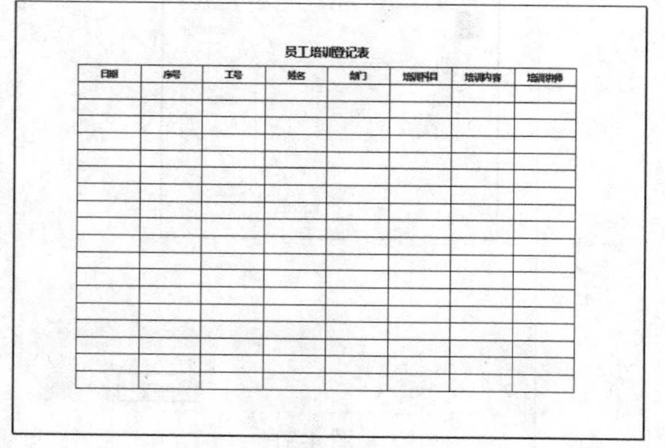

▲图 4-33

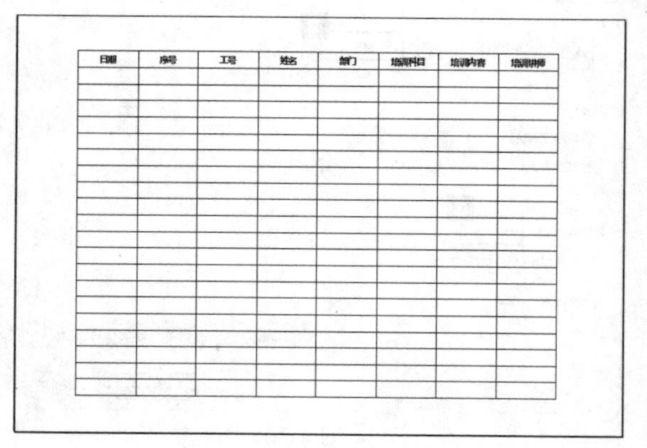

▲图 4-34

4.3.3 将所有内容缩至一页打印

案例素材

原始文件：素材\第4章\员工培训登记表02—原始文件

最终效果：素材\第4章\员工培训登记表02—最终效果

4-9 将所有内容缩至一页打印

【理论基础】

当打印的内容超过一页时，用户可以根据需要将打印的内容缩小打印在一页上。进行页面的缩放设置，同样是在【页面设置】对话框中完成，下面介绍具体的操作方法。

【操作方法】

01 打开本案例的原始文件，使用前面同样的方法打开【页面设置】对话框，切换到【页面】选项卡，选中【缩放】组中的【调整为】单选钮，并调整【页宽】和【页高】均为“1”，如图4-35所示。

02 设置完成后，单击【打印预览】按钮，打印效果如图4-36所示，所有行和列都被缩至一页了。

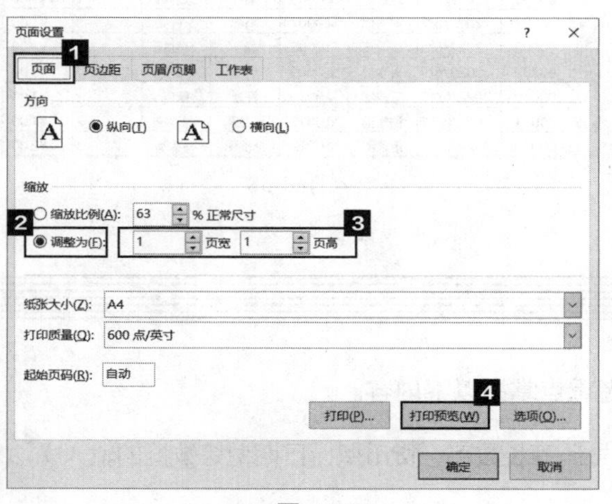

▲图 4-35

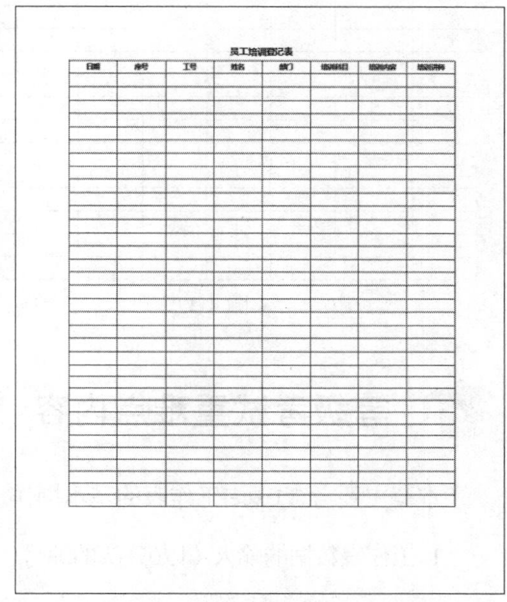

▲图 4-36

素养教学

良好的生态环境是人和社会持续发展的根本基础，而节约资源是保护生态环境的根本之策。为了地球的可持续发展，为了环保，更为了让生活更美好，人们应该行动起来，节约资源。青少年更要认清形势，树立“节约光荣，浪费可耻”的观念。加强学习宣传，推进节约活动。自觉从身边的小事做起，节约每一度电、每一滴水、每一张纸等。

4.4 综合实训：办公用品领用表

【实训目标】

通过制作办公用品领用表，掌握在工作表中输入各个类型数据的方法，以及几种常用数据类型的设置方法，并通过填充柄和数据验证功能快速录入数据，提高工作效率。

【实训操作】

01 打开本实训的原始文件，如图4-37所示，在“序号”列中输入以0开头的编号，在“日期”列中输入日期型数据，在“单价”列输入货币型数据，余下列的数据以【常规】格式输入。

02 在“序号”列输入一个序号后，使用填充柄快速向下填充。

03 新建一个参数表，输入部门名称，然后利用数据验证功能在“部门”列制作下拉列表，以便快速输入部门名称，效果如图4-38所示。

	A	B	C	D	E	F	G	H
1				办公用品领用明细				
2	序号	日期	部门	工号	姓名	物品名称	数量	单价
3								
4								
5								
6								
7								
8								
9								
10								
11								
12								
13								
14								

▲图 4-37

	A	B	C	D	E	F	G	H
1				办公用品领用明细				
2	序号	日期	部门	工号	姓名	物品名称	数量	单价
3	00001	2022/6/1	财务部	L0001	李冰	签字笔	2	¥2.00
4	00002	2022/6/2	[illegible]	L0002,	王黛	笔记本	1	¥7.00
5	00003	2022/6/3	[illegible]	L0003	边鑫月	笔筒	1	¥8.00
6	00004	2022/6/4	[illegible]	L0004	赵春竹	A4纸	1	¥22.00
7	00005	2022/6/5	[illegible]	L0005	郑孝洁	小胶带	1	¥1.00
8	00006	2022/6/6	运营部	SL0006	喻琴	订书机	1	¥15.00
9	00007	2022/6/7	财务部	SL0007	冯粤	文件夹	3	¥1.00
10	00008	2022/6/8	行政部	SL0008	冯菜玲	文件袋	2	¥1.00
11	00009	2022/6/9	人事部	SL0009	何寒	笔记本	2	¥5.00
12	00010	2022/6/10	采购部	SL0010	许飘	橡皮	1	¥1.00
13	00011	2022/6/11	销售部	SL0011	云兰燕	固体胶	2	¥1.00
14	00012	2022/6/12	运营部	SL0012	丛丽丽	签字笔	3	¥2.00

▲图 4-38

等级考试重难点内容

本章主要考查Excel工作表的基本操作，需读者重点掌握以下内容。

1. 工作表数据的输入（以0开头的编号、身份证号码等长数字、货币型、日期型等数据的输入）。

2. 数据格式的设置（在【设置单元格格式】对话框中对数据格式进行设置）。

3. 分列工具的使用（按分隔符号和固定宽度进行分列）。

4. 数据验证的应用（序列、限定文本长度、自定义公式的设置）。

5. 页面设置（纸张大小、纸张方向、页边距，其中缩放打印是重点）。

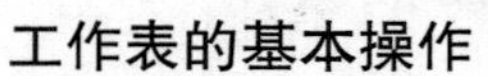

本章习题

一、不定项选择题

1. 在工作表中输入以0开头的编号，需要将单元格的数字格式设置为（　　）。

A. 常规　　　　B. 日期

C. 文本　　　　D. 货币

2. 以下日期格式中，不正确的是（　　）。

A. 2022/8/18　　　　B. 2022-8-18

C. 22/8/18　　　　D. 2022.8.18

3. 以下关于文件打印设置的内容中，正确的有（　　）。

A. 通常默认的打印设置都是效果最好的，无须再进行设置

B. 纸张方向、纸张大小和页边距设置，都可以在【页面设置】对话框中完成

C. 若用户的打印区域较长，需要多页显示，为了方便查看后面几页的各列内容，则可以根据需要在每页中都设置标题行

D. 通过调整【页宽】和【页高】均为“1”，可以将所有内容缩至一页打印

二、判断题

1. 使用填充柄填充内容时只能填充数字。（　　）

2. 使用填充按钮中的【序列】对话框可以在连续的单元格中输入指定步长的数据。（　　）

3. 对数据分列时，分出的新列会覆盖原来的列。（　　）

三、简答题

1. 简述能提高数据录入效率的方法。

2. 简述数据验证可以实现哪些功能。

3. 简述数据分列的主要依据有哪些。

四、操作题

1. 在“员工信息表”中制作“学历”列的下拉列表（学历包括：博士、硕士、大学本科、大学专科、专科以下）。

2. 对“来访人员登记表”进行打印前的页面设置（调整合适的页边距、居中显示、将所有列调整为1页，多页打印时各页都显示标题）。

第5章
美化工作表

除了对工作表的基本操作外，美化工作表也是非常重要的内容。无论是对制表者自身，还是对表格的接收者来说，经过美化的表格较之默认的表格格式，其可读性与美观性都会更高。本章内容将从美化工作表的基本操作开始，介绍字体格式、对齐方式、行高列宽、单元格样式、表格样式及条件格式的设置内容。让用户由易到难、从不同方面掌握美化工作表的操作方法，逐步提高工作表的美化效果。

学习目标

1. 设置表格字体的类型、字号和加粗显示
2. 学会设置单元格字体的对齐方式
3. 学会设置行高和列宽
4. 掌握快速设置最合适的行高、列宽的方法

5.1 销售明细表

【案例分析】

销售明细表是销售数据分析的基础表格，所有的销售数据分析工作都可以在销售明细表的基础上完成。虽然销售明细表几乎都是给制表人自己看的，但是我们依然需要对其进行美化，从而提高可读性。在工作表美化的过程中，常用的基本操作有设置字体格式、设置对齐方式和设置行高列宽。接下来以“销售明细表”为例，介绍工作表美化的基本操作。

具体要求：创建销售明细表，然后选中表格标题行，将其字体设置为微软雅黑、12号、加粗，居中对齐，行高设置为23；正文字体设置为微软雅黑、11号，行高设置为20；所有的列宽都设置为最适合内容显示的宽度。

【知识与技能】

一、设置字体类型、字号和加粗显示
二、设置单元格内容居中对齐
三、设置合适的行高和列宽
四、为表格添加边框和底纹

案例素材

原始文件：素材\第5章\销售明细表—原始文件

最终效果：素材\第5章\销售明细表—最终效果

5–1 销售明细表

5.1.1 设置字体格式

【理论基础】

打开Excel工作表后，默认输入的字体类型是等线体，字号是11号，该字体比较小，看起来不是很美观。在编辑工作表的过程中，用户可以根据需要对字体格式重新设置，如常用的字体格式是微软雅黑、12号，同时为了突出显示标题行内容，还可以将标题行字体加粗显示。

【操作方法】

01 打开本案例的原始文件，单击工作表左上角的全选按钮，选中整个工作表区域，切换到【开始】选项卡，单击【字体】的下拉按钮，选择“微软雅黑”，然后单击【字号】的下拉按钮，选择“12”，如图5-1所示。

02 选中工作表的标题行，单击【字体】组中的【加粗】按钮，如图5-2所示。

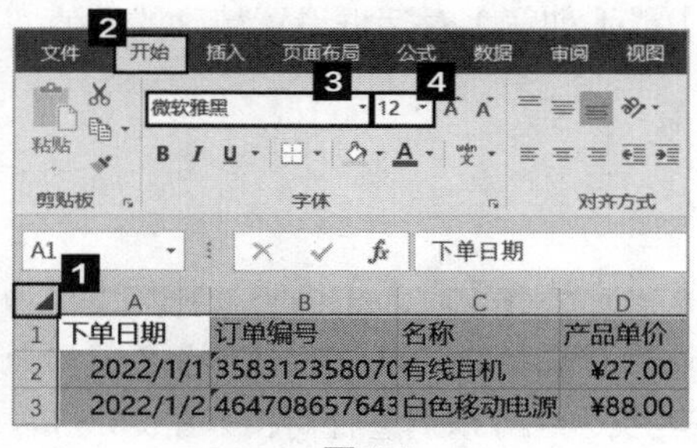

▲图 5-1

▲图 5-2

5.1.2 设置对齐方式

【理论基础】

在单元格中输入内容后，如果输入的是文本型数据，默认左对齐，如果输入的是数字型数据（日期也属于数字），默认右对齐。在 Excel 2016 中，单元格的对齐方式包括顶端对齐、垂直居中、底端对齐、左对齐、居中和右对齐等多种方式，用户可以通过【开始】选项卡或【设置单元格格式】对话框进行设置。

【操作方法】

01 选中A1:J1单元格区域，单击【对齐方式】组中的【垂直居中】和【居中】按钮，如图5-3所示。

02 选中A2:J179单元格区域，单击【对齐方式】组右下角的对话框启动器按钮，打开【设置单元格格式】对话框，在【文本对齐方式】组中单击【垂直对齐】的下拉按钮，选择【居中】选项，单击【确定】按钮，如图5-4所示。

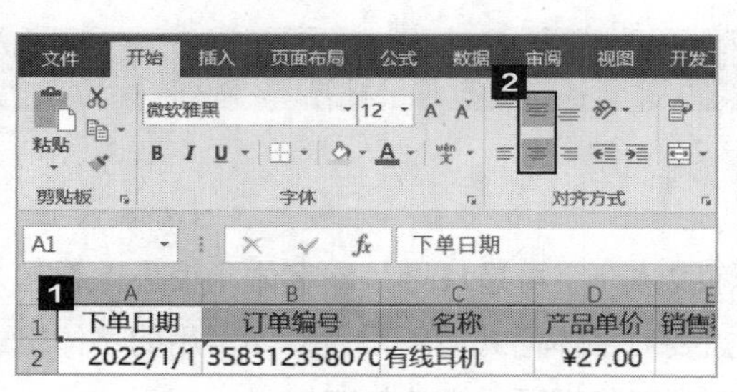

▲图 5-3

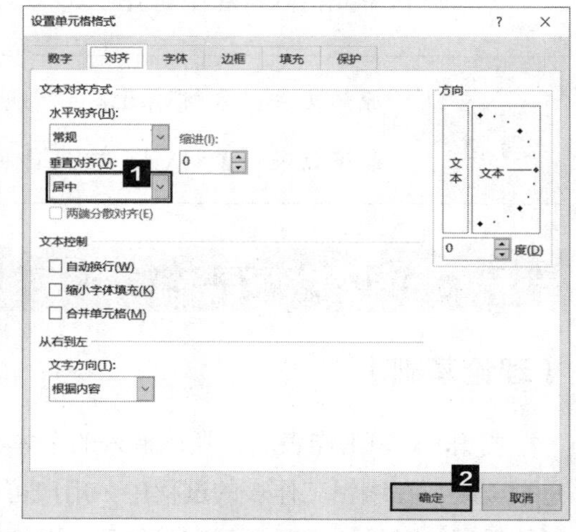

▲图 5-4

5.1.3 设置行高和列宽

【理论基础】

在 Excel 2016 中，单元格默认的列宽是8.11，行高是13.8。若输入的内容较多或字体较大，就会超出单元格区域而显示不全，影响阅读。这时，用户就需要对单元格的行高、列宽进行设置。在具体设置行高和列宽时有两种方法：一种是通过【行高】或【列宽】对话框设置精确的数值，另一种是通过鼠标拖曳来调整。具体操作方法如下。

【操作方法】

01 选中标题行，在标题行上单击鼠标右键，从快捷菜单中选择【行高】选项，弹出【行高】对话框，输入“23”，单击【确定】按钮，如图5-5所示。或者将鼠标指针移至两个行号之间的分隔线上，当鼠标指针变成十字双向箭头时，按住鼠标左键上下拖曳，也可以调整行高，如图5-6所示。

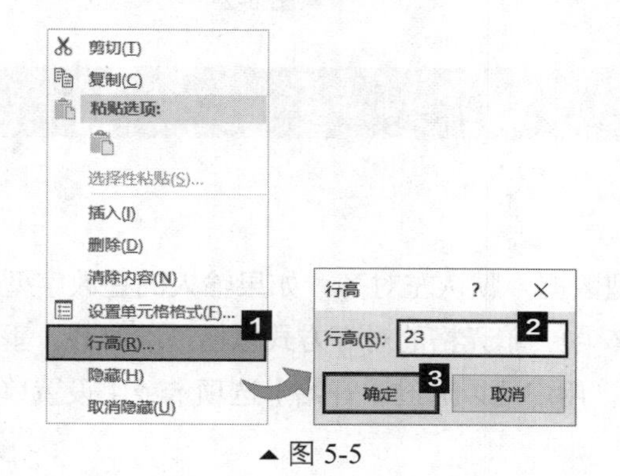

▲图 5-5

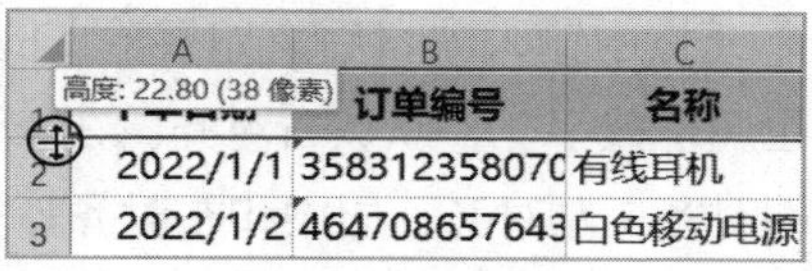

▲图 5-6

02 选中B列，在选中列上单击鼠标右键，从快捷菜单中选择【列宽】选项，弹出【列宽】对话框，输入“20”，单击【确定】按钮，如图5-7所示。或者将鼠标指针移至两个列标之间的分隔线上，当鼠标指针变成十字双向箭头时，按住鼠标左键左右拖曳，也可以调整列宽，如图5-8所示。

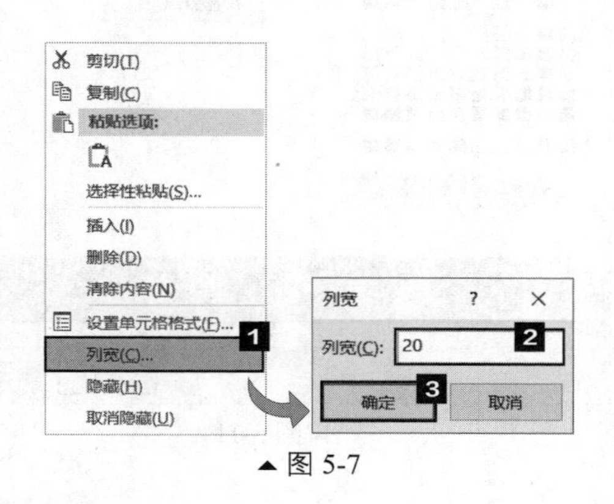

▲图 5-7

▲图 5-8

知识链接

快速设置行高和列宽的方法如下。

①选中多列，拖动其中一列的大小，所有列都会同时调整为相同的列宽；行高的设置同理。

②选中所有列，在两个列标之间的分隔线上双击，所有列都会各自调整为最合适的宽度，即正好显示各列的全部内容；行高的设置同理。

5.1.4 设置边框和底纹

【理论基础】

工作表中的单元格默认是没有边框的，用户在新建工作表后看到的框线其实是网格线，只是为了方便用户编辑数据而设计的。切换到【视图】选项卡，在【显示】组中取消勾选【网格线】复选框，如图5-9所示，即可隐藏网格线。为了让工作表看起来更美观，用户可以为工作表设置边框和底纹，具体操作如下。

▲图 5-9

【操作方法】

01 选中整个数据区域（将鼠标光标定位到数据区域中任意一个单元格上，按【Ctrl】+【A】组合键即可全选数据区域），打开【设置单元格格式】对话框，切换到【边框】选项卡，在这里可以设置边框线条的样式、颜色和位置，这里单击【预置】组中的【外边框】和【内部】，单击【确定】按钮，如图5-10所示。

02 选中A1:J1单元格区域，打开【设置单元格格式】对话框，切换到【填充】选项卡，在这里可以设置背景色和填充图案，我们选择【背景色】中的蓝色，单击【确定】按钮，如图5-11所示。

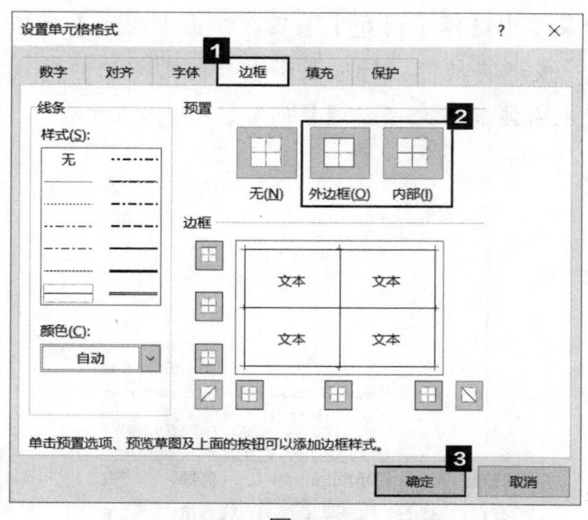

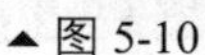
▲图 5-10

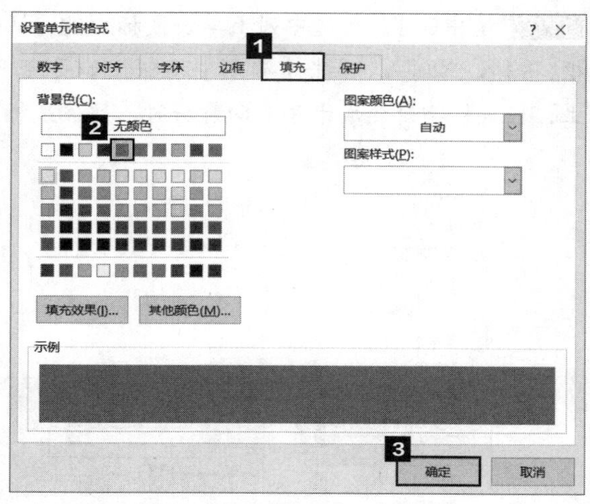

▲图 5-11

素养教学

“大其心，容天下之物；虚其心，受天下之善；平其心，论天下之事；潜其心，观天下之理；定其心，应天下之变。”——节选自《格言联璧》

一个人要想成就一番事业，这5个方面必不可少：放宽胸怀、谦虚谨慎、平心静气、潜心钻研、坚定信念。

5.2 销售数据汇总表

【案例分析】

在进行销售业绩汇报或总结时，通常需要展示的都是汇总数据，因此汇总表的设计美化工作十分重要。Excel 2016 为用户提供了多种单元格样式和表格样式，方便用户在进行表格美化时根据需要，从颜色、字体和效果等方面直接套用或自定义合适的样式，从而提高效率。

下面以美化“销售数据汇总表”为例，介绍套用样式的基本操作。

具体要求：创建销售数据汇总表，选中表头，选择一种合适的单元格样式；然后选中表格区域，套用一种合适的表格格式。

【知识与技能】

一、套用内置的单元格样式

二、自定义个性化单元格样式

三、套用内置的表格样式

四、自定义个性化表格样式

案例素材

原始文件：素材\第5章\销售数据汇总表—原始文件

最终效果：素材\第5章\销售数据汇总表—最终效果

5-2 销售数据汇总表

5.2.1 套用单元格样式

【理论基础】

美化表格时，有的表格上方有标题，为了更突出标题内容，用户需要对标题单元格进行美化。下面介绍美化单元格时套用样式的具体操作方法。

【操作方法】

1．套用系统内置单元格样式

01 打开本案例的原始文件，选中A1单元格，切换到【开始】选项卡，单击【样式】组中【单元格样式】的下拉按钮，从下拉列表中选择一种合适的样式即可，如选择【标题】组中的【标题1】样式，如图5-12所示。设置完成后，效果如图5-13所示。

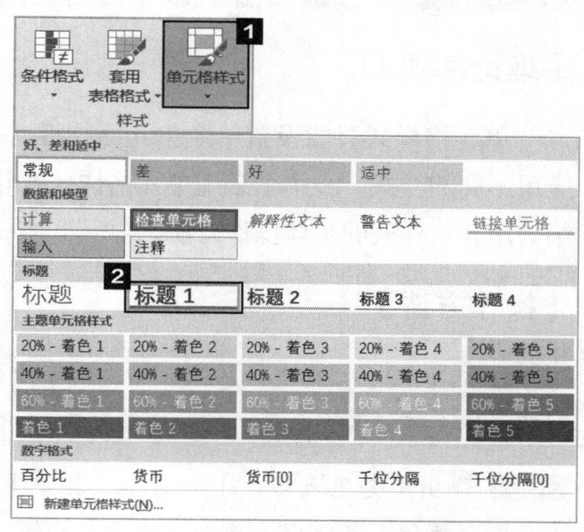

▲ 图 5-12

2．自定义单元格样式

02 如果Excel系统内置的单元格样式不能满足需求，用户还可以自定义样式。在【单元格样式】下拉列表中选择【新建单元格样式】选项，打开【样式】对话框，设置【样式名】，然后单击【格式】按钮，如图5-14所示，打开【设置单元格格式】对话框，对单元格格式进行自定义，如图5-15所示。

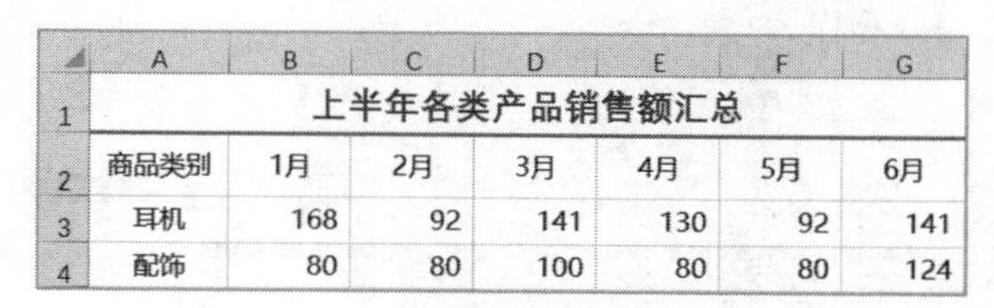

	A	B	C	D	E	F	G
1	上半年各类产品销售额汇总						
2	商品类别	1月	2月	3月	4月	5月	6月
3	耳机	168	92	141	130	92	141
4	配饰	80	80	100	80	80	124

▲ 图 5-13

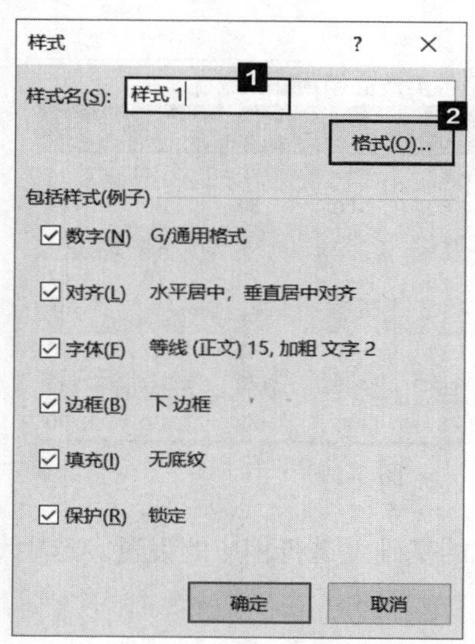

▲ 图 5-14

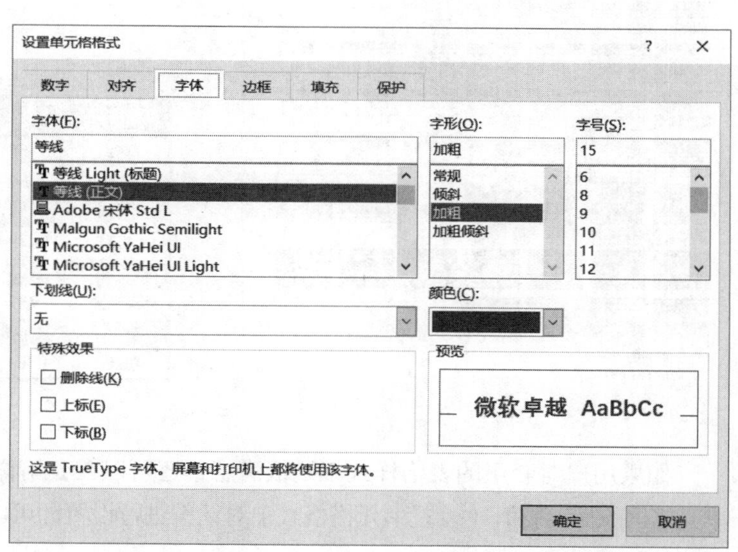

▲ 图 5-15

03 单元格样式设置完成后，在【单元格样式】的下拉列表中即可显示定义好的样式，如图5-16所示的“样式1”。选中单元格后，单击“样式1”即可直接应用该样式。

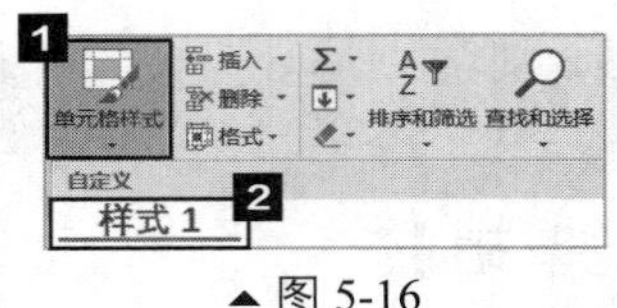

▲图 5-16

5.2.2 套用表格样式

【理论基础】

单元格样式只能设置单个单元格的样式，对于整个表格的美化，如果用户想对不同的单元格应用不同的样式，一个个套用单元格样式就非常烦琐了，这时可以选择直接套用表格样式。下面介绍套用表格样式的具体操作方法。

【操作方法】

01 选中A2:G10单元格区域，切换到【开始】选项卡，单击【样式】组中【套用表格格式】下拉按钮，从下拉列表中选择一种合适的样式，如选择【表样式中等深浅16】，如图5-17所示。

02 弹出【套用表格式】对话框，其中【表数据的来源】默认为之前选中的单元格区域，勾选【表包含标题】复选框，单击【确定】按钮，如图5-18所示。最终效果如图5-19所示。

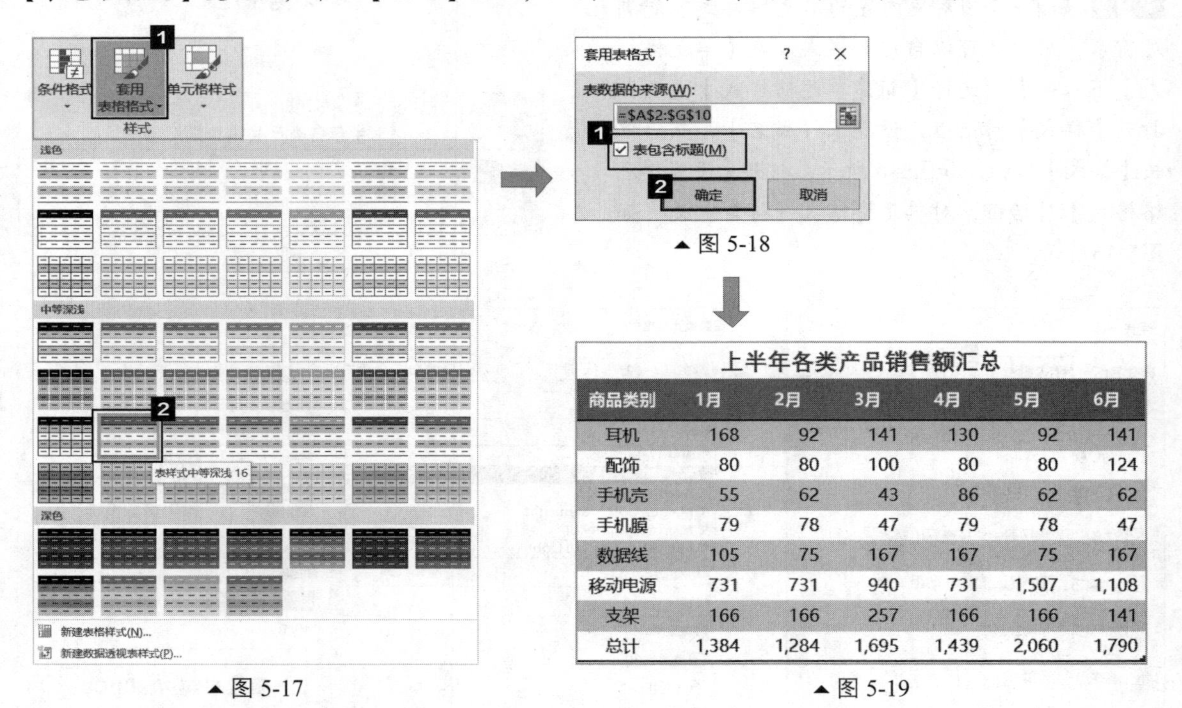

上半年各类产品销售额汇总

商品类别	1月	2月	3月	4月	5月	6月
耳机	168	92	141	130	92	141
配饰	80	80	100	80	80	124
手机壳	55	62	43	86	62	62
手机膜	79	78	47	79	78	47
数据线	105	75	167	167	75	167
移动电源	731	731	940	731	1,507	1,108
支架	166	166	257	166	166	141
总计	1,384	1,284	1,695	1,439	2,060	1,790

▲图 5-17　▲图 5-18　▲图 5-19

如果用户对套用的表格样式不是很满意，还可以在套用样式的基础上进行相应的设置。选中单元格区域后，打开【设置单元格格式】对话框进行设置即可。

5.3 销售情况分析表

【案例分析】

销售情况分析表主要用来对各产品的销售情况进行分析，用户在编辑数据表格的过程中，如果想要突出显示某些特定的数据，可以通过设置字体或填充颜色来强调，以引起读者的关注。为了提高工作效率，可以结合条件格式功能，通过设置一定的规则，对符合要求的数据批量实现格式设置。下面以“销售情况分析表”为例，介绍条件格式的基本操作。

具体要求：创建销售情况分析表，将销售数量大于15的数据设置为“浅红填充色深红色文本”；为销售额列的数据添加“蓝色数据条”。

【知识与技能】

一、利用条件格式突出显示重点数据　　　二、利用条件格式为数据添加数据条

案例素材

原始文件：素材\第5章\销售情况分析表—原始文件

最终效果：素材\第5章\销售情况分析表—最终效果

5-3　销售情况分析表

5.3.1 突出显示重点数据

【理论基础】

条件格式中的【突出显示单元格规则】中包含多种规则，如指定数据范围、文本包含、发生日期、重复值等，用户可以对选中单元格区域中所有符合要求的数据设置统一的格式，以提高数据编辑效率。下面介绍突出显示重点数据的具体操作方法。

【操作方法】

01 选中B2:B18单元格区域，切换到【开始】选项卡，单击【样式】组中的【条件格式】按钮，从下拉列表中选择【突出显示单元格规则】→【大于】选项，弹出【大于】对话框，在文本框中输入“15”，在【设置为】下拉列表中选择【浅红填充色深红色文本】，单击【确定】按钮，如图5-20所示。

02 设置完成后，销售数量大于15的数据都被填充了颜色，如图5-21所示。

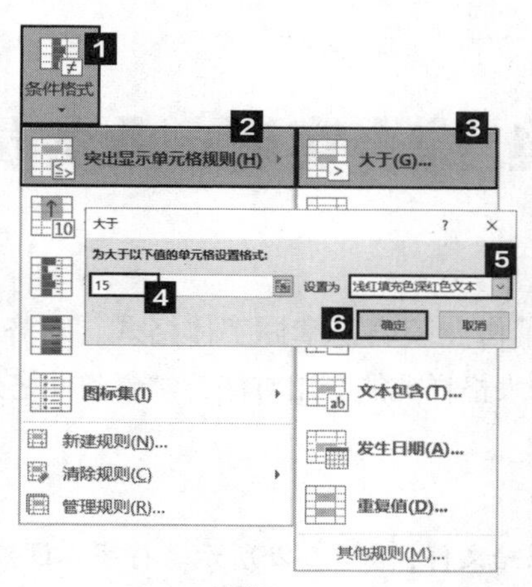

▲图 5-20

	A	B
1	产品名称	销售数量
2	1米数据线	21
3	2米数据线	9
4	白色移动电源	16
5	多合一数据线	12
6	防指纹膜	21
7	挂绳	8
8	硅胶手机壳	18
9	黑色移动电源	21
10	黑色支架	15
11	抗蓝光膜	8
12	蓝色支架	10
13	蓝牙耳机	13
14	磨砂手机壳	12
15	手机链	10

▲图 5-21

5.3.2 为数据添加数据条

【理论基础】

条件格式中的数据条功能可以根据单元格中数据的大小，显示对应长度的数据条，让读者通过数据条的长度就可以一眼看出数据的大小。将枯燥的数据转化为长度不等的彩色数据条，不仅具有美化表格的作用，而且提高了数据的易读性。下面介绍添加数据条的具体操作方法。

【操作方法】

01 选中C2:C18单元格区域，切换到【开始】选项卡，单击【样式】组中的【条件格式】按钮，从下拉列表中选择【数据条】→【蓝色数据条】选项，如图5-22所示。

02 设置完成后，C2:C18单元格区域中即添加上了蓝色数据条，如图5-23所示。

▲图 5-22

	A	B	C
1	产品名称	销售数量	销售额（元）
2	1米数据线	21	336
3	2米数据线	9	144
4	白色移动电源	16	1,320
5	多合一数据线	12	276
6	防指纹膜	21	288
7	挂绳	8	128
8	硅胶手机壳	18	180
9	黑色移动电源	21	2,580
10	黑色支架	15	812
11	抗蓝光膜	8	120
12	蓝色支架	10	250
13	蓝牙耳机	13	494
14	磨砂手机壳	12	190

▲图 5-23

知识链接

如果用户想要清除设置好的条件格式，选中区域后，再次单击【条件格式】按钮，从下拉列表中选择【清除规则】→【清除所选单元格的规则】或【清除整个工作表的规则】选项即可，如图5-24所示。

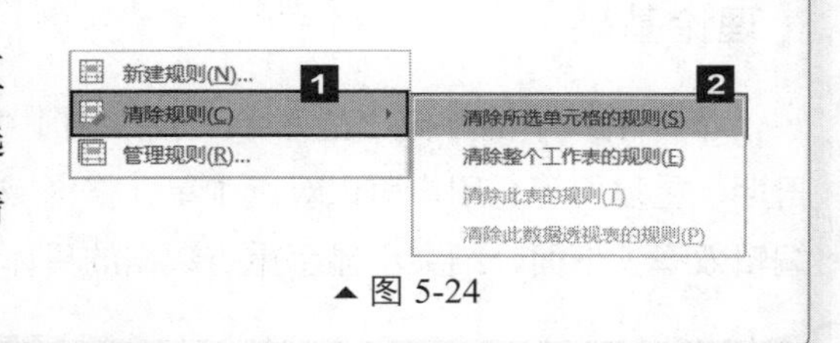

▲图 5-24

5.4 综合实训：业务员销售业绩表

【实训目标】

通过制作业务员销售业绩表，掌握字体格式、对齐方式、行高列宽、边框和底纹的设置方法，熟悉单元格样式和表格样式的套用方法，学会条件格式的具体应用。

【实训操作】

01 打开本案例的原始文件，如图5-25所示。将字体设置为微软雅黑、12号，行高设置为23，列宽设置为15，所有文本型数据居中显示。

02 为数据区域套用一种表格样式，选择一种浅色的样式，如“表样式浅色9”。

03 利用条件格式中的【突出显示单元格规则】功能，为“销量”列的数据设置格式：当数据大于3000时，显示“绿填充色深绿色文本”；当数据小于2000时，显示“浅红填充色深红色文本”。

04 利用条件格式中的【数据条】功能，为“销售额（万元）”列的数据添加蓝色数据条，效果如图5-26所示。

	A	B	C	D
1	工号	业务员姓名	销量	销售额（万元）
2	0001	郑孝洁	2,668	65
3	0002	喻琴	2,962	68
4	0003	冯粤	1,901	102
5	0004	冯菜玲	3,105	60
6	0005	何寒	3,351	61
7	0006	许飘	1,643	103
8	0007	云兰燕	1,796	80
9	0008	孔娴	1,605	76
10	0009	朱佳丽	3,573	106
11	0010	赵美美	2,891	98
12				
13				

▲图 5-25

	A	B	C	D
1	工号	业务员姓名	销量	销售额（万元）
2	0001	郑孝洁	2,668	65
3	0002	喻琴	2,962	68
4	0003	冯粤	1,901	102
5	0004	冯菜玲	3,105	60
6	0005	何寒	3,351	61
7	0006	许飘	1,643	103
8	0007	云兰燕	1,796	80
9	0008	孔娴	1,605	76
10	0009	朱佳丽	3,573	106
11	0010	赵美美	2,891	98

▲图 5-26

等级考试重难点内容

本章主要考查工作表的美化，需读者重点掌握以下内容。

1. 字体格式的调整（设置字体类型、字号、是否加粗显示）。

2. 设置数据的对齐方式（水平居中、垂直居中）。

3. 表格格式的调整(行高、列宽，边框、底纹)。

4. 套用单元格样式和表格样式（直接套用和自定义）。

5. 设置条件格式（突出显示重点数据、为数据添加数据条）。

本章习题

一、不定项选择题

1. 工作表中，可以通过以下哪些方式提高表格的美观性？（　　）

A. 增大字号　　B. 标题加粗　　C. 增大行高　　D. 套用样式

2. 以下对齐方式中，属于单元格对齐方式的有（　　）。

A. 垂直居中　　B. 左对齐　　C. 顶端对齐　　D. 底端对齐

3. 以下关于条件格式的说法中，错误的是（　　）。

A. 利用条件格式的【突出显示单元格规则】功能，可以将指定范围的数据突出显示

B. 为了一眼看出各数据的大小，可以为单元格添加数据条

C. 无法利用条件格式功能快速找到列区域中的重复数据

D. 如果用户想要清除设置好的条件格式，可以通过【条件格式】→【清除规则】→【清除所选单元格的规则】或【清除整个工作表的规则】实现

二、判断题

1. 在单元格中输入数据后，如果输入的是文本型数据，默认左对齐，如果输入的是数字型数据，默认右对齐。（　　）

2. 单元格套用内置的样式后，不可以再设置格式。（　　）

3. 新建工作表中默认是有框线的，如果用户认为不合适，可以重新设置。（　　）

三、简答题

1. 简述快速设置行高和列宽的方法。

2. 简述美化表格的方法。

3. 简述为何需要为表格设置边框和底纹。

四、操作题

1. 运用本章所学内容对“商品采购明细表”进行美化（如设置字体类型、增大字号、调整行高和列宽、居中显示，为表格添加边框，将标题字号增大、加粗显示并添加底纹）。

2. 为“商品单价调研表”的“单价”列设置条件格式，要求自定义格式突出显示单价在250元~300元的数值。

第6章 排序、筛选与分类汇总

在分析数据的过程中，有时用户对一张表格，不需要查看所有的数据，而只需要从大量数据中挑选出需要的数据，如根据指定的顺序、条件或类别来查看数据。这时就需要使用Excel中的功能对数据进行处理，从而提高数据查看和分析的效率。本章将介绍数据的排序、筛选和分类汇总3个功能。掌握了以上知识，用户就可以快速完成对数据表格的简单统计与分析工作。

学习目标

1. 学会利用排序功能对数据进行升序 / 降序、多关键字排序和自定义排序
2. 学会利用筛选功能对数据进行自动筛选、自定义筛选和高级筛选
3. 学会利用分类汇总功能对数据创建分类汇总、删除分类汇总

6.1 部门费用统计表

【案例分析】

部门费用统计表用来统计各部门的费用总金额，用户通过该表可以看到各部门的费用使用情况。为了更方便地查看数据，用户可以按照一定的顺序对表中的数据重新排序。数据排序的类型有很多，主要包括升序/降序、多关键字排序和自定义排序等。下面以“部门费用统计表”为例，介绍数据排序的基本操作方法。

具体要求：创建部门费用统计表，按费用金额升序或降序排序；打开【排序】对话框，以“部门”为主要关键字，升序排序，以“费用金额”为次要关键字，降序排序；利用排序中的【自定义序列】功能，将部门按照“财务部、人事部、行政部、采购部、仓管部、技术部、品管部、生产部、销售部”的顺序排序。

【知识与技能】

一、利用【升序】或【降序】按钮排序

二、设置多关键字的排序

三、利用自定义序列排序

6.1.1 升序 / 降序

案例素材	原始文件：素材\第6章\部门费用统计表—原始文件 最终效果：素材\第6章\部门费用统计表—最终效果

6-1 升序 / 降序

【理论基础】

在查看数值型数据时，对其按照数值大小由大到小或由小到大排序是最常用的排序方法。操作时，只要将鼠标定位到某列数据中，直接单击菜单栏中的【升序】或【降序】按钮即可，具体的操作方法如下。

【操作方法】

01 打开本案例的原始文件，选中B列中任意一个有数值型数据的单元格，切换到【数据】选项卡，单击【排序和筛选】组中的【升序】按钮，这样表格数据即可按费用金额升序排序了，如图6-1所示。

02 选中B列中任意一个有数值型数据的单元格，切换到【数据】选项卡，单击【排序和筛选】组中的【降序】按钮，这样表格数据即可按费用金额降序排序了，如图6-2所示。

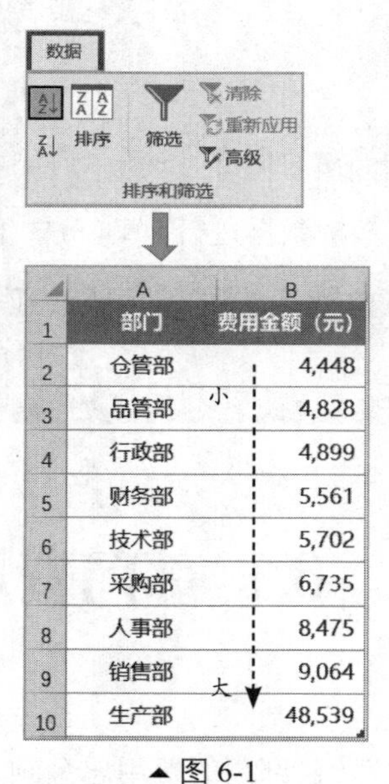

	A	B
1	部门	费用金额（元）
2	仓管部	4,448
3	品管部	4,828
4	行政部	4,899
5	财务部	5,561
6	技术部	5,702
7	采购部	6,735
8	人事部	8,475
9	销售部	9,064
10	生产部	48,539

▲图 6-1

	A	B
1	部门	费用金额（元）
2	生产部	48,539
3	销售部	9,064
4	人事部	8,475
5	采购部	6,735
6	技术部	5,702
7	财务部	5,561
8	行政部	4,899
9	品管部	4,828
10	仓管部	4,448

▲图 6-2

6.1.2 多关键字排序

案例素材	原始文件：素材\第6章\部门费用统计表01—原始文件 最终效果：素材\第6章\部门费用统计表01—最终效果

6-2 多关键字排序

【理论基础】

如果在排序的字段里出现相同的数据，它们会保持着原始次序，如果用户还想对这些数据按一定条件进行排序，就要用到多关键字的复杂排序了。设置多关键字的排序操作，需要在【排序】对话框中完成，具体的操作方法如下。

【操作方法】

01 打开本案例的原始文件，切换到“费用明细表”工作表，选中数据区域中任意一个单元格，切换到【数据】选项卡，单击【排序和筛选】组中的【排序】按钮，弹出【排序】对话框，单击【主要关键字】的下拉按钮，选择【所属部门】选项，【排序依据】和【次序】保持默认设置，如图6-3所示。

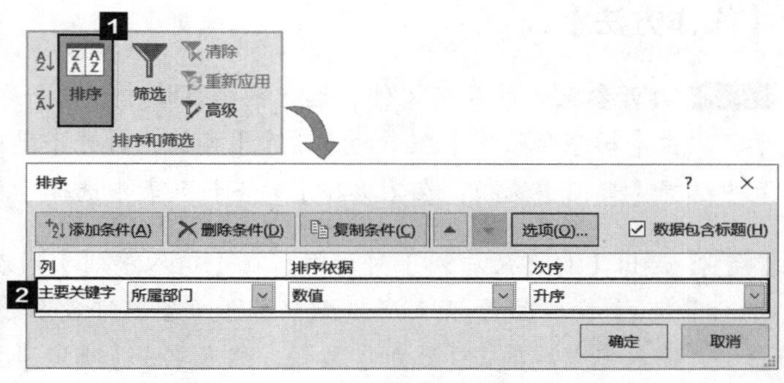

▲图 6-3

02 单击【添加条件】按钮，即可添加一个次要关键字，单击【次要关键字】的下拉按钮，选择【金额（元）】选项，【次序】设置为【降序】，单击【确定】按钮，如图6-4所示。这样表格数据就会按“所属部门”升序排序，然后按“金额（元）”降序排序了。最后效果如图6-5所示。

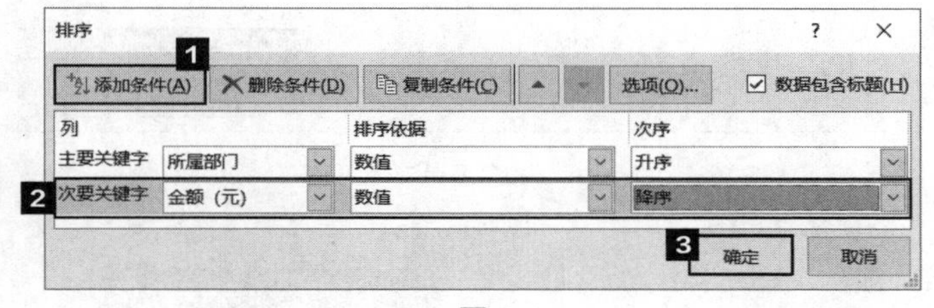

▲图 6-4

	A	B	C	D
1	所属部门	费用类别	金额（元）	备注
2	财务部	财务费用	1512	手续费
3	财务部	财务费用	1355	手续费
4	财务部	财务费用	675	手续费
5	财务部	财务费用	664	手续费
6	财务部	财务费用	656	手续费
7	财务部	财务费用	490	手续费

▲图 6-5

小贴士

在【排序】对话框中，单击【选项】按钮，会弹出【排序选项】对话框，如图6-6所示，可以看到默认的排序方向是【按列排序】，方法是【字母排序】，如果用户在进行排序时，想要改变默认的排序方向和方法，可以在【排序选项】对话框中进行设置。

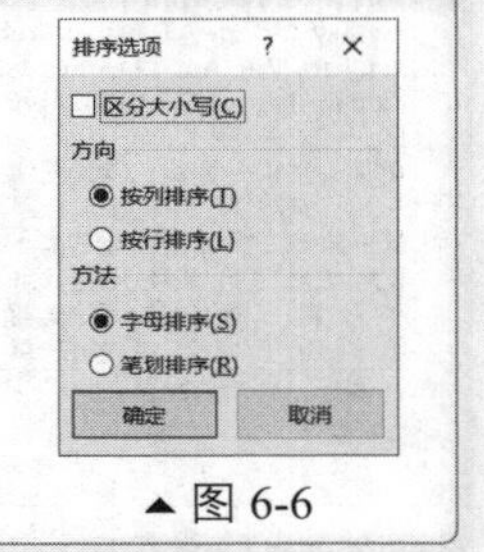

▲图 6-6

6.1.3 自定义排序

案例素材

原始文件：素材\第6章\部门费用统计表02—原始文件

最终效果：素材\第6章\部门费用统计表02—最终效果

6-3 自定义排序

【理论基础】

如果已有的排序方式都不能满足排序需求，用户还可以按照自定义的序列进行排序。该操作仍然是在【排序】对话框中完成，只要打开【次序】下拉按钮，选择【自定义序列】选项，在弹出的【自定义序列】对话框中输入指定序列即可。下面介绍一下将部门按照“财务部、人事部、行政部、采购部、仓管部、技术部、品管部、生产部、销售部”的顺序排序的具体操作方法。

【操作方法】

01 打开本案例的原始文件，选中数据区域中任意一个有数据的单元格，切换到【数据】选项卡，单击【排序和筛选】组中的【排序】按钮，打开【排序】对话框，在【主要关键字】的下拉列表中选择【部门】选项，在【次序】的下拉列表中选择【自定义序列】选项，如图6-7所示。

02 弹出【自定义序列】对话框，在【输入序列】列表框中输入“财务部,人事部,行政部,采购部,仓管部,技术部,品管部,生产部,销售部”（各部门名称之间使用英文逗号“,”或按【Enter】键分隔），输入完成后单击【添加】按钮，然后单击【确定】按钮，如图6-8所示。

03 返回【排序】对话框，再单击【确定】按钮，工作表中的数据即可按自定义的部门序列排序了。最终效果如图6-9所示。

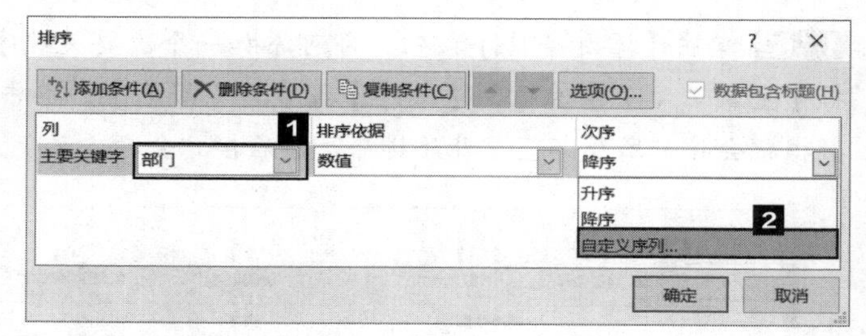

▲图 6-7

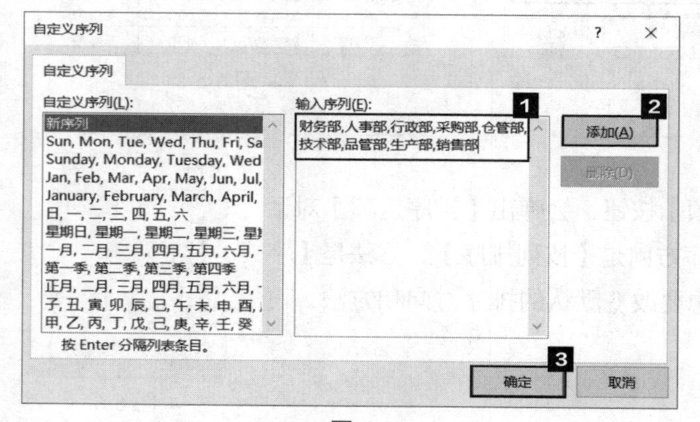

▲图 6-8

	A	B
1	部门	费用金额（元）
2	财务部	5,561
3	人事部	8,475
4	行政部	4,899
5	采购部	6,735
6	仓管部	4,448
7	技术部	5,702
8	品管部	4,828
9	生产部	48,539
10	销售部	9,064

▲图 6-9

小贴士

用户自定义的序列会被添加到【自定义序列】列表框中，下次需要使用同样的序列进行排序时，不需要重新输入，只要从【自定义序列】列表框中直接选取即可。

6.2 业务费用预算表

【案例分析】

科学、合理地管理费用预算，有助于提高企业的资源配置效率，从而达到费用合理支出的目的。例如，业务费用预算表就是费用预算中常见的一种表格，通过业务费用预算表登记的内容，相关人员可以清楚地了解各部门、各项业务的预算情况。由于各部门的预算项目很多，如果用户想要单独查看某些预算项目的内容，可以借助筛选功能来提高效率。接下来介绍一下筛选功能的具体应用。

具体要求：创建业务费用预算表，利用【筛选】按钮，筛选某一部门的费用预算数据；利用【筛选】按钮，筛选费用预算排名前十的项目；利用自定义筛选功能，筛选费用预算大于等于10 000元且小于等于100 000元的项目；利用高级筛选功能筛选燃油费大于300元的项目。

【知识与技能】

一、利用【筛选】按钮直接筛选数据

二、利用【筛选】按钮筛选指定条件的数据

三、自定义筛选多个条件的数据

四、利用高级筛选功能筛选条件复杂的数据

6.2.1 自动筛选

案例素材

原始文件：素材\第6章\业务费用预算表—原始文件

最终效果：素材\第6章\业务费用预算表—最终效果

6-4 自动筛选

【理论基础】

在执行筛选操作时，对于一般的、简单的条件筛选，使用【筛选】按钮，直接从下拉列表中选择需要的选项即可。筛选完成后系统只显示满足条件的数据，对不满足条件的数据将暂时隐藏起来。下面介绍数据筛选的具体操作方法。

【操作方法】

01 打开本案例的原始文件，选中数据区域中任意一个有数据的单元格，切换到【数据】选项卡，单击【排序和筛选】组中的【筛选】按钮，进入筛选状态，单击【所属部门】右侧的下拉按钮，取消勾选【全选】复选框，然后勾选【销售部】复选框，单击【确定】按钮，这样就筛选出销售部的数据了，如图6-10所示。

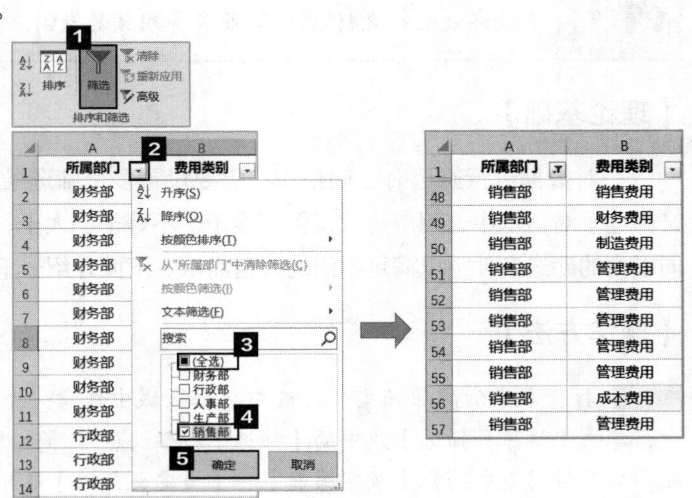

▲图 6-10

02 将鼠标光标定位到数据区域中，切换到【数据】选项卡，单击【排序和筛选】组中的【筛选】按钮，撤销之前的筛选，然后再次单击【筛选】按钮，重新进入筛选状态，单击【费用预算（元）】的下拉按钮，从下拉列表中选择【数字筛选】→【前10项】选项，如图6-11所示。

03 弹出【自动筛选前10个】对话框，默认显示【最大】的【10】项，这里直接单击【确定】按钮，完成后，工作表中只显示费用预算金额前十的数据，如图6-12所示。

▲图 6-11

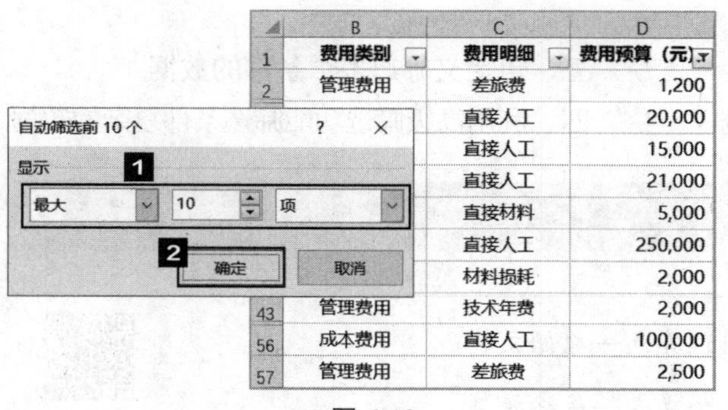

▲图 6-12

小贴士

虽然这里使用的功能选项是【前10项】，但是在【自动筛选前10个】对话框中，用户可以根据需求自行设置，按照【最大】或【最小】的、一定数量的、【项】或【百分比】进行筛选。

6.2.2 自定义筛选

案例素材

原始文件：素材\第6章\业务费用预算表01—原始文件

最终效果：素材\第6章\业务费用预算表01—最终效果

6-5 自定义筛选

【理论基础】

在对数据进行筛选时，如果用户需要设置多个筛选条件，就可以进行自定义筛选。在【自定义筛选】对话框中，用户可以设置“等于、不等于、大于、小于、开头、结尾、包含……”多个不同组合的筛选条件，以满足不同的筛选需求。下面介绍一下自定义筛选的具体操作方法。

【操作方法】

01 打开本案例的原始文件，选中数据区域中任意一个有数据的单元格，切换到【数据】选项卡，单击【排序和筛选】组中的【筛选】按钮，进入筛选状态，单击【费用预算（元）】的下拉按钮，从下拉列表中选择【数字筛选】→【自定义筛选】选项，如图6-13所示。

02 弹出【自定义自动筛选方式】对话框，按照图6-14所示进行自定义设置，完成后单击【确定】按钮，返回工作表即可筛选出费用预算在10 000元～100 000元之间的数据。

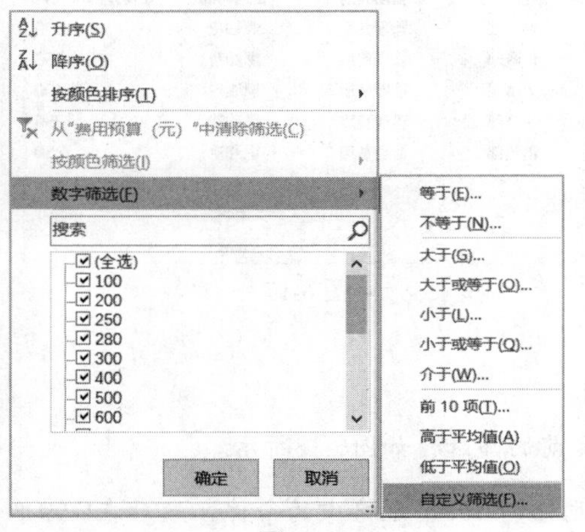

▲图 6-13

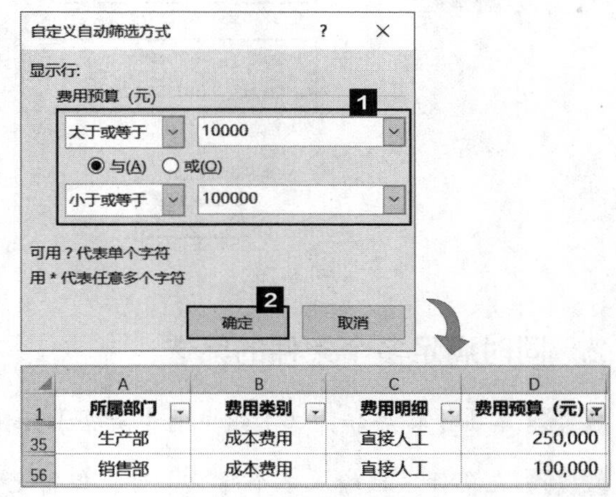

	A	B	C	D
1	所属部门	费用类别	费用明细	费用预算（元）
35	生产部	成本费用	直接人工	250,000
56	销售部	成本费用	直接人工	100,000

▲图 6-14

6.2.3 高级筛选

案例素材

原始文件：素材\第6章\业务费用预算表02—原始文件

最终效果：素材\第6章\业务费用预算表02—最终效果

6-6 高级筛选

【理论基础】

高级筛选一般适用于条件较复杂的筛选操作，其筛选的结果既可以显示在原数据表格中（不符合条件的记录会被隐藏起来）；也可以显示在新的位置（原数据区域保持不变），这样更加便于数据比对。在使用高级筛选功能时，需要在工作表中设置一个条件区域，输入筛选条件，然后直接在【高级筛选】对话框中引用。下面介绍一下高级筛选的具体操作方法。

【操作方法】

1. 满足1个条件的筛选

01 打开本案例的原始文件，在不包含数据的区域内（原数据区域外）输入筛选条件，如在C59单元格中输入标题“费用明细”，在C60单元格中输入条件“燃油费”，如图6-15所示。

	A	B	C
57	销售部	管理费用	差旅费
58			
59			费用明细
60			燃油费

▲图 6-15

02 选中数据区域中任意一个有数据的单元格，切换到【数据】选项卡，单击【排序和筛选】组中的【高级】按钮，打开【高级筛选】对话框，默认选中【在原有区域显示筛选结果】单选项，【列表区域】默认是整个数据区域，然后将鼠标光标定位到【条件区域】文本框中，选中工作表中设置好的条件区域C59:C60，单击【确定】按钮，如图6-16所示。筛选效果如图6-17所示。

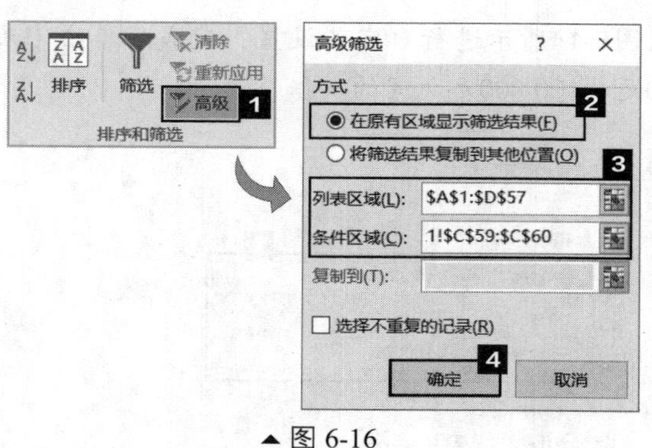

▲图 6-16

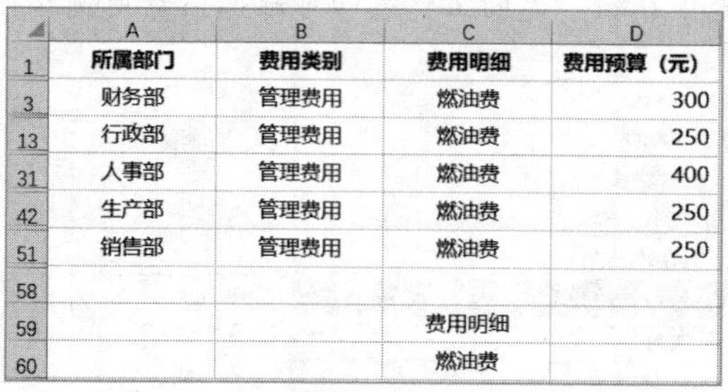

	A	B	C	D
1	所属部门	费用类别	费用明细	费用预算（元）
3	财务部	管理费用	燃油费	300
13	行政部	管理费用	燃油费	250
31	人事部	管理费用	燃油费	400
42	生产部	管理费用	燃油费	250
51	销售部	管理费用	燃油费	250
58				
59			费用明细	
60			燃油费	

▲图 6-17

2. 同时满足多个条件的筛选

01 单击【排序和筛选】组中的【清除】按钮，撤销之前的筛选，如图6-18所示。

02 在条件区域输入多个筛选条件，保留之前C59单元格和C60单元格中的条件，然后在D59单元格中输入标题“费用预算（元）”，在D60单元格中输入条件“>=300”（注意：“>=”号需用键盘输入，使用输入法输入的是字符，无法进行逻辑运算），如图6-19所示。

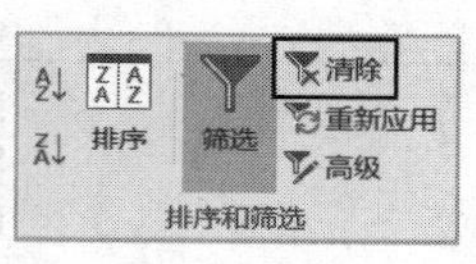

▲图 6-18

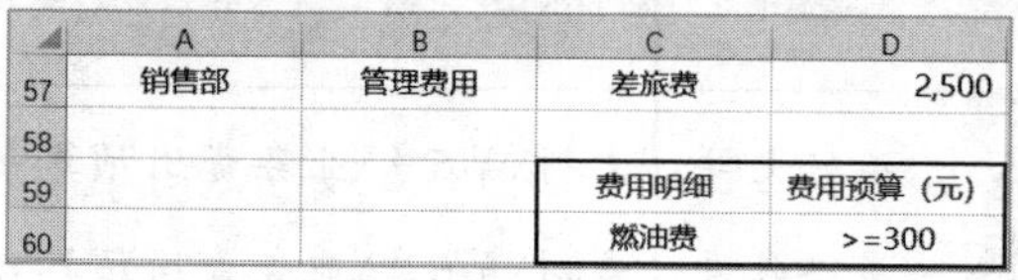

	A	B	C	D
57	销售部	管理费用	差旅费	2,500
58				
59			费用明细	费用预算（元）
60			燃油费	>=300

▲图 6-19

小贴士

设置高级筛选的条件区域时需注意的问题：

①条件区域不是数据区域的一部分，因此不能与数据区域连接在一起，必须用一个空行将其隔开（由于筛选后数据区域的行会发生变化，因此不建议将条件区域放在数据区域的右侧）。②条件区域的内容（标题和条件）必须与数据区域中的内容完全一致。③在筛选区域中，第一行是标题，下面的行是条件，行与行之间的条件是“或”的关系，而同一行内不同标题下的条件是“与”的关系。

03 选中数据区域中任意一个有数据的单元格，切换到【数据】选项卡，单击【排序和筛选】组中的【高级】按钮，打开【高级筛选】对话框，选中【将筛选结果复制到其他位置】单选项，【列表区域】默认是整个数据区域，将鼠标光标定位到【条件区域】文本框中，选中工作表中设置好的条件区域C59:D60，然后将鼠标光标定位到【复制到】文本框中，选中F1单元格，单击【确定】按钮，如图6-20所示。

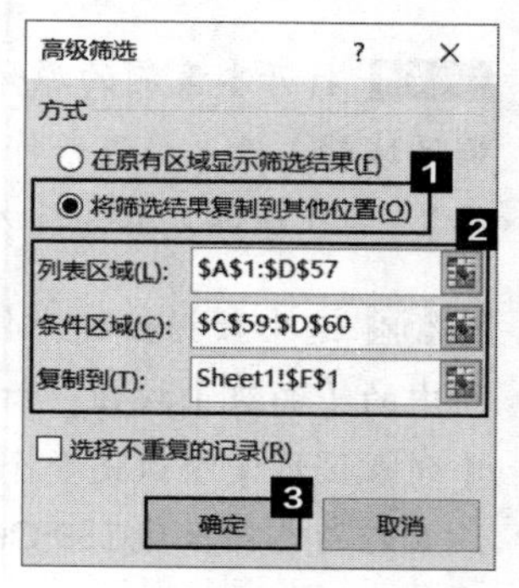

▲图 6-20

04 设置完成后，即可筛选出“费用明细”为“燃油费”且“费用预算（元）”的数值大于等于300的数据，并将筛选结果显示在单元格F1向右的单元格区域中，效果如图6-21所示。

	F	G	H	I
1	所属部门	费用类别	费用明细	费用预算（元）
2	财务部	管理费用	燃油费	300
3	人事部	管理费用	燃油费	400

▲ 图 6-21

知识链接

在【高级筛选】对话框中，如果勾选【选择不重复的记录】复选框，在筛选结果中将不包含重复记录，该功能也可以用来删除重复值。

3. 满足其中一个条件的筛选

以上案例中，如果只需要筛选出两个条件“费用明细”为“燃油费”，“费用预算（元）”的值“>=300”其中一个条件的记录，两个条件之间就是“或” 的关系，那么两个条件应该放在不同的行，具体操作如下。

01 将条件区域中D60单元格中的条件“>=300”剪切到D61单元格中，如图6-22所示。

	A	B	C	D
57	销售部	管理费用	差旅费	2,500
58				
59			费用明细	费用预算（元）
60			燃油费	
61				>=300

▲ 图 6-22

02 再次单击【高级】按钮，打开【高级筛选】对话框，在【高级筛选】对话框中，按图6-23所示进行设置。

03 设置完成后，即可筛选出“费用明细”为“燃油费”或“费用预算（元）”的数值大于等于300的数据，并将筛选结果显示在单元格K1向右的单元格区域中，效果如图6-24所示。

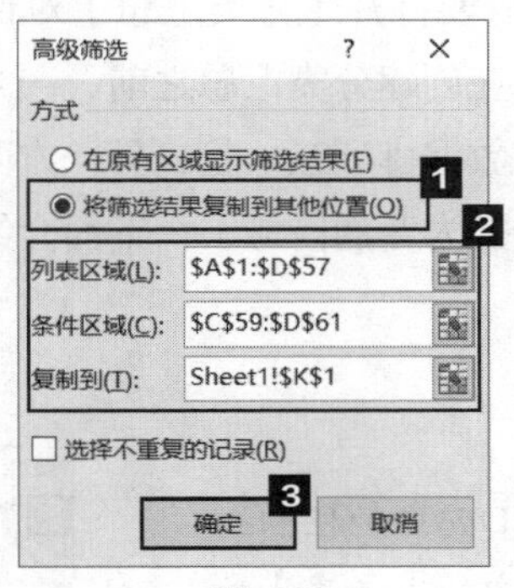

▲ 图 6-23

	K	L	M	N
1	所属部门	费用类别	费用明细	费用预算（元）
2	财务部	管理费用	差旅费	1,200
3	财务部	管理费用	燃油费	300
4	财务部	管理费用	水电费	300
5	财务部	成本费用	直接人工	20,000
6	财务部	管理费用	办公费	500
7	财务部	制造费用	折旧费	300
8	财务部	管理费用	招待费	500
9	行政部	成本费用	直接人工	15,000
10	行政部	管理费用	燃油费	250
11	行政部	管理费用	水电费	300

▲ 图 6-24

素养教学

“执着专注、精益求精、一丝不苟、追求卓越。”以上是对工匠精神内涵的高度概括，强调劳模精神、劳动精神。工匠精神是以爱国主义为核心的民族精神和以改革创新为核心的时代精神的生动体现，是鼓舞全党全国各族人民风雨无阻、勇敢前进的强大精神动力。时代发展，需要大国工匠；迈向新征程，需要大力弘扬工匠精神。

6.3 业务员费用明细表

【案例分析】

业务员费用明细表中记录了各业务员申请的费用明细。用户在分析数据时往往需要对特定的数据进行汇总计算。Excel中的分类汇总功能可以用来协助进行某些字段（列）的分类汇总（如求和、平均值等运算），并且可以对每一级的分类汇总分级显示。下面以“业务员费用明细表”为例，介绍分类汇总功能的具体应用。

具体要求：创建业务员费用明细表，按所属部门分类，对金额求和；按所属部门分类，在对金额求和的基础上再求平均值；按所属部门分类，在对金额求和的基础上再按费用类别分类，对金额求和。

【知识与技能】

一、设置分类汇总，按所属部门求和
二、通过分级按钮显示和隐藏明细数据
三、对某一类别以多种汇总方式汇总
四、在某一类别的基础上嵌套分类汇总

6.3.1 简单分类汇总

案例素材	原始文件：素材\第6章\业务员费用明细表—原始文件 最终效果：素材\第6章\业务员费用明细表—最终效果

6-7 简单分类汇总

【理论基础】

当需要对明细数据的某一字段进行分类汇总时，用户只要打开【分类汇总】对话框，设置好分类字段、汇总方式和汇总字段即可。但是需要注意的是，在创建分类汇总之前，一方面必须要对工作表中的数据按分类字段进行排序，即将相同分类项目的数据排列在一起；另一方面要保证数据区域为普通区域，不能是表格形式（如果是表格需要将其转换为普通区域）。下面介绍一下简单分类汇总的具体操作方法。

【操作方法】

01 打开本案例的原始文件，首先按所属部门排序。选中D列中的任意一个单元格，切换到【数据】选项卡，单击【排序和筛选】组中的【降序】按钮，如图6-25所示。

▲图 6-25

02 此时可以看到数据已经按照所属部门排好序了，但是【分级显示】组中的【分类汇总】按钮是灰色的，不可用，如图6-26所示。这是因为数据区域不是普通区域，而是表格形式，用户需要将表格转化为普通区域。

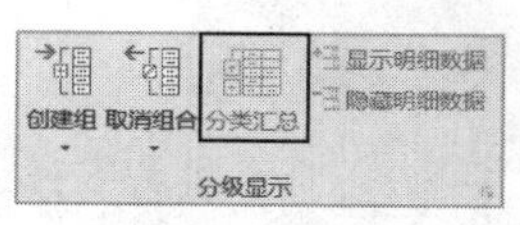

▲图 6-26

03 选中任意一个有数据的单元格，切换到【表格工具】的【设计】选项卡，单击【工具】组中的【转换为区域】按钮，这时系统弹出提示框提示“是否将表转换为普通区域？”，单击【是】按钮即可，如图6-27所示。此时就可以对数据区域进行分类汇总操作了。

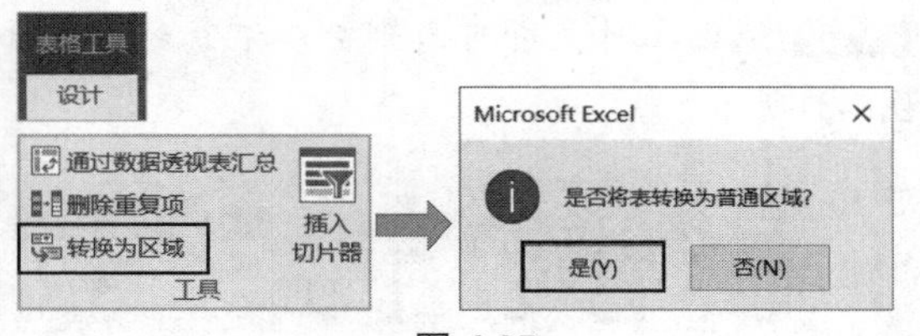

▲图 6-27

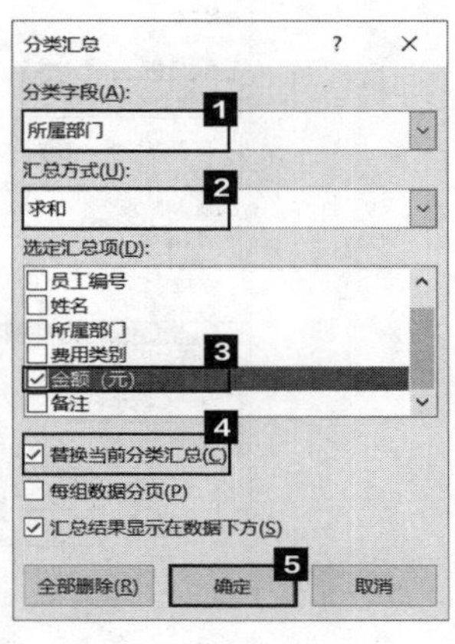

▲图 6-28

04 切换到【数据】选项卡，单击【分级显示】组中的【分类汇总】按钮，弹出【分类汇总】对话框，在【分类字段】下拉列表中选择【所属部门】选项，在【汇总方式】下拉列表中选择【求和】选项，在【选定汇总项】列表框中勾选【金额（元）】复选框，其他选项保持默认设置，单击【确定】按钮，如图6-28所示。

05 返回工作表即可看到分类汇总结果，并且在工作表行号的左侧会出现层次按钮+和-，单击它们可以分级显示和隐藏明细数据。在分级显示按钮上方还有一排数值按钮1 2 3，单击它们可以直接显示各级别的数据，如图6-29所示。

	A	B	C	D	E	F	G
1	报销日期	员工编号	姓名	所属部门	费用类别	金额（元）	备注
2	2022/11/9	SL01108	孔敏茹	销售部	销售费用	38	信用卡(服务费)
3	2022/11/13	SL01121	曹冰彤	销售部	销售费用	50	返点积分
4	2022/11/23	SL01182	孙蓓	销售部	销售费用	600	渠道(佣金)
5	2022/11/6	SL01197	曹冰彤	销售部	销售费用	60	运费险
6	2022/11/7	SL01108	孔敏茹	销售部	销售费用	28	公益扣款
7	2022/11/21	SL01182	孙蓓	销售部	销售费用	200	售后补差退款
8	2022/11/28	SL01108	孔敏茹	销售部	销售费用	600	赠品
9	2022/12/3	SL01121	曹冰彤	销售部	销售费用	800	快递费
10	2022/12/11	SL01121	曹冰彤	销售部	销售费用	800	赠品
11				销售部 汇总		3176	

▲图 6-29

6.3.2 高级分类汇总

案例素材	
	原始文件：素材\第6章\业务员费用明细表01—原始文件
	最终效果：素材\第6章\业务员费用明细表01—最终效果

6-8 高级分类汇总

【理论基础】

所谓高级分类汇总，就是对数据按某一类别以多种汇总方式进行汇总。例如，前面已经对所属部门按金额进行汇总求和，如果还需要统计各部门金额的平均值，就需要使用高级分类汇总。高级分类汇总与简单分类汇总的操作相同，只是在进行第二次分类汇总时，将【分类汇总】对话框中的【替换当前分类汇总】复选框取消勾选，即保留两次分类汇总的结果即可。下面介绍高级分类汇总的具体操作方法。

【操作方法】

01 打开本案例的原始文件，在上次分类汇总的基础上，打开【分类汇总】对话框，在【分类字段】下拉列表中选择【所属部门】选项，在【汇总方式】下拉列表中选择【平均值】选项，在【选定汇总项】列表框中勾选【金额（元）】复选框，取消勾选【替换当前分类汇总】复选框，单击【确定】按钮，如图6-30所示。

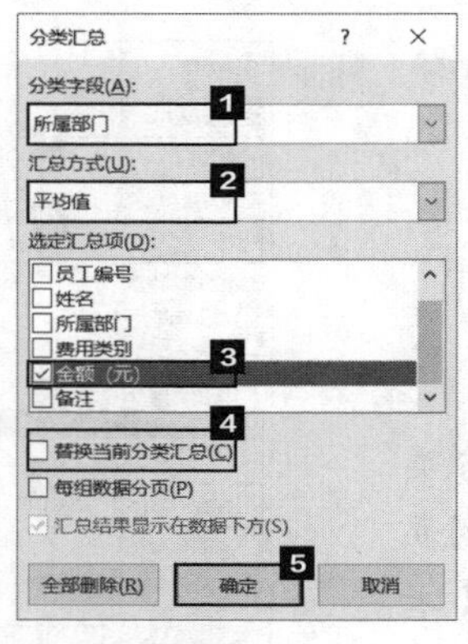

▲图 6-30

02 返回工作表即可看到分类汇总结果，如图6-31所示。

	A	B	C	D	E	F	G
1	报销日期	员工编号	姓名	所属部门	费用类别	金额（元）	备注
2	2022/11/9	SL01108	孔敏茹	销售部	销售费用	38	信用卡(服务费)
3	2022/11/13	SL01121	曹冰彤	销售部	销售费用	50	返点积分
4	2022/11/23	SL01182	孙蓓	销售部	销售费用	600	渠道(佣金)
5	2022/11/6	SL01197	曹冰彤	销售部	销售费用	60	运费险
6	2022/11/7	SL01108	孔敏茹	销售部	销售费用	28	公益扣款
7	2022/11/21	SL01182	孙蓓	销售部	销售费用	200	售后补差退款
8	2022/11/28	SL01108	孔敏茹	销售部	销售费用	600	赠品
9	2022/12/3	SL01121	曹冰彤	销售部	销售费用	800	快递费
10	2022/12/11	SL01121	曹冰彤	销售部	销售费用	800	赠品
11				销售部 平均值		352.88889	
12				销售部 汇总		3176	

▲图 6-31

6.3.3 嵌套分类汇总

案例素材	原始文件：素材\第6章\业务员费用明细表02—原始文件 最终效果：素材\第6章\业务员费用明细表02—最终效果

6-9 嵌套分类汇总

【理论基础】

前面介绍了对同一分类字段采用不同的汇总方式进行汇总，对于工作表中的数据，如果需要按不同的字段分别进行汇总，就需要使用嵌套分类汇总。嵌套分类汇总的操作要点是需要先对多个分类字段进行自定义排序，设置主要关键字和次要关键字，排好序后再分别对不同字段创建分类汇总即可。下面介绍嵌套分类汇总的具体操作方法。

【操作方法】

01 打开本案例的原始文件，选中数据区域中任意一个单元格，打开【排序】对话框，依次将字段“所属部门”和“费用类别”按升序排序，单击【确定】按钮，如图6-32所示。

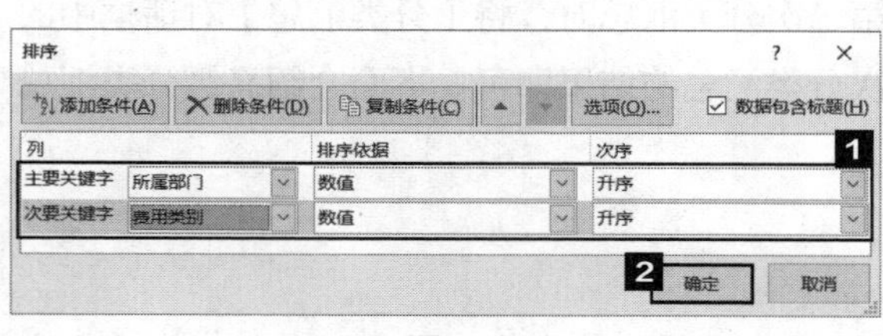

▲图 6-32

02 打开【分类汇总】对话框，按“所属部门”对“金额（元）”求和，如图6-33所示。

03 打开【分类汇总】对话框，按“费用类别”对“金额（元）”求和，并取消勾选【替换当前分类汇总】复选框，如图6-34所示。

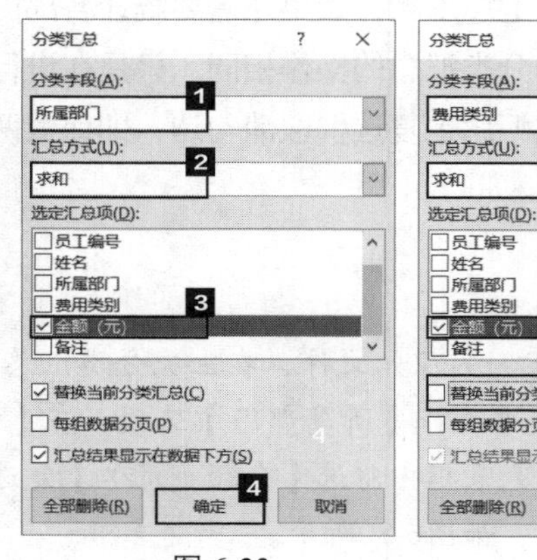

▲图 6-33　▲图 6-34

04 返回工作表即可完成对数据的嵌套分类汇总，如图6-35所示。

	报销日期	员工编号	姓名	所属部门	费用类别	金额（元）	备注
2	2022/6/13	SL01124	秦红恋	财务部	财务费用	250	手续费
3	2022/11/20	SL01124	秦红恋	财务部	财务费用	120	手续费
4	2022/11/20	SL01172	秦莉莎	财务部	财务费用	500	手续费
5	2022/12/26	SL01154	孙强	财务部	财务费用	260	手续费
6					财务费用 汇总	1130	
7	2022/6/22	SL01172	秦莉莎	财务部	管理费用	300	办公费
8	2022/12/5	SL01124	秦红恋	财务部	管理费用	300	办公费
9	2022/12/11	SL01124	秦红恋	财务部	管理费用	300	办公费
10					管理费用 汇总	900	
11				财务部 汇总		2030	

▲图 6-35

知识链接

如果想要删除分类汇总，只要打开【分类汇总】对话框，单击左下角的【全部删除】按钮即可，这时数据区域会恢复到分类汇总前的状态。

6.4 综合实训：年会费用预算表

【实训目标】

通过分析年会费用预算表的数据，掌握数据排序、数据筛选、分类汇总的具体应用方法。

【实训操作】

01 打开本实训的原始文件，该表中记录的是某公司年会费用的预算数据。首先将“预算（元）”列的数据按升序排序，整体查看年会费用预算的分布情况。

02 以“用途”为主要关键字，“数量”为次要关键字，进行降序排序，查看年会各用途物品的数量需求情况。

03 使用筛选功能，筛选出年会物品中预算最高的前10种物品。

04 创建分类汇总，【分类字段】为“用途”，【汇总方式】为“求和”，【选定汇总项】为“预算（元）”，汇总出各用途物资对应的总预算。

05 创建新的分类汇总替换之前的结果，【分类字段】为“用途”，【汇总方式】为“求和”，【选定汇总项】为“数量”和“预算（元）”，汇总出各用途物品对应的总数量及总预算，如图6-36所示。

	用途	物品	数量	单价（元）	预算（元）
16	颁奖物料 汇总		69		6,492
24	比赛物料 汇总		98		2,698
43	表彰部分 汇总		272		6,592
52	餐会部分 汇总		749		2,354
66	道具物料 汇总		68		5,195
73	服装部分 汇总		61		3,520
85	会场签到 汇总		96		1,856
96	接待区 汇总		521		1,580
100	现场物料 汇总		205		6,920
113	展示区 汇总		573		132,148
114	总计		2712		169,355

▲图 6-36

等级考试重难点内容

本章主要考查工作表数据的排序、筛选和分类汇总功能，需读者重点掌握以下内容。

1. 数据排序的内容（升序/降序、多关键字排序和自定义排序，其中多关键字排序为重点）。

2. 数据筛选的内容（自动筛选、自定义筛选和高级筛选，其中自动筛选用得比较多，高级筛选需重点掌握）。

3. 数据分类汇总的内容（简单分类汇总、高级分类汇总和嵌套分类汇总，嵌套分类汇总是难点，特别注意分类汇总前的排序操作）。

本章习题

一、不定项选择题

1. 在排序对话框中，可以进行的设置选项包括（　　）。

A. 关键字　　B. 排序依据　　C. 次序　　D. 方向

2. 在排序时如果要自定义序列，可以使用哪种方式分隔序列中的各项目？（　　）

A. 英文逗号“,”　　B. 中文逗号“，”　　C. 【Enter】键　　D. 分号

3. 以下关于高级筛选的说法中，错误的是（　　）。

A. 在执行高级筛选操作前，需要先设置好条件区域

B. 条件区域的行与行之间的条件是“与”的关系，而同一行内不同标题下的条件是“或”的关系

C. 高级筛选可以用来做删除重复值的操作

D. 高级筛选的筛选结果，可显示在原数据表格中，也可以显示在新的位置

二、判断题

1. 对数据进行排序的操作，只能按列进行，不能按行进行。（　　）

2. 在分类汇总对话框中，如果取消勾选“替换当前分类汇总”复选框，将保留之前的分类汇总结果。（　　）

3. 在高级筛选对话框中，如果勾选“选择不重复的记录”复选框，在筛选结果中将不包含重复记录。（　　）

三、简答题

1. 简述分类汇总需要注意的问题。

2. 简述设置高级筛选条件区域时需注意的问题。

3. 简述嵌套分类汇总的操作要点。

四、操作题

1. 利用自定义排序功能，将“产品销售额汇总表”中的商品类别按“移动电源、耳机、数据线、支架、手机膜、手机壳、配饰”的顺序进行排序。

2. 利用高级筛选功能，将“订单明细表”中的数据，以“产品名称”为“蓝牙耳机”且“订单总金额（元）”的值“>=100”为条件，将筛选结果复制到H1单元格中。

第7章 公式与函数的应用

函数公式存在于数据处理与分析的每一个阶段，它既能完成复杂的计算分析，又能在现有数据的基础上通过特定的规则计算生成新的数据。用户想要提高数据处理与分析的效率，学好函数公式就对了！

本章内容将从公式与函数的基础知识开始介绍，结合日常工作中的实操案例，让读者从公式与函数的基础知识开始，逐步掌握公式及各类型函数的具体应用方法，以提高读者计算与分析数据的能力，为工作添姿增彩。

学习目标

1. 了解公式与函数的基本知识
2. 学会公式中的各种引用方式
3. 掌握求和函数的具体应用方法
4. 掌握查询函数的具体应用方法
5. 掌握统计函数的具体应用方法
6. 掌握逻辑函数的具体应用方法

7.1 认识公式与函数

公式与函数的内容看起来复杂，其实并不难。只要将基础知识掌握好，后期学习起来就会轻松很多。本节内容先来介绍一下公式与函数。

7.1.1 初识公式

公式是以“=”开头，按照一定的计算规则自动计算出结果的等式。公式中可以包含常量、运算符、单元格引用，也可以包含函数。

例如，图7-1所示的4个公式，分别包含了常量、运算符、单元格引用和函数。

	A	B	C
1	数值	公式	公式结果
2	100	=100	100
3	200	=100+200	300
4	300	=A2+A3	300
5	400	=SUM(A2:A5)	1000

▲ 图 7-1

由于Excel中最常见的计算就是对单元格内容的计算，因此公式中的单元格引用非常重要。

单元格引用就是标识工作表中的单元格或单元格区域，引用方式包括相对引用、绝对引用和混合引用3种。

① **相对引用**：就是在公式中用列标和行号直接表示单元格，如B2、B3等。当某个单元格的公式被复制到另一个单元格时，原单元格中公式的地址在新单元格中就会发生变化。例如，在单元格B5中输入公式"=SUM(B2:B4)"，当单元格B5中的公式复制到C5后，公式就会变成"=SUM(C2:C4)"。

② **绝对引用**：就是在表示单元格的列标和行号前面加上"$"符号，如$B$2、$B$3等。其特点是在将单元格中的公式复制到新的单元格时，公式中引用的单元格地址始终保持不变。例如，在单元格B5中输入公式"=SUM($B$2:$B$4)"，当单元格B5中的公式被复制到C5后，公式依然是"=SUM($B$2:$B$4)"。

③ **混合引用**：包括绝对引用列和相对引用行，或者绝对引用行和相对引用列，如$A1、$B1、A$1、B$1等。在公式中如果采用混合引用，当公式所在的单元格位置改变时，绝对引用不变，相对引用将相应改变位置。例如，在单元格B5中输入公式"=SUM(B$2:B$4)"，那么将单元格B5复制到C5后，公式就会变成"=SUM(C$2:C$4)"。

下面通过具体的案例来解释相对引用、绝对引用和混合引用的区别。例如，要将单元格B5中使用不同引用方式的公式分别复制到单元格B6、D5和D6中，其公式的变化情况如表7-1所示。

表 7-1 3 种引用方式的区别

引用方式	单元格B5中的公式	复制后的公式		
		B6	D5	D6
相对引用	=A1	=A2	=C1	=C2
绝对引用	=$A$1	=$A$1	=$A$1	=$A$1
混合引用	=$A1	=$A2	=$A1	=$A2
	=A$1	=A$1	=C$1	=C$1

知识链接

按【F4】键可以在引用方式之间切换。连续按【F4】键，就会依照相对引用→绝对引用→绝对行相对列→绝对列相对行→相对引用……这样的顺序循环。

7.1.2 初识函数

函数是Excel内部预定义的功能，按照特定的规则进行计算，用户只要按照功能输入对应的参数，即可得到返回值。函数也可以看作特殊的公式或者更高级的公式。图7-1中的最后一个公式就是函数公式。

每个函数都有自己的语法结构，包含函数名称和参数两大部分。每个函数可能有一个或多个参数，也可能没有参数。例如，函数TODAY()返回的就是当前的日期；函数SUM(A1,A2)返回的是

A1与A2单元格中数值的和；函数IF(A3>85,"合格","不合格")表示当A3单元格中的数值大于85时，返回“合格”，否则返回“不合格”。每个函数的参数都有不同的含义。

根据运算类别及应用行业的不同，Excel中的函数可以分为：财务、逻辑、文本、日期和时间、查找与引用、数学和三角函数、其他函数等。切换到【公式】选项卡，在【函数库】组中单击各类别函数的按钮即可引用函数，如图7-2所示。

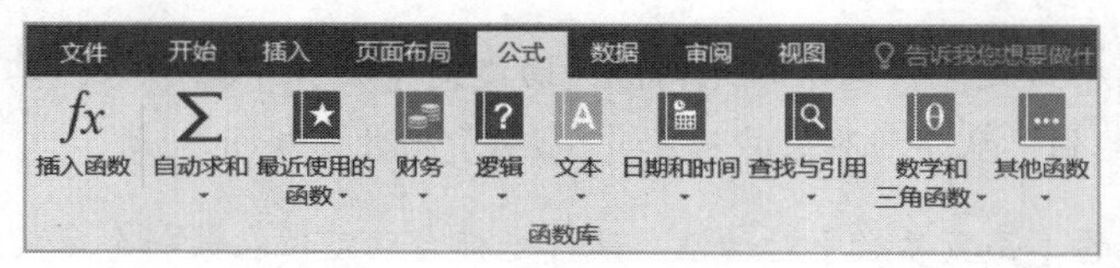

▲图 7-2

7.2 物品需求表

【案例分析】

在日常办公中，行政人员在进行办公物品采购时，需要根据物品需求情况来进行采购，否则盲目采购容易造成物资浪费或供应不足的情况，这时制作“物品需求表”就很关键。在合计采购金额时可以用求和函数快速完成计算操作，本节内容介绍求和函数的具体应用方法。

具体要求：创建物品需求表，通过【函数参数】对话框插入SUM函数，计算出所有物品的总金额；插入SUMIF函数，计算出A4打印纸的总金额。

【知识与技能】

一、利用【函数参数】对话框插入函数

二、利用SUM函数对数据求和

三、利用SUMIF函数对满足条件的数据求和

案例素材	原始文件：素材\第7章\物品需求表—原始文件 最终效果：素材\第7章\物品需求表—最终效果

7–1 物品需求表

7.2.1 SUM 函数

【理论基础】

SUM函数是专门用来执行求和运算的函数。用户要对哪些数值求和，就将这些数值写在参数中。其语法格式如下。

SUM(数值1,数值2,⋯)

这里的参数（数值1,数值2,⋯）可以是具体的数字，也可以是单元格或单元格区域。

例如，想对单元格区域A2:A10中的所有数据求和，最直接的方式就是将所有单元格相加“=A2+A3+A4+A5+A6+A7+A8+A9+A10”，但是如果求单元格区域A2:A100的值，逐个相加不仅输入量大，而且容易输错，这时使用SUM函数就简单多了，直接在单元格中输入“=SUM(A2:A100)”即可。下面介绍一下SUM函数的具体应用方法。

【操作方法】

01 打开本案例的原始文件，选中单元格I1，切换到【公式】选项卡，单击【函数库】组中的【数学和三角函数】按钮，从下拉列表中选择【SUM】函数，如图7-3所示。

02 弹出SUM函数的【函数参数】对话框。鼠标光标自动定位在第一个参数【Number 1】文本框中，此时选中工作表中F2向下的数据区域即可（由于数据量较大，可以选中F2单元格，然后按【Ctrl】+【Shift】+【↓】组合键选中F2向下的数据区域），完成后单击【确定】按钮，如图7-4所示。

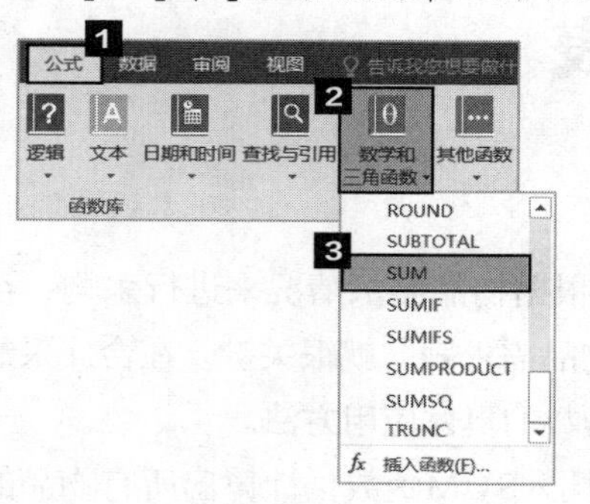

▲图 7-3

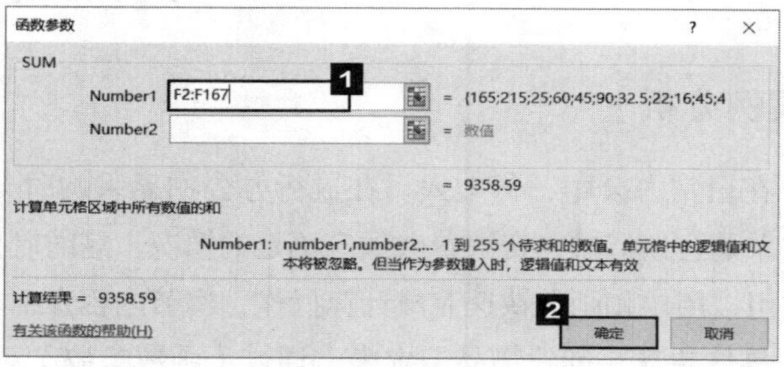

▲图 7-4

03 返回工作表，可以看到I1单元格中显示所有物品的总金额，如图7-5所示。

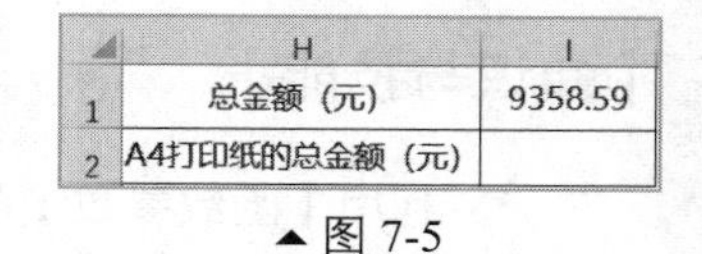

	H	I
1	总金额（元）	9358.59
2	A4打印纸的总金额（元）	

▲图 7-5

7.2.2 SUMIF 函数

【理论基础】

SUMIF函数的功能是对选定范围中符合指定条件的值进行求和。其语法格式如下。

SUMIF(条件区域,求和条件,求和区域)

例如，我们想求A4打印纸的总金额，即求单元格区域B2:B167中物品名称为“A4打印纸”对应的单元格区域F2:F167中金额的和。那么SUMIF函数对应的3个参数：条件区域为“B2:B167”，求和条件为“"A4打印纸"”（注意：公式中出现的字符需使用英文双引号括起来），求和区域为“F2:F167”。

【操作方法】

01 选中单元格I2，在【数学和三角函数】的下拉列表中选择【SUMIF】函数，弹出SUMIF函数的【函数参数】对话框，分别输入3个参数，单击【确定】按钮，如图7-6所示。

02 返回工作表，可以看到I2单元格中显示所有A4打印纸的总金额，如图7-7所示。

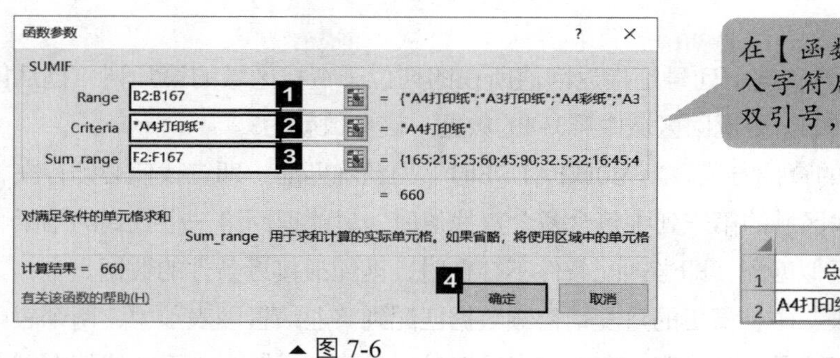

▲图 7-6

在【函数参数】对话框中输入字符后，会自动添加英文双引号，无须手动输入

	H	I
1	总金额（元）	9358.59
2	A4打印纸的总金额（元）	660

▲图 7-7

7.3 业绩管理表

【案例分析】

在计算员工的业绩奖金时，经常需要从不同的表格中匹配员工业绩和奖金标准，这是一项非常烦琐而容易出错的工作，如果能借助查找与引用函数就可以高效率完成该项工作。

查找与引用函数用于在数据区域表格中查找特定数值，或者查找某一单元格的引用。常用的函数包括VLOOKUP函数和HLOOKUP函数，本节内容介绍这两个函数的应用方法。

具体要求：创建业绩管理表，通过VLOOKUP函数，从“业绩明细表”中将员工的月度销售额数据匹配到“业绩管理表”中；通过HLOOKUP函数，从“奖金标准表”中将各个范围业绩对应的奖金标准匹配到“业绩管理表”中；通过月度销售额和奖金比例计算出员工的业绩奖金。

【知识与技能】

一、利用VLOOKUP函数纵向匹配数据　　二、利用HLOOKUP函数横向匹配数据

案例素材

原始文件：素材\第7章\业绩管理表—原始文件

最终效果：素材\第7章\业绩管理表—最终效果

7–2 业绩管理表

7.3.1 VLOOKUP 函数

【理论基础】

VLOOKUP函数根据指定的一个条件，在指定的数据区域内，在第一列匹配是否满足指定的条件，然后从右边某列取出该条件对应的数据作为返回值。其语法格式如下。

VLOOKUP(查找值,查找区域,返回值在区域中的列号,匹配模式)

① **查找值**：指定的查找条件。

② **查找区域**：一个至少包含一行数据的区域，并且该区域的第一列必须含有要查找的条件，也就是说，要将查找条件所在的列选为区域的第一列，并且该区域必须包含返回值所在的列，否则

将返回错误值。

③ **返回值在区域中的列号**：这个列号是指返回值所在的列位于查找区域的第几列，是从匹配条件那列开始向右计算的。例如，要返回区域中第3列的数据，该参数就为3。

④ **匹配模式**：决定函数的查找方式。当为0或FALSE时，为精确匹配，即查找值必须存在，否则返回错误值，并且当在查找区域的第一列中包含多个查找值时，只能返回第一个找到的结果；当为TRUE、1或被省略时，为近似匹配，即当匹配条件不存在时，匹配最接近条件的数据。

本案例要从“业绩明细表”中将员工的月度销售额数据匹配到“业绩管理表”中，两个表中都有且具有唯一性的数据是员工编号，因此第一个参数查找值是“员工编号”；由于查找值在“业绩明细表”的A列，要返回的值在C列，因此第2个参数查找区域是“业绩明细表”的A:C列；在该区域中返回值在第3列，因此第3个参数是3；本案例要进行精确查找，因此第四个参数是0或FALSE。

【操作方法】

01 打开本案例的原始文件，选中单元格C2，输入公式“=VLOOKUP(A2,业绩明细表!A:C,3,0)”，如图7-8所示。

02 按【Enter】键后即可显示结果，双击C2单元格右下角的填充柄，将公式向下复制即可匹配出所有员工的月度销售额数据，如图7-9所示。

	A	B	C	D
1	员工编号	员工姓名	月度销售额（元）	奖金比例
2	0001	钱黛	=VLOOKUP(A2,业绩明细表!A:C,3,0)	
3	0002	陶雪梅		

▲图 7-8

	A	B	C	D
1	员工编号	员工姓名	月度销售额（元）	奖金比例
2	0001	钱黛	14,741.00	
3	0002	陶雪梅	12,135.00	

▲图 7-9

小贴士

以上公式中第二个参数查找区域输入的是整列A:C，公式在向下复制时不会发生变化，不影响匹配结果。但是如果输入的单元格区域是“A2:C101”，公式在向下复制时行号就会随之变化，有可能影响匹配结果，甚至发生错误。因此，用户需要将其设置为绝对引用“$A$2:$C$101”。以上两种方式二选一即可。

7.3.2 HLOOKUP 函数

【理论基础】

HLOOKUP函数同上一节介绍的VLOOKUP函数是一对“兄弟”，HLOOKUP函数可以实现按行查找数据。其语法格式如下。

HLOOKUP(查找值,查找区域,返回值在区域中的行号,匹配模式)

HLOOKUP函数与VLOOKUP函数的参数几乎相同，只有第3个参数有差异，VLOOKUP函数的第3个参数代表列号，而HLOOKUP函数的第3个参数代表行号。其他参数的含义这里不再赘述。

本案例要从“奖金标准表”中将各个范围业绩对应的奖金比例匹配到“业绩管理表”中，第一个参数查找值应该是月度销售额，即C2；第2个参数查找区域应该是“奖金标准表”中月度销售额（本案例是按范围查找，因此只输入边界值即可）和奖金比例所在的区域，即第2行~第3行；由于奖金比例在查找区域的第2行，因此第3个参数是2；这里需要进行模糊查找，因此第4个参数是TRUE、1或省略。

【操作方法】

01 选中单元格D2，输入公式“=HLOOKUP(C2,奖金标准表!$2:$3,2,1)”（注意奖金标准表!$2:$3要使用绝对引用，防止向下复制公式时行号变化），如图7-10所示。

02 按【Enter】键后即可显示结果，双击D2单元格右下角的填充柄，将公式向下复制即可匹配出所有员工的奖金比例，然后将该列的数字格式设置为百分比格式，如图7-11所示。

	C	D	E
1	月度销售额（元）	奖金比例	业绩奖金（元）
2	14,741.00	=HLOOKUP(C2,奖金标准表!$2:$3,2,1)	
3	12,135.00		

▲图 7-10

	C	D	E
1	月度销售额（元）	奖金比例	业绩奖金（元）
2	14,741.00	6%	
3	12,135.00	6%	

▲图 7-11

03 根据月度销售额和奖金比例，计算业绩奖金。在E2单元格中输入公式“=C2*D2”，如图7-12所示。

04 按【Enter】键后即可显示结果，双击E2单元格右下角的填充柄，将公式向下复制即可计算出所有员工的业绩奖金，如图7-13所示。

	C	D	E
1	月度销售额（元）	奖金比例	业绩奖金（元）
2	14,741.00	6%	=C2*D2
3	12,135.00	6%	

▲图 7-12

	C	D	E
1	月度销售额（元）	奖金比例	业绩奖金（元）
2	14,741.00	6%	884.46
3	12,135.00	6%	728.10

▲图 7-13

7.4 培训考核表

【案例分析】

在员工培训结束后，企业通常需要对培训效果进行考核。例如，统计参加考核的总人数，考核得分情况等，通过以上各种统计来分析、评定考核的效果。Excel中有一类函数是统计函数，使用统计函数来进行统计分析，效率会提高百倍。本节内容介绍常见的统计函数的具体应用方法。

具体要求：创建培训考核表，分别统计出参加考核的总人数，考核得分情况。

【知识与技能】

一、使用COUNT函数计算数字项的个数
二、使用MAX函数计算最大值
三、使用MIN函数计算最小值
四、使用AVERAGE函数计算平均值
五、使用COUNTIF函数进行单条件计数
六、使用COUNTIFS函数进行多条件计数

案例素材	原始文件：素材\第7章\培训成绩表—原始文件 最终效果：素材\第7章\培训成绩表—最终效果	 7-3 培训考核表

 7.4.1 COUNT 函数

【理论基础】

COUNT函数的功能是计算参数列表中的数字项的个数。其语法格式如下。

COUNT(数据1,数据2, …)

其参数包含或引用各种类型的数据，但只有数值型的数据才被计数。COUNT函数在计数时，将把数值型的数字计算进去；但是错误值、空值、逻辑值、文字则被忽略。因此本案例要统计参加考核的人数，可以通过计数有考核分数的单元格来实现。

【操作方法】

01 打开本案例的原始文件，选中单元格H1，输入公式“=COUNT(E2:E120)”，计算单元格区域E2:E120中数值单元格的个数，如图7-14所示。

02 按【Enter】键后即可显示结果，参加考核的人数为119，如图7-15所示。

	E	F	G	H
1	总分数		考核人数	=COUNT(E2:E120)
2	253		最高总分	
3	261		最低总分	

▲图 7-14

	E	F	G	H
1	总分数		考核人数	119
2	253		最高总分	
3	261		最低总分	

▲图 7-15

7.4.2 MAX 函数与 MIN 函数

【理论基础】

MAX函数用于返回一组值中的最大值。其语法格式如下。

MAX(数值1,数值2,…)

MIN函数用于返回一组值中的最小值。其语法格式如下。

MIN(数值1,数值2,…)

本案例要统计考核总分中的最高分和最低分时就可以使用MAX函数与MIN函数来实现。

【操作方法】

01 选中单元格H2，输入公式“=MAX(E2:E120)”，计算单元格区域E2:E120中的最大值，如图7-16所示。

02 按【Enter】键后即可显示结果，最高总分为300分，如图7-17所示。

	E	F	G	H
1	总分数		考核人数	119
2	253		最高总分	=MAX(E2:E120)
3	261		最低总分	

▲ 图 7-16

	E	F	G	H
1	总分数		考核人数	119
2	253		最高总分	300
3	261		最低总分	

▲ 图 7-17

03 选中单元格H3，输入公式“=MIN(E2:E120)”，计算单元格区域E2:E120中的最小值，如图7-18所示。

04 按【Enter】键后即可显示结果，最低总分为197分，如图7-19所示。

	E	F	G	H
1	总分数		考核人数	119
2	253		最高总分	300
3	261		最低总分	=MIN(E2:E120)

▲ 图 7-18

	E	F	G	H
1	总分数		考核人数	119
2	253		最高总分	300
3	261		最低总分	197

▲ 图 7-19

7.4.3 AVERAGE 函数

【理论基础】

AVERAGE函数是Excel表格中计算一组值中的平均值的函数，参数可以是数字，也可以是数组或单元格引用，如果引用参数中有文字、逻辑值或空单元格，则忽略其值。但是，如果单元格包含零值则计算在内。其语法格式如下。

AVERAGE(数值1,数值2,…)

本案例中计算考核总分的平均分时可以使用AVERAGE函数，具体操作如下。

【操作方法】

01 选中单元格H4，输入公式“=AVERAGE(E2:E120)”，计算单元格区域E2:E120中的平均值，如图7-20所示。

02 按【Enter】键后即可显示结果，平均分为240.06分（保留两位小数），如图7-21所示。

	E	F	G	H
1	总分数		考核人数	119
2	253		最高总分	300
3	261		最低总分	197
4	220		平均分	=AVERAGE(E2:E120)

▲ 图 7-20

	E	F	G	H
1	总分数		考核人数	119
2	253		最高总分	300
3	261		最低总分	197
4	220		平均分	240.06

▲ 图 7-21

7.4.4 COUNTIF 函数

【理论基础】

COUNTIF函数是对指定区域中符合指定条件的单元格计数的一个函数。其语法格式如下。

COUNTIF(统计区域,条件)

第一个参数统计区域为要统计其中非空单元格数目的区域；第二个参数条件为以数字、表达式或文本形式定义的条件。

COUNTIF函数就是一个条件计数的函数，如本案例要统计考核总分为满分（即300分）的人数，就可以使用COUNTIF函数，具体操作如下。

【操作方法】

01 选中单元格H5，输入公式“=COUNTIF(E:E,300)”，统计E列的非空单元格中数值为300的个数，如图7-22所示。

02 按【Enter】键后即可显示结果，考核总分为300分的共有3人，如图7-23所示。

	E	F	G	H
4	220		平均分	240.06
5	208		满分的人数	=COUNTIF(E:E,300)
6	223		总分200~250的人数	

▲图 7-22

	E	F	G	H
4	220		平均分	240.06
5	208		满分的人数	3
6	223		总分200~250的人数	

▲图 7-23

7.4.5 COUNTIFS 函数

【理论基础】

COUNTIFS函数用来统计多个区域中满足给定条件的单元格的个数。其语法格式如下。

COUNTIFS(条件区域1,条件1,条件区域2,条件2,…)

条件区域1为第一个需要统计其中满足某个条件的单元格数目的单元格区域（简称条件区域），条件1为第一个区域中将被统计在内的条件（简称条件），其形式可以为数字、表达式或文本。同理，条件区域2为第二个条件区域，条件2为第二个条件，依此类推。最终结果为多个区域中满足所有条件的单元格个数。

例如，本案例要统计考核总分在200分～250分的人数，即总分既要大于等于200，又要小于等于250，共两个条件，因此可以使用COUNTIFS函数，具体操作如下。

【操作方法】

01 选中单元格H6，输入公式“=COUNTIFS(E2:E120,">=200",E2:E120,"<=250")”（注意两个条件参数的字符串要用英文双引号括起来），统计单元格区域E2:E120中大于等于200且小于等于250的个数，如图7-24所示。

02 按【Enter】键后即可显示结果，总分在200分～250分的共有80人，如图7-25所示。

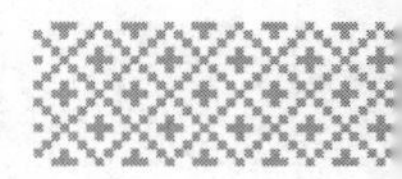

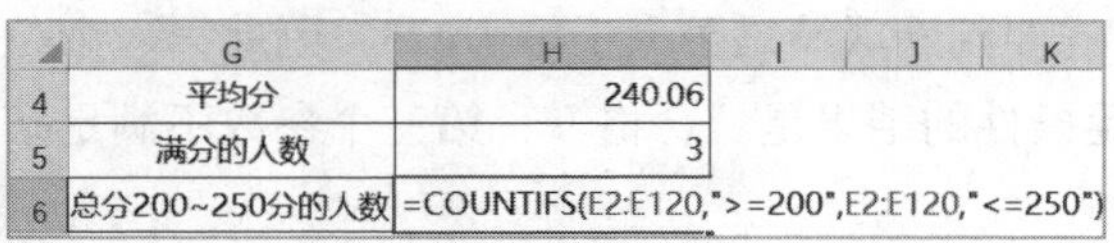

	G	H	I	J	K
4	平均分	240.06			
5	满分的人数	3			
6	总分200~250分的人数	=COUNTIFS(E2:E120,">=200",E2:E120,"<=250")			

▲图 7-24

	E	F	G	H
4	220		平均分	240.06
5	208		满分的人数	3
6	223		总分200~250分的人数	80

▲图 7-25

小贴士

以上公式中的两个条件参数“">=200"”和“"<=250"”分别用英文双引号括起来了，这时用户如果直接在单元格中汇总输入公式，很容易遗漏英文双引号，从而导致公式无法计算。因此，如果用户对公式内容不是很熟悉，建议使用【函数参数】对话框输入公式（具体操作方法参照7.2节的内容），这样系统会自动为需要的参数添加英文双引号，避免因遗漏而出错。

7.5 员工考核表

【案例分析】

公司需要定期对员工能力进行考核，并根据考核总分来判断考核是否合格，这时就需要进行逻辑判断。对大量的数据进行逻辑判断是一项复杂且费时的工作，我们可以借助逻辑函数来完成，常用的逻辑函数包括IF函数、AND函数、OR函数等，本节内容将对以上函数进行重点介绍。

具体要求：创建员工考核表，根据考核总分判断是否合格（若考核总分大于等于225分即为“合格”，否则“不合格”）；根据各科成绩进行判断，只要有一科的成绩低于60分，则需要重新学习并考核。

【知识与技能】

一、使用IF函数判断考核总分是否合格

二、使用AND函数判断是否所有条件都满足

三、使用OR函数判断是否至少满足于一个条件

7.5.1 IF 函数

案例素材	原始文件：素材\第7章\员工考核表—原始文件 最终效果：素材\第7章\员工考核表—最终效果

7–4 IF 函数

【理论基础】

IF函数可以说是逻辑函数中的“王者”，它的应用十分广泛，基本用法是，根据指定的条件进行判断，得到满足条件的结果1或者不满足条件的结果2。其语法结构如下。

IF(判断条件,满足条件的结果1,不满足条件的结果2)

例如，本案例中要判断考核总分是否合格，首先要判断成绩是否大于等于225，因此第一个参数判断条件就是成绩大于等于225；第二个参数满足条件的结果是“合格”；第三个参数不满足条件的结果是“不合格”。

【操作方法】

01 打开本案例的原始文件，选中单元格G2，输入公式“=IF(F2>=225,"合格","不合格")”，判断F2单元格中的分数是否大于等于225，如果满足条件，则显示为“合格”，否则显示为“不合格”，如图7-26所示。

02 按【Enter】键后即可显示判断结果，将G2单元格的公式向下复制，即可判断所有的考核总分是否合格，如图7-27所示。

	D	E	F	G	H	I
1	管理办法	软件操作	考核总分	是否合格		
2	79	89	249	=IF(F2>=225,"合格","不合格")		
3	69	91	244			

▲ 图 7-26

	B	C	D	E	F	G
1	员工姓名	职场礼仪	管理办法	软件操作	考核总分	是否合格
2	许枝	81	79	89	249	合格
3	魏莎莎	84	69	91	244	合格

▲ 图 7-27

素养教学

“台上一分钟，台下十年功”，无论从事哪个行业，想要得到优异的成绩，便要勤学苦练，坚持不懈。因为只有在千遍万遍的练习后，才有自信站在台上，去呈现你的成果，坦然地接受大家的称赞与颂扬。这世界上没有一步登天的事， 天才毕竟是少数。我们在羡慕他人非凡的能力时，也应想到别人平时是如何刻苦学习的。而那些没有真才实干，只因机缘获得成功的人，成功注定不会长久，荣耀也只会像烟花一样短暂。

7.5.2 AND 函数与 OR 函数

案例素材

原始文件：素材\第7章\员工考核表01—原始文件

最终效果：素材\第7章\员工考核表01—最终效果

7–5 AND 函数与 OR 函数

【理论基础】

AND 函数是用来判断多个条件是否同时成立的逻辑函数，其语法格式如下。

AND(条件1,条件2,···)

AND函数的特点是，在众多条件中，只有全部为真时，其逻辑值才为真，只要有一个为假，其逻辑值为假。

OR函数的功能是对公式中的条件进行连接，且这些条件中只要有一个满足条件，其结果就为真。其语法格式如下。

OR(条件1,条件2,···)

OR函数的特点是，在众多条件中，只要有一个为真时，其逻辑值就为真，只有全部为假时，其逻辑值才为假。

本案例要判断员工考核成绩中是否至少有一门成绩小于60分，既可以使用AND函数，也可以使用OR函数，具体操作如下。

【操作方法】

01 打开本案例的原始文件，首先使用AND函数来判断各门考核成绩。选中单元格G2，输入公式“=AND(C2>=60,D2>=60,E2>=60)”，如图7-28所示。

	C	D	E	F	G	H	I
1	职场礼仪	管理办法	软件操作	考核总分	AND	OR	
2	81	79	89	249	=AND(C2>=60,D2>=60,E2>=60)		
3	84	69	91	244			
4	51	88	65	204			

▲ 图 7-28

02 按【Enter】键后，即可显示判断结果，如果3个条件都满足，则返回逻辑值“TRUE”，只要有一个条件不满足，则返回“FALSE”。将G2单元格中的公式向下复制，如图7-29所示。

	C	D	E	F	G	H	I
1	职场礼仪	管理办法	软件操作	考核总分	AND	OR	
2	81	79	89	249	TRUE		
3	84	69	91	244	TRUE		
4	51	88	65	204	FALSE		

▲ 图 7-29

03 使用OR函数来判断各门考核成绩。选中单元格H2，输入公式“=OR(C2<60,D2<60,E2<60)”，如图7-30所示。

	C	D	E	F	G	H	I	J
1	职场礼仪	管理办法	软件操作	考核总分	AND	OR		
2	81	79	89	249	TRUE	=OR(C2<60,D2<60,E2<60)		
3	84	69	91	244	TRUE			
4	51	88	65	204	FALSE			

▲ 图 7-30

04 按【Enter】键后，即可显示判断结果，如果3个条件中有一个满足，则返回逻辑值“TRUE”，如果3个条件都不满足，则返回“FALSE”，将H2单元格中的公式向下复制，如图7-31所示。

	C	D	E	F	G	H	I	J
1	职场礼仪	管理办法	软件操作	考核总分	AND	OR		
2	81	79	89	249	TRUE	FALSE		
3	84	69	91	244	TRUE	FALSE		
4	51	88	65	204	FALSE	TRUE		

▲ 图 7-31

小贴士

虽然AND函数和OR函数的逻辑值是反的，但是判断的结果却是一致的。本案例中，当AND函数的返回值为“FALSE”或者OR函数的返回值为“TRUE”时，都代表员工的3门考核成绩中至少有一门的成绩低于60分。将显示以上结果的员工筛选出来，就可以得到需要重新学习并考核的员工，如图7-32所示。

	A	B	C	D	E	F	G	H
1	员工编号	员工姓名	职场礼仪	管理办法	软件操作	考核总分	AND	OR
4	0003	吴之山	51	88	65	204	FALSE	TRUE
5	0004	罗欣淼	64	51	84	199	FALSE	TRUE
9	0008	王程悦	51	59	74	184	FALSE	TRUE

▲ 图 7-32

7.6 综合实训：业绩奖金计算表

【实训目标】

通过计算业绩奖金计算表中的数据，掌握函数的具体应用方法。

【实训操作】

01 打开本案例的原始文件，该工作簿中共有3个工作表，分别是“业绩奖金”“业绩明细”和“奖金提成”，首先将“业绩明细”中的本月业绩按照员工编号匹配到“业绩奖金”表中。

02 根据“本月业绩数据”，判断是否达标，当业绩大于等于10 000时，显示“达标”，否则显示“不达标”。

03 按照“本月业绩”数据，将奖金比例从“奖金提成”表中匹配过来。为了使匹配过来的数据更直观，可以将单元格格式设置为“百分比”格式。

04 最后根据“本月业绩”数据和“奖金比例”数据，计算出奖金提成，如图7-33所示。

	A	B	C	D	E	F
1	员工编号	姓名	本月业绩	是否达标	奖金比例	奖金提成
2	XS0001	严芳	9,660	不达标	0%	-
3	XS0002	周嘉	8,597	不达标	0%	-
4	XS0003	孙痴梦	26,756	达标	12%	3,211
5	XS0004	陶美丽	14,006	达标	6%	840
6	XS0005	田翠	36,570	达标	12%	4,388

业绩奖金 | 业绩明细 | 奖金提成

▲图 7-33

等级考试重难点内容

本章主要考查公式与函数的应用，需读者重点掌握以下内容。

1. 求和函数（SUM函数、SUMIF函数）。

2. 查找与引用函数（VLOOKUP函数与HLOOKUP函数，注意精确查找与模糊查找的应用）。

3. 统计函数（COUNT、COUNTIF与COUNTIFS函数，MAX、MIN与AVERAGE函数）。

4. 逻辑函数（IF、AND与OR函数）。

本章习题

一、不定项选择题

1. 公式中可以包括以下哪些内容（　　）。

A. 常量　　B. 运算符　　C. 单元格引用　　D. 函数

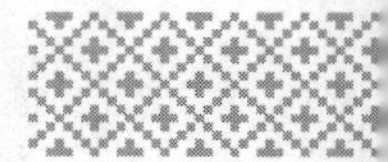

2. 以下哪个快捷键可以实现引用方式之间的切换？（　　）

A.【F1】　　B.【F2】　　C.【F3】　　D.【F4】

3. 以下关于AND函数与OR函数的说法中，不正确的是（　　）。

A. AND 函数是用来判断多个条件是否同时成立的逻辑函数，OR函数的功能是判断多个条件中是否至少有一个条件成立的逻辑函数

B. 在AND 函数的众多条件中，只有全部为真时，其逻辑值才为真，只要有一个为假，其逻辑值为假

C. OR函数的特点是，在众多条件中，只要有一个为真，其逻辑值就为真，只有全部为假时，其逻辑值才为假

D. AND函数和OR函数的逻辑值是反的，即判断结果也是反的

二、判断题

1. 所有公式都是以“=”开头的。（　　）

2. VLOOKUP函数可以实现按行查找数据，HLOOKUP函数可以实现按列查找数据。（　　）

3. 使用COUNT函数计数时，只有数值型的数据才被计数，错误值、空值、逻辑值、文字则被忽略。（　　）

三、简答题

1. 简述单元格引用共包含几种方式。

2. 简述VLOOKUP函数的语法格式及各参数的含义。

3. 简述使用函数参数对话框输入公式的好处。

四、操作题

1. 利用本章所学函数，分别计算出“销售数据表”中的总订单数、总销售金额、蓝牙耳机的总销售额和单笔销量大于2的订单数。

2. 利用逻辑函数判断员工的迟到、早退、旷工等出勤情况（上班时间晚于8:00即为迟到，下班时间早于17:00即为早退，迟到或早退半小时以上即为旷工，上班时间小于等于8:00且下班时间大于等于17:00即“是”正常出勤，其他情况即为“否”）。

第8章
可视化图表

图表可以让数据展示更直观，是数据可视化的利器，做好图表可以给你的数据分析加分。要学好图表制作，首先要打好基础，只有基础牢固了，才能学得更好，做得更好。

本章内容将结合实际案例，主要介绍如何根据分析内容选择合适的图表类型，以及对比分析类图表、占比分析类图表和趋势分析类图表的编辑及美化方法。学完本章内容，读者即可根据需求选择并创建可视化图表。

学习目标

1. 了解图表的种类及适用场合
2. 学会制作对比分析类图表
3. 学会制作占比分析类图表
4. 学会制作趋势分析类图表
5. 掌握图表元素编辑和美化的方法

8.1 认识图表

8.1.1 图表的种类及元素构成

Excel 2016中提供了15大类图表类型，包括柱形图、折线图、饼图、条形图、面积图、XY（散点图）、股价图、曲面图、雷达图、树状图、旭日图、直方图、箱形图、瀑布图，以及组合，在每个大类下面还包含多个子类。

在【插入图表】对话框中，切换到【所有图表】选项卡，左侧列表框中会展示以上15类图表，选中某类图表后，在其右侧还可以看到其包含的所有子类，如图8-1所示。图8-1中展示的就是饼图中包含的各个子类：饼图、三维饼图、复合饼图、复合条饼图和圆环图，选择需要的图表类型，单击【确定】即可插入该类型的图表。

要创建并编辑图表，首先要了解图表的构成。如图8-2所示，每张图表都包含两大区域：图表区和绘图区。整个图表外边框的内部都称为图表区，两个坐标轴的内部称为绘图区，单击空白区域即可分别选中并进行调整大小等操作。

一张完整的图表是由多种元素构成的，如图8-2中的图表就包含了：图表标题、图例、坐标轴、坐标轴标题、数据系列、数据标签、网格线等（并不是每张图表都需要所有的元素，只要能够直观展示出数据的含义即可）。

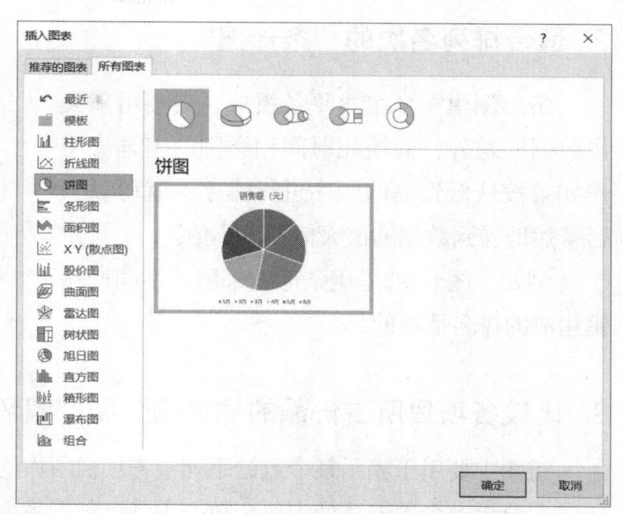

▲ 图 8-1

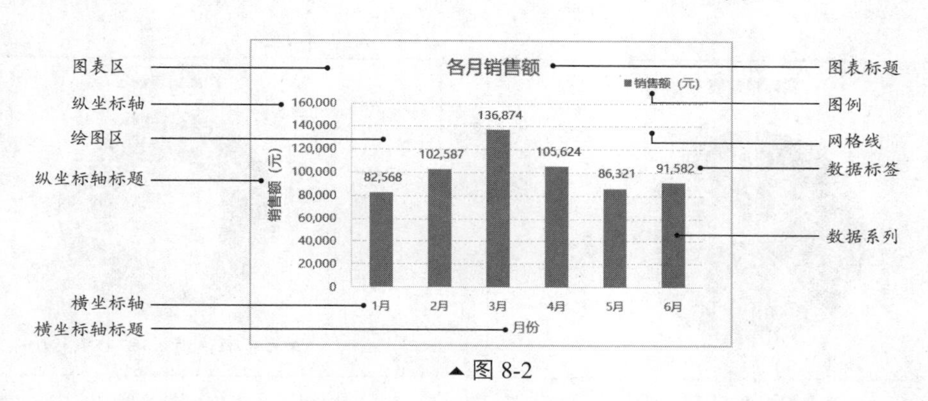

▲ 图 8-2

8.1.2 图表的适用场合

虽然图表类型有很多，但是要选择合适的图表，才能让图表更有效、直观地传递数据信息。我们应该根据数据形式或分析目的的不同选用合适的图表。下面分别介绍几种常用图表的适用场合，以便用户选择。

1. 展示数据变化或相对大小的“柱形图”

柱形图是“出镜率”最高的图表之一，它由一个个垂直柱体组成，主要用于展示不同类别之间的数量差异或不同时期的数量变化情况。例如，图8-3就是用柱形图来展示不同月份的销售额情况的。

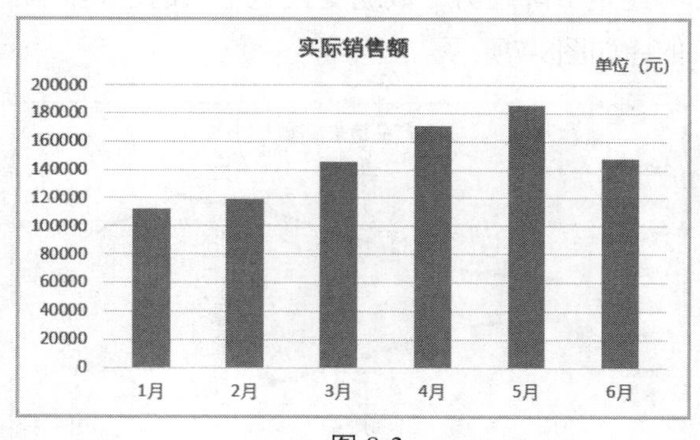

▲ 图 8-3

2. 适合排列名次的“条形图”

条形图由一个个水平条组成，主要用来突出数据的差异，而淡化时间和类别的差异。用户如果按从低到高的顺序进行排序，就可以一目了然地看到数据的最大值和最小值。

例如，图8-4就是用条形图来展示不同产品销售额的排名情况的。

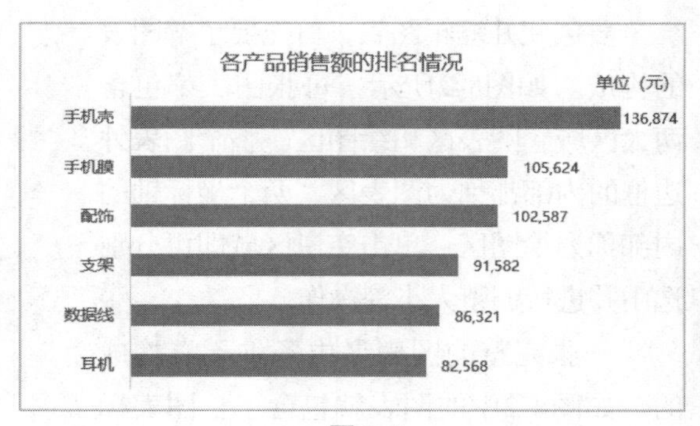

▲ 图 8-4

3. 比较各项目所占份额的“饼图”和“圆环图”

饼图主要用于显示某个数据系列中各项目所占的份额或组成结构，如图8-5所示。

要分析多个数据系列中每个数据占各自数据系列的百分比，可以使用圆环图，如图8-6所示。

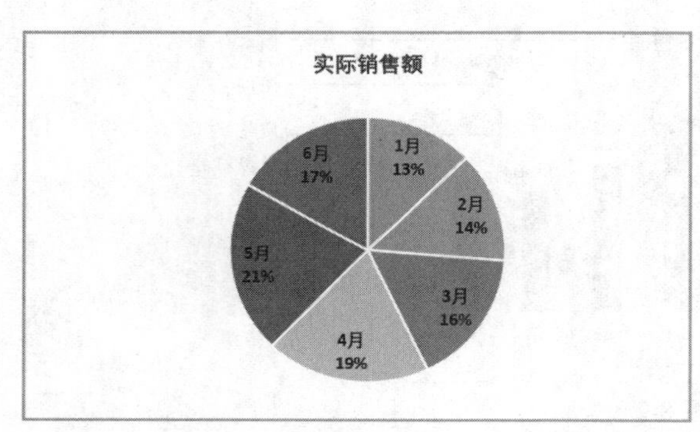

▲ 图 8-5

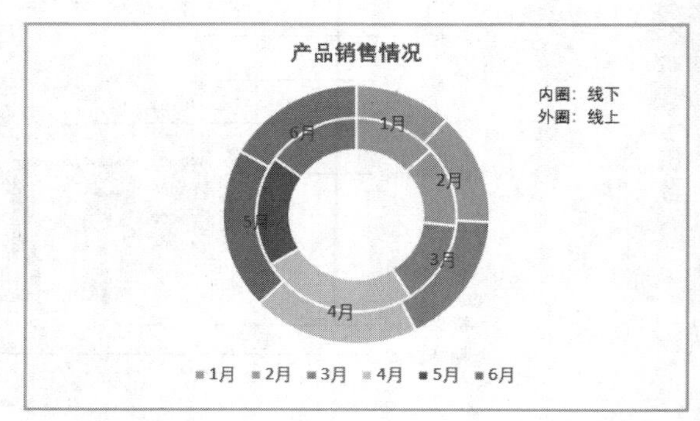

▲ 图 8-6

4. 适合分析趋势的“折线图”

如果想要观察数据在某一段时间内的变化规律或趋势，折线图绝对是首选。通过折线图中的线条波动，用户可以判断数据呈上升趋势还是下降趋势，数据变化是平稳的还是波动的，如图8-7所示。

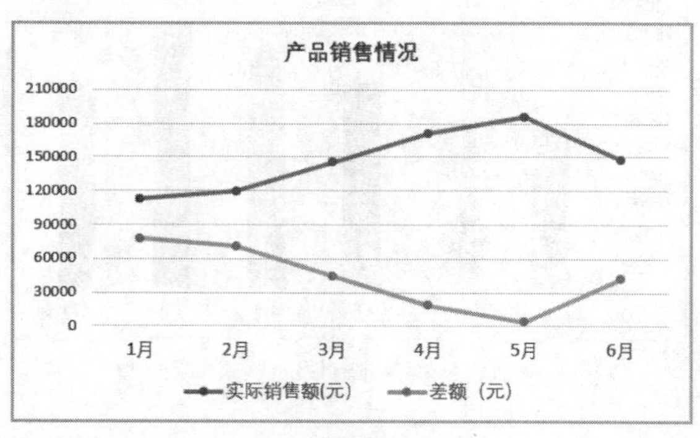

▲ 图 8-7

5. 强调数据变化幅度的“面积图”

面积图可以说是折线图的升级版，除了体现项目随时间变化的趋势外，还体现了部分与整体的占比关系。用户通过面积图既可以清晰地看到各部分单独的变化，也可以看到总体的变化情况，从而进行多维度分析，如图8-8所示。

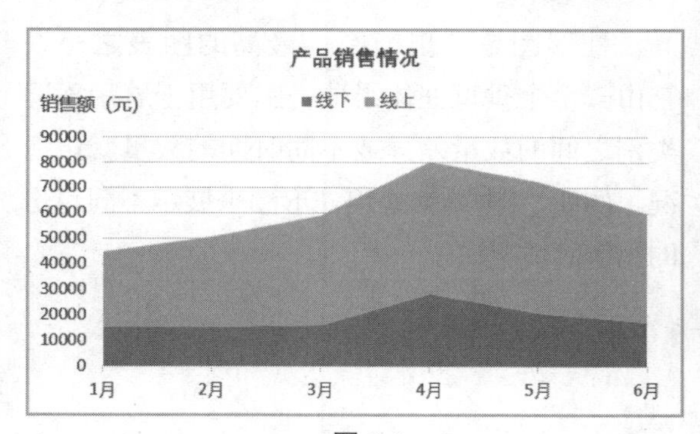

▲ 图 8-8

素养教学

“知之而不行，虽敦必困”（出自《荀子·儒效》）的大意是：懂得许多道理却不付诸实践，虽然知识很丰厚，也必将遇到困厄。这一名句体现了荀子的“知行”观。在社会生活中，“知”很重要，无“知”就没有人类文明，但“知”并不是目的，“知”是为了“用”，“知”而不会用，不能变成行动，再丰富的知识也无用，而且在实践过程中很可能遇到重重困难。作为学生，我们更应该明白“知行统一，学以致用”的重要性。

8.2 销售额对比分析表

【案例分析】

销售额对比分析表主要用来对销售额数据进行对比分析，对比分析可以从不同的维度进行。例如，可以从时间角度对各月的销售额进行对比，或者从产品角度对各产品的销售额进行排名分析。对比分析中常用的图表类型是柱形图和条形图。对于不同的分析维度，用户可以选择不同的图表来展示，从而达到更好的展示效果。下面介绍对比分析表的具体应用方法。

具体要求：创建销售额对比分析表，根据各月的销售额数据创建“各月销售额对比”图，使读者从图表中能够清晰地看出各月销售额的相对大小；根据各产品的销售额数据创建“各产品销售额排名”图，使读者从图表中能够一眼看出各产品销售的排名情况及具体的销售额数据。

【知识与技能】

一、制作柱形图和条形图的方法
二、设置图表字体格式
三、设置数据系列的间距
四、添加坐标轴标题并调整文字方向
五、添加数据标签
六、对数据系列进行排序

8.2.1 制作柱形图

案例素材	原始文件：素材\第8章\销售额对比分析表—原始文件 最终效果：素材\第8章\销售额对比分析表—最终效果

8-1 制作柱形图

【理论基础】

在进行数据的对比分析时，最常用的图表类型就是柱形图。柱形图可以直接通过柱体的高低来展示数据的大小，简洁且直观。柱形图的制作很简单，选中数据后，切换到【插入】选项卡，在【图表】组中选择柱形图，即可将其插入工作表，然后稍加编辑美化即可。具体操作方法如下。

【操作方法】

01 打开本案例的原始文件，选中数据区域中的任意一个单元格，切换到【插入】选项卡，单击【图表】组中的【插入柱形图或条形图】按钮，从下拉列表中选择【簇状柱形图】选项，如图8-9所示，即可插入一个簇状柱形图。

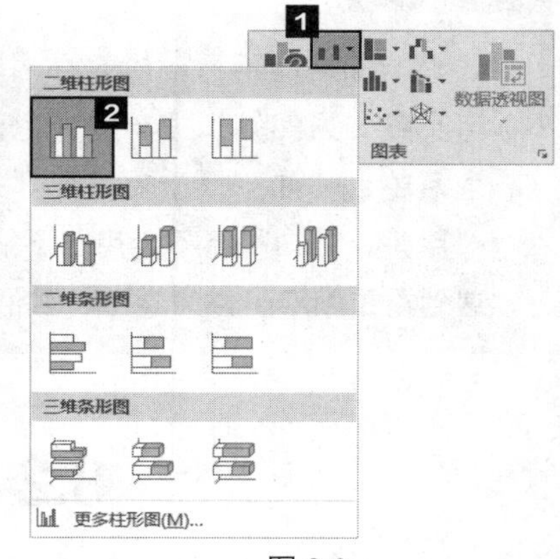

▲图 8-9

02 在任意一个柱体上单击鼠标右键，从快捷菜单中选择【设置数据系列格式】选项，弹出【设置数据系列格式】任务窗格，将【分类间距】设置为150%，如图8-10所示。

03 选中图表，单击右上角的【图表元素】按钮+，选择【坐标轴标题】→【主要纵坐标轴】，如图8-11所示。

04 输入纵坐标轴标题“单位（万元）”，此时标题是纵向的，在标题上单击鼠标右键，选择【设置坐标轴标题格式】选项，打开【设置坐标轴标题格式】任务窗格，在【对齐方式】组中，将【文字方向】设置为【横排】，如图8-12所示，然后将其移至纵坐标轴上方即可。

05 在图表标题上双击，进入编辑状态，将标题内容改为“各月销售额对比”，然后选中整个图表，将字体设置为微软雅黑，如此整个图表的字体都会被设置为微软雅黑。最终效果如图8-13所示。

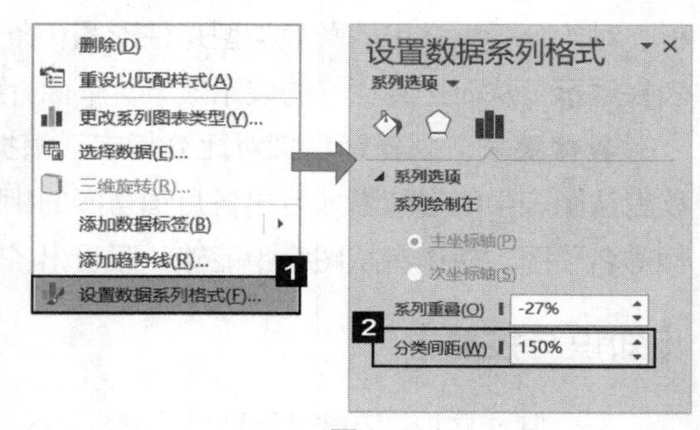

▲图 8-10

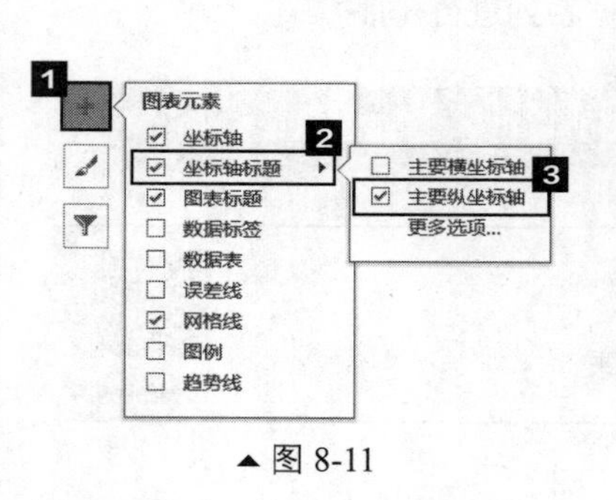

▲图 8-11

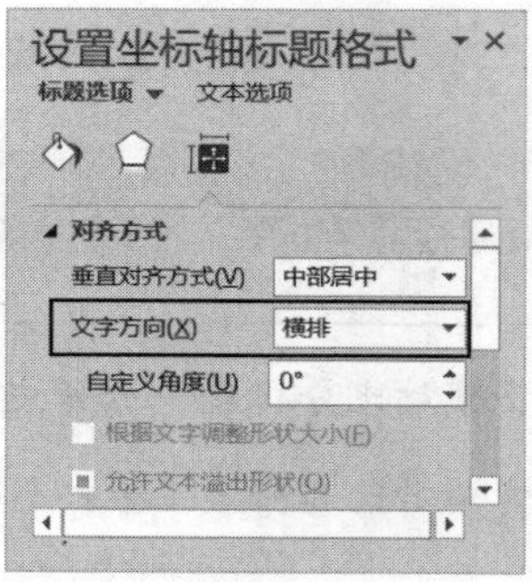

▲图 8-12

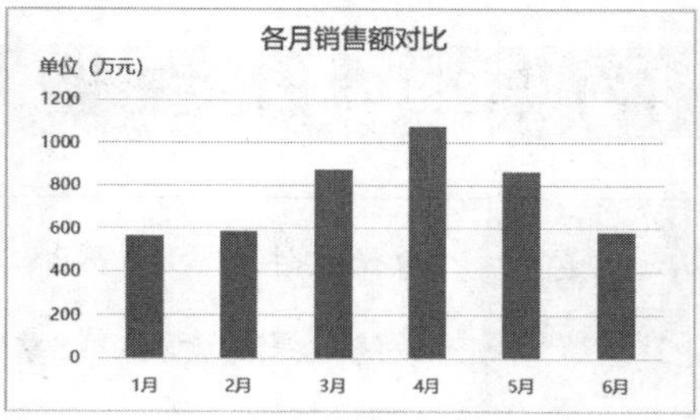

▲图 8-13

小贴士

柱形图中数据系列的宽度设置很重要，通常建议将【分类间距】的大小设置为100%～150%，这样柱体的宽度不是很粗也不是很细，看起来既简洁美观，也便于阅读。

8.2.2 制作条形图

案例素材

原始文件：素材\第8章\销售额对比分析表01—原始文件

最终效果：素材\第8章\销售额对比分析表01—最终效果

8-2 制作条形图

【理论基础】

条形图与柱形图类似，区别是柱形图的分类轴是横坐标轴，而条形图的分类轴是纵坐标轴。由于条形图的分类轴为纵坐标轴，因此当分类项目的名称较长或数量较多时，选用条形图更节省空间。同时，由于条形图是上下排列的，因此对于需要进行排名分析的情况，选用条形图更合适，因为它可以从上到下按顺序排列，符合多数人的阅读习惯。下面介绍一下条形图的制作要点。

【操作方法】

01 打开本案例的原始文件，选中数据区域中的任意一个单元格，切换到【插入】选项卡，单击【图表】组中的【插入柱形图或条形图】按钮，从下拉列表中选择【簇状条形图】选项，如图8-14所示，即可插入一个簇状条形图。

02 将图表标题改为“各产品销售额排名”，然后删除横坐标轴和网格线，添加主要横坐标轴标题并输入内容“单位（元）”，选中整个图表，设置字体为微软雅黑，将数据系列的【分类间距】设置为150%，如图8-15所示。

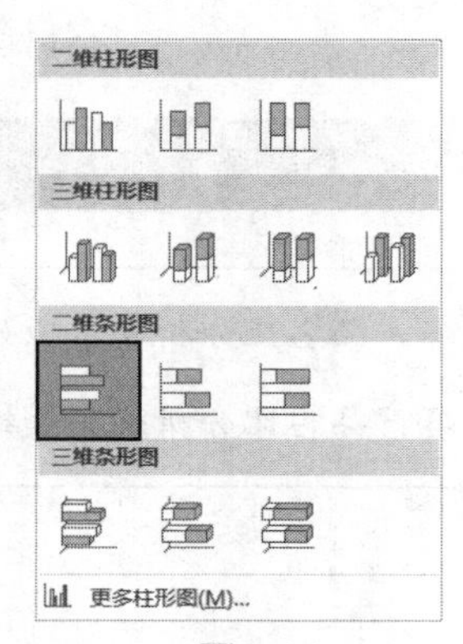

▲ 图 8-14

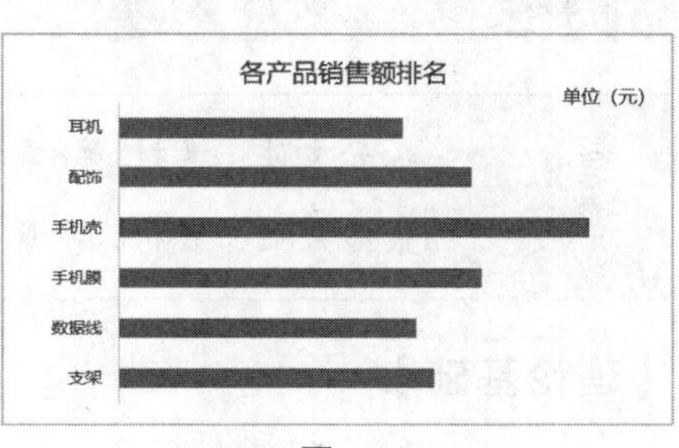

▲ 图 8-15

03 为数据系列添加数据标签。选中图表，单击右上角的【图表元素】按钮+，选择【数据标签】→【数据标签外】，如图8-16所示。

04 对销售额数据进行升序排序。选中销售额列的任意一个有数据的单元格，单击【升序】按钮，可以看到销售额数据（自上而下）和图表（自下而上）都按升序排列，效果如图8-17所示。

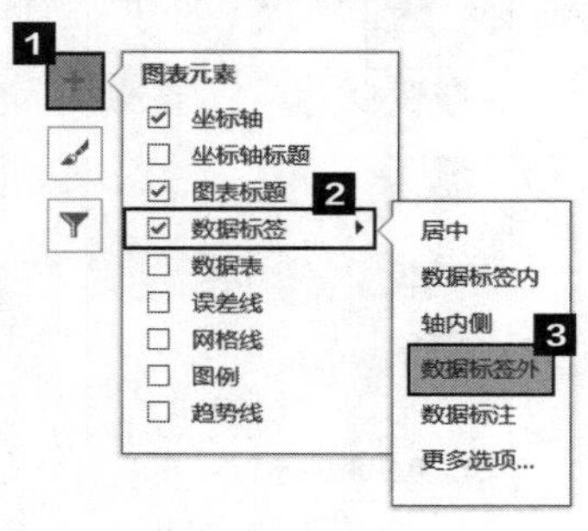

▲ 图 8-16

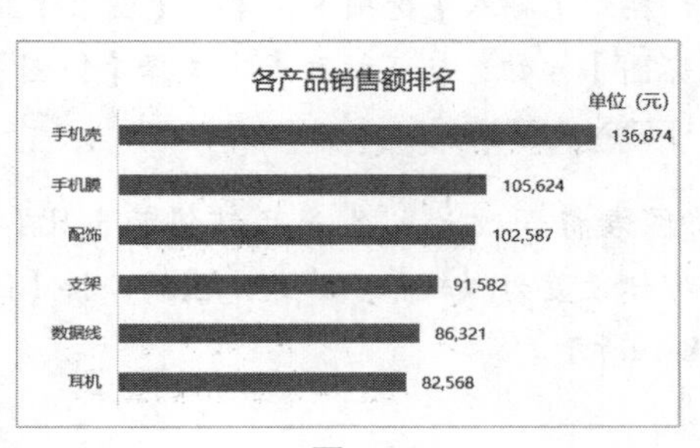

▲ 图 8-17

8.3 各产品占比分析表

【案例分析】

各产品占比分析表主要用来分析各产品的销售占比情况，即各产品在总体中所占的份额。占比分析中最常用的图表类型是饼图和圆环图。如果只有一个数据系列，可以选择饼图；如果数据系列的个数为两个以上，则需要使用圆环图。下面介绍一下占比分析图表的具体应用方法。

具体要求：创建各产品占比分析表，根据各产品的总销售额数据创建“各产品销售额占比”图，要求从图中能一眼看出各产品所占份额（即百分比数值），并且根据所占份额大小进行排序；然后根据各产品线上、线下的销售额数据创建“各产品线上/线下占比情况图”，分别展示线上、线下各产品所占份额大小。

【知识与技能】

一、制作饼图和圆环图的方法
二、图表元素的删除
三、编辑数据标签的内容
四、饼图的排序
五、圆环图内径大小的设置
六、在图表中添加文本框

8.3.1 制作饼图

案例素材

原始文件：素材\第8章\各产品占比分析表—原始文件

最终效果：素材\第8章\各产品占比分析表—最终效果

8–3 制作饼图

【理论基础】

饼图将圆形划分为若干扇形，然后通过扇形的大小来展示各部分在总体中的占比情况。由于饼图具有圆形的特性，因此在制作时用户要考虑起点、排列方向等问题，并结合多数人的阅读习惯，让饼图具有更高的可读性。下面介绍一下饼图的制作要点。

【操作方法】

01 打开本案例的原始文件，选中数据区域中的任意一个单元格，切换到【插入】选项卡，单击【图表】组中的【插入饼图或圆环图】按钮，从下拉列表中选择【饼图】，如图8-18所示，即可插入一张饼图。

02 将图表标题改为“各产品销售额占比”，选中整个图表，将字体设置为微软雅黑，选中图例，按【Delete】键删除，如图8-19所示。

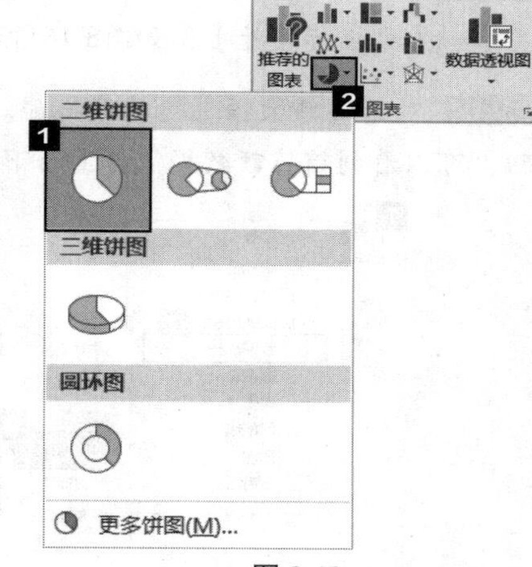

▲图 8-18

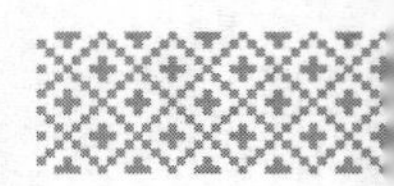

小贴士

饼图的各个扇区代表不同的项目，如果使用图例来区分，来回移动视线对照图例会非常麻烦，因此饼图通常是不需要图例的。如果在数据标签中添加类别名称，就不需要图例了。

03 选中饼图，为其添加数据标签，选择【数据标签】→【数据标签内】。然后选中数据标签，单击鼠标右键，从快捷菜单中选择【设置数据标签格式】选项，打开【设置数据标签格式】任务窗格，勾选【类别名称】和【百分比】复选框，取消勾选【值】复选框，如图8-20所示。

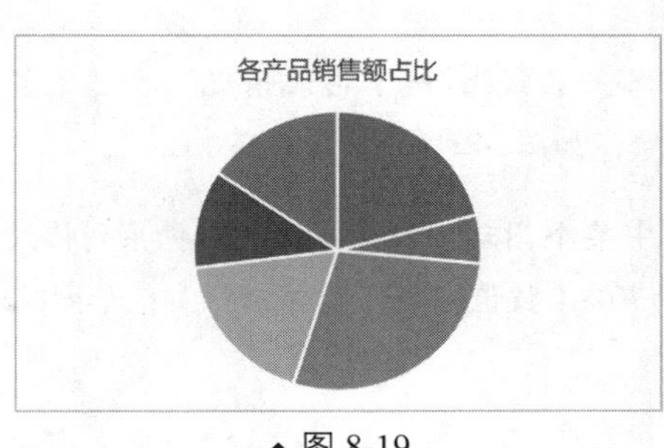

▲图 8-19

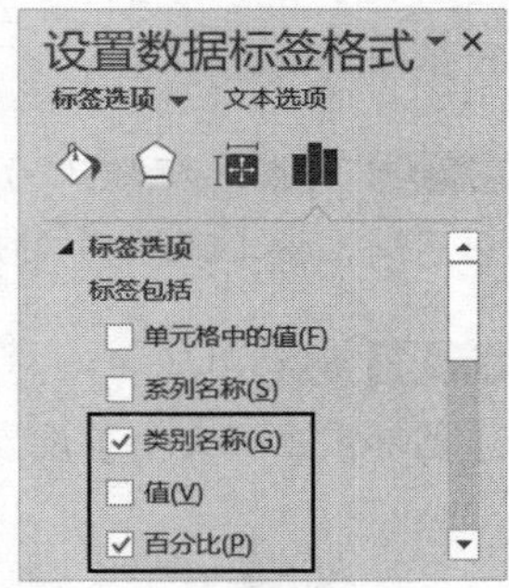

▲图 8-20

知识链接

饼图中默认的第一扇区的起始角度是0°，即12点刻度的位置。人们在阅读圆形的对象时，一般会自然而然地从上而下按顺时针的顺序阅读，即从12点刻度开始按照顺时针的方向阅读。因此，结合以上两点，可以将饼图中的数据按照降序排序，这样人们在阅读时就可以先看到占比较大的数据，而占比较小的数据就会排在靠后的位置。

04 对销售额数据进行降序排序。选中"销售额"列的任意一个有数据的单元格，单击【降序】按钮，可以看到饼图中各扇区按照顺时针方向由高到低进行排序，如图8-21所示。

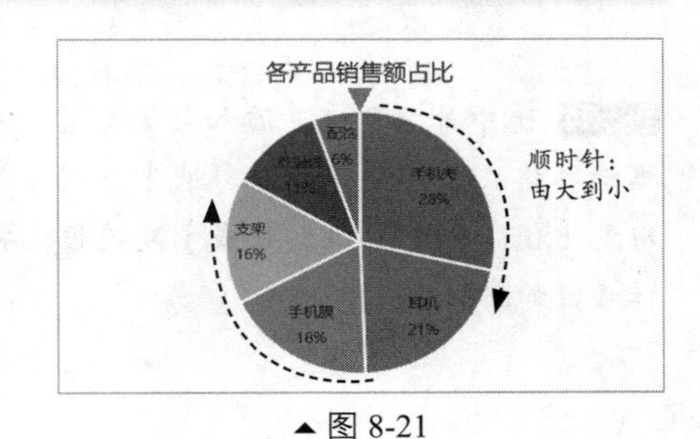

▲图 8-21

8.3.2 制作圆环图

案例素材	原始文件：素材\第8章\各产品占比分析表01—原始文件 最终效果：素材\第8章\各产品占比分析表01—最终效果

【理论基础】

圆环图与饼图类似，它通过各部分的大小来展示各部分的占比情况。其中每个圆环各代表一

个数据系列。下面介绍一下圆环图的制作要点。

【操作方法】

01 打开本案例的原始文件，选中数据区域中的任意一个单元格，切换到【插入】选项卡，单击【图表】组中的【插入饼图或圆环图】按钮，从下拉列表中选择【圆环图】，如图8-22所示，即可插入一张圆环图。

02 将图表标题改为“各产品线上/线下占比情况”，选中整个图表，将字体设置为微软雅黑，选中图例，按【Delete】键删除，如图8-23所示。

03 调整圆环粗细。选中某个圆环，打开【设置数据系列格式】任务窗格，在【系列选项】组中将【圆环图内径大小】设置为70%（数值越小，圆环越粗），如图8-24所示。

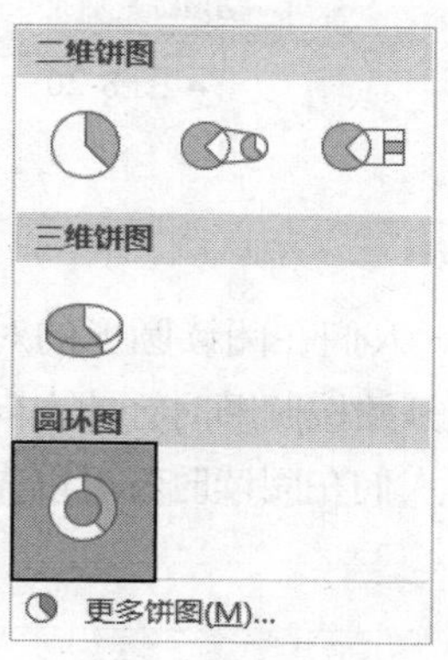

▲图 8-22

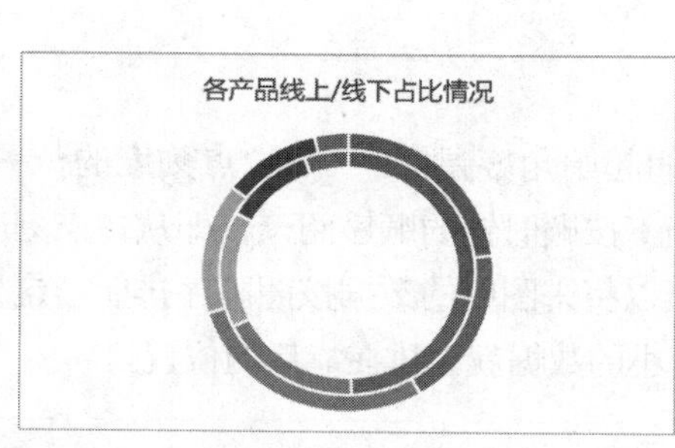

▲图 8-23

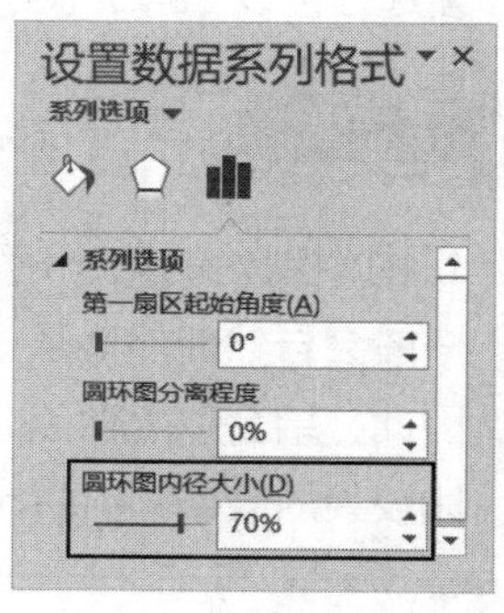

▲图 8-24

04 选中外层圆环，添加数据标签。然后打开【设置数据标签格式】任务窗格，勾选【类别名称】复选框，取消勾选【值】和【显示引导线】复选框，将标签移至合适的位置，如图8-25所示。

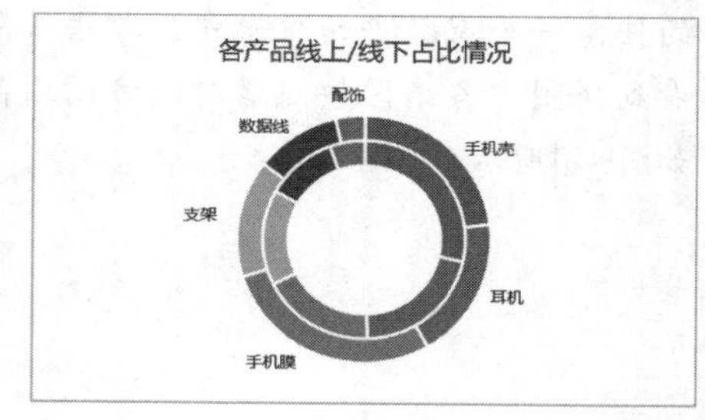

▲图 8-25

小贴士

当有两个圆环时，如何区分各个圆环的内容呢？很简单，只要选中图表中任意一个圆环，对应的数据区域中的数据就会显示彩色的边框。为了让读者明确图表中各圆环表示的内容，可以插入文本框来进行注释说明。注意，文本框要添加在图表内部，这样在移动图表时，文本框也会跟着移动，省去了很多麻烦。

05 选中图表，切换到【插入】选项卡，单击【文本】组中的【文本框】按钮，从下拉列表中选择【横排文本框】，然后在图表的右上方按住鼠标左键拖曳，绘制一个文本框，如图8-26所示。在文本框中输入内容“内层圆环：线上 外层圆环：线下”，效果如图8-27所示。

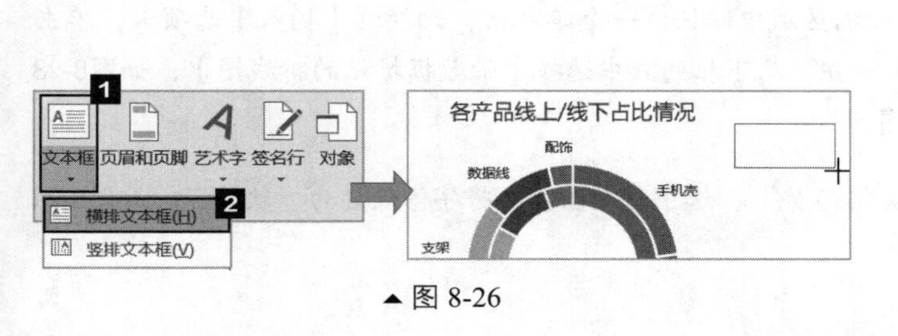

▲图 8-26

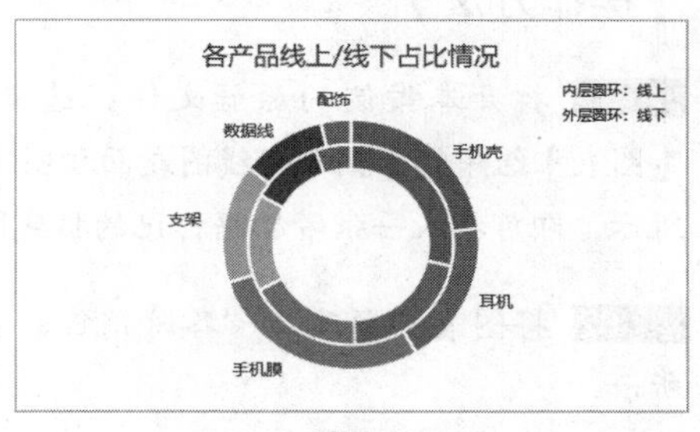

▲图 8-27

8.4 销售趋势分析表

【案例分析】

销售趋势分析表主要用来分析销售数据的变化趋势及波动情况。用户根据分析需求可以选择折线图或柱形图来展示。例如，只需要展示变化趋势时，选择折线图就可以，如果还想要展示各个数据点的位置或大小，可以选择带数据标记的折线图，如果在展示变化趋势的同时还想要展示数量的积累，就可以选择面积图。下面介绍一下趋势分析图表的具体应用。

具体要求：创建销售趋势分析表，根据各月的销售额数据创建“各月销售额变化趋势”折线图，展示各月销售额的变化情况，标出最高点和最低点及具体的数值大小；创建“销售额变化趋势”面积图，展示各月的销售额变化趋势及数量的累计情况，并标注各个数据点的具体数值大小。

【知识与技能】

一、制作折线图和面积图的方法
二、设置折线图线条的粗细和类型
三、设置数据标记的格式
四、设置网格线的格式
五、为单个数据点添加数据标签

8.4.1 制作折线图

案例素材

原始文件：素材\第8章\销售趋势分析表—原始文件

最终效果：素材\第8章\销售趋势分析表—最终效果

8–5 制作折线图

【理论基础】

在分析销售额数据时，趋势分析是经常要进行的。折线图是最适合进行趋势分析的图表，它通过线条的高低起伏，能够很直观地反映数据的上升或下降趋势。如果单纯地想反映变化趋势，可以插入折线图；如果在反映变化趋势的同时，还想要强调数据点的位置和大小，可以插入带数据标记的折线图。下面重点介绍一下带数据标记的折线图的制作要点。

【操作方法】

01 打开本案例的原始文件，选中数据区域中的任意一个单元格，切换到【插入】选项卡，单击【图表】组中的【插入折线图或面积图】按钮，从下拉列表中选择【带数据标记的折线图】，如图8-28所示，即可插入一张带数据标记的折线图。

02 将图表标题改为“各月销售额变化趋势”，选中整个图表，将字体设置为微软雅黑，如图8-29所示。

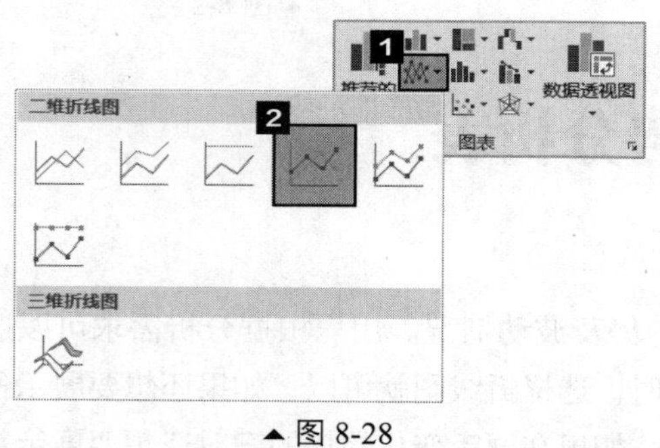

▲图 8-28

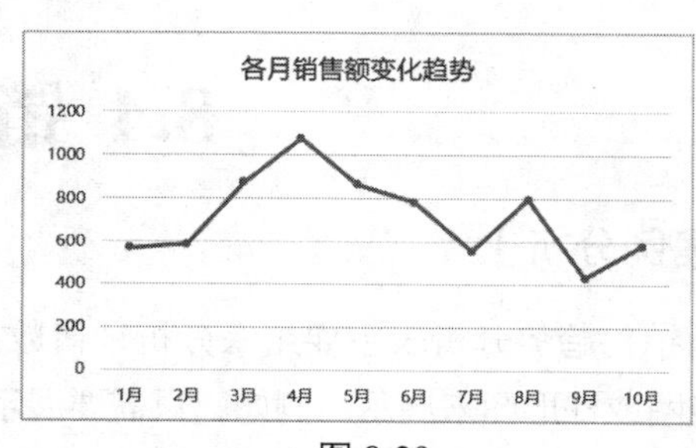

▲图 8-29

知识链接

在编辑图表的过程中，坐标轴刻度（边界和单位）的设置非常重要。图表的坐标轴刻度是体现图表数据大小的重要元素，如果坐标轴刻度设置得不合理，会直接影响读者读数。

通常在插入图表后，Excel会根据图表数据的范围和大小自动调整坐标轴刻度值，但是默认的刻度值不一定是最合适的，用户也可以根据需求，在【设置坐标轴格式】任务窗格中自行调整，如图8-30所示（调整时需注意，刻度单位较小会影响美观，而刻度单位较大会影响读数。刻度边界范围增大时，折线图的变化幅度也会变大）。

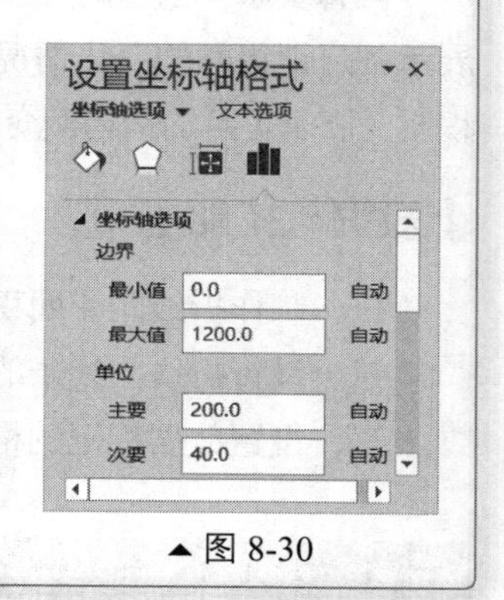

▲图 8-30

03 选中折线数据系列，打开【设置数据系列格式】任务窗格，单击【填充与线条】按钮，在【线条】组中将【宽度】设置为“3磅”，【复合类型】选择“双线”，如图8-31所示。

04 单击【标记】按钮，在【数据标记选项】组中将【内置】的【类型】保持默认，【大小】设置为“7”，如图8-32所示，设置完成后效果如图8-33所示。

▲图 8-31

▲图 8-32

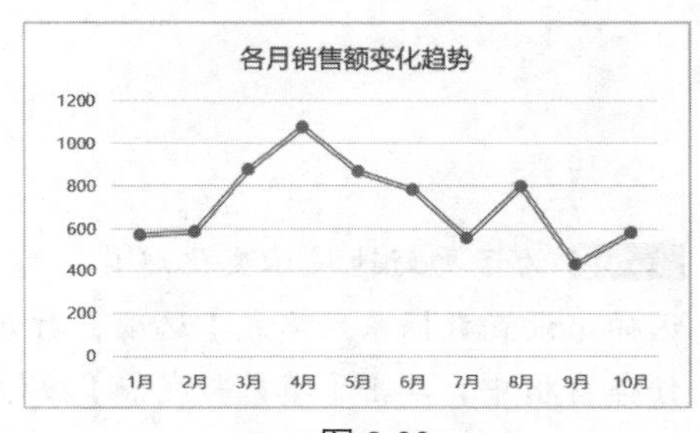

▲图 8-33

05 添加纵坐标轴标题。选中图表，单击右上角的【图表元素】按钮+，选择【坐标轴标题】→【主要纵坐标轴】，如图8-34所示。输入标题内容“单位（万元）”，在【设置坐标轴标题格式】任务窗格中，将【文字方向】设置为“横排”，如图8-35所示。然后将纵坐标轴标题移至纵坐标轴上方，适当调整绘图区的大小，效果如图8-36所示。

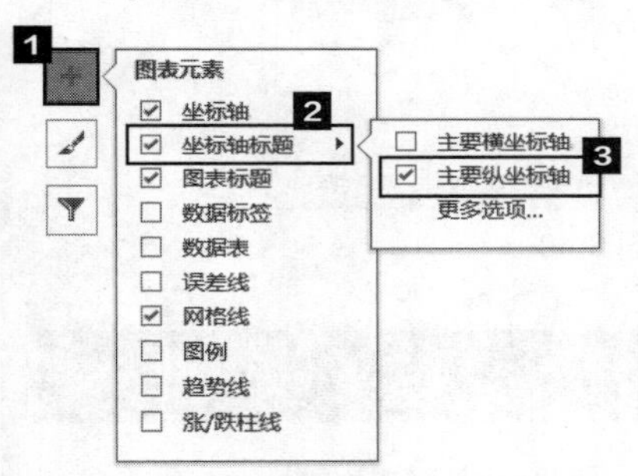

▲图 8-34

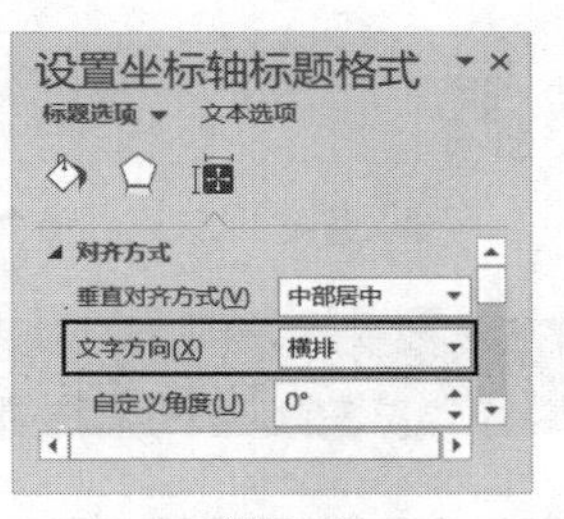

▲图 8-35

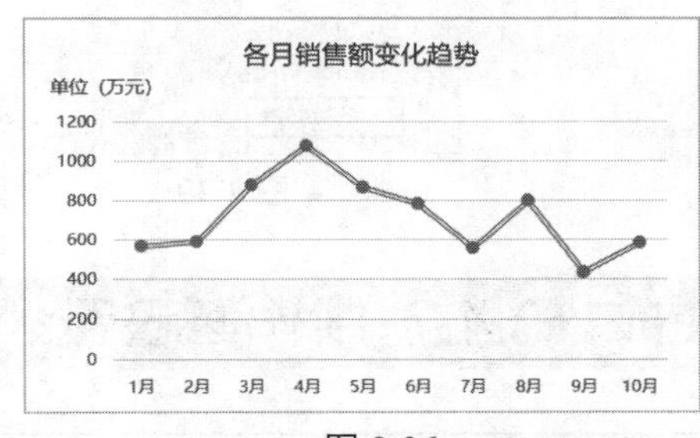

▲图 8-36

小贴士

网格线是添加到图表中辅助查看数据的线条，它是对坐标轴上刻度的延伸。有了网格线，读者就很容易借助坐标轴确定数据系列的位置或数值大小。很多人在设置图表格式时经常会忽略网格线，其实每个图表元素的设置都很重要，网格线能够帮助读者准确地判断数据的大小。有的图表类型在创建后会自动添加坐标轴的网格线，但是只有当我们确实需要网格线来辅助读数时才有必要添加，否则就是不必要的干扰。由于网格线只是辅助线，所以应该将其弱化，如将【短划线类型】设置为“短划线”，线条宽度变细，颜色变浅。

06 选中网格线，从右键快捷菜单中选择【设置网格线格式】选项，打开【设置主要网格线格式】任务窗格，在【线条】组中将【短划线类型】设置为“短划线”，如图8-37所示。

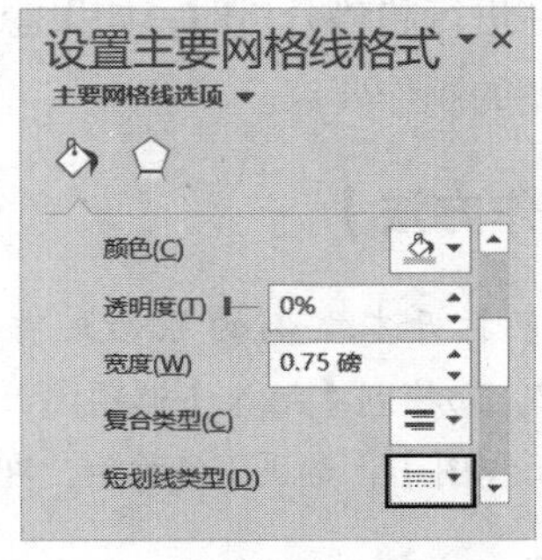

▲图 8-37

07 有时为了突出数据系列中的某个数据，可以为单个数据点添加数据标签。在某个数据点上双击，将其选中，然后添加数据标签即可，如图8-38所示。

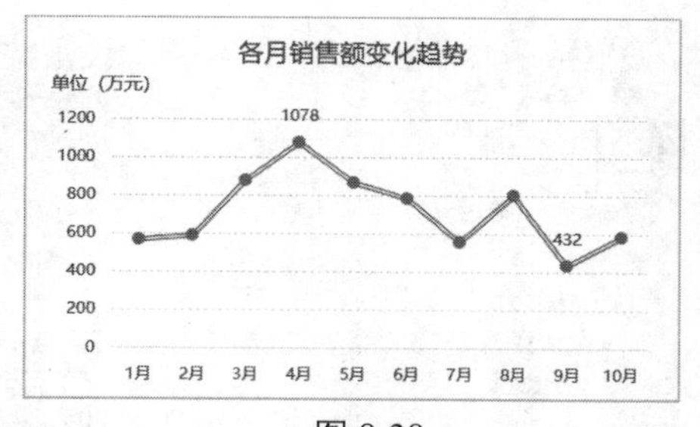

▲图 8-38

08 为了更好地展示变化趋势，可以为折线设置平滑线。选中折线系列后，从右键快捷菜单中选择【设置数据系列格式】选项，打开【设置数据系列格式】任务窗格，在【设置数据系列格式】任务窗格中，单击【填充与线条】按钮，在最下方勾选【平滑线】复选框，如图8-39所示。设置完成后的效果如图8-40所示

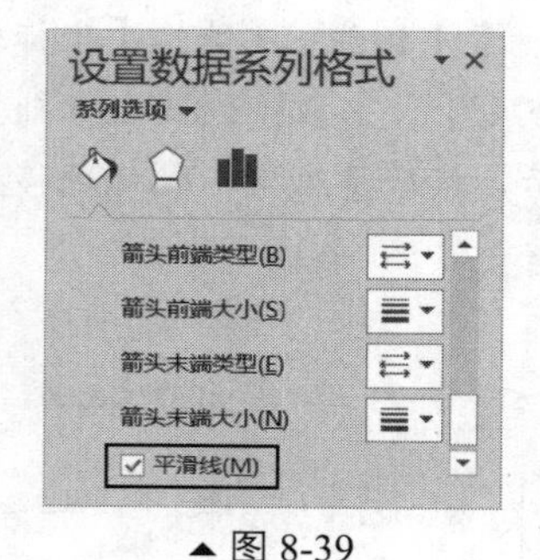

▲图 8-39

▲图 8-40

8.4.2 制作面积图

案例素材	原始文件：素材\第8章\销售趋势分析表01—原始文件 最终效果：素材\第8章\销售趋势分析表01—最终效果	 8–6 制作面积图

【理论基础】

面积图与折线图类似，只是面积图将数据点下方的区域全部填充上颜色，更利于展示数量。因此在进行趋势分析时，如果想要体现数量累积变化的趋势，则面积图是首选。下面重点介绍一下面积图的制作要点。

【操作方法】

01 打开本案例的原始文件，选中单元格区域A1:A7，按【Ctrl】键的同时再选中单元格区域D1:D7，切换到【插入】选项卡，单击【图表】组中的【插入折线图或面积图】按钮，从下拉列表中选择【面积图】，如图8-41所示，即可插入一张面积图。

02 将图表标题改为“销售额变化趋势”，将图表中字体设置为微软雅黑，如图8-42所示。

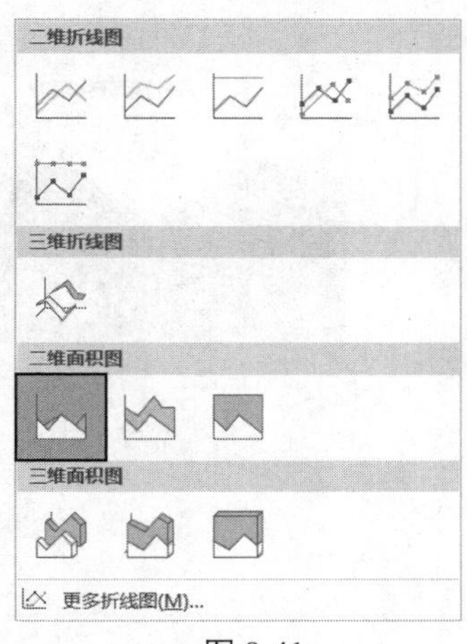

▲图 8-41

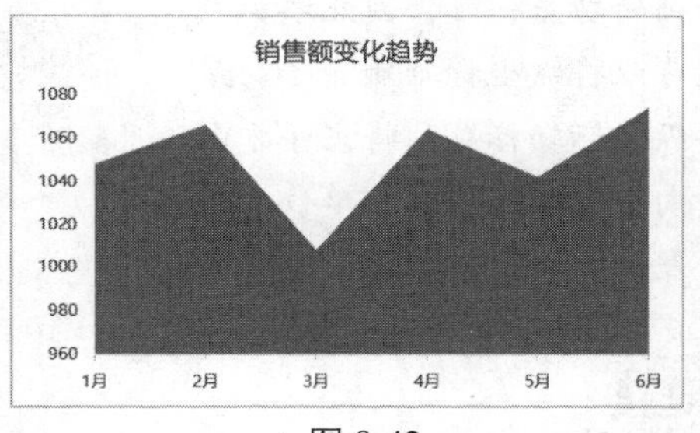

▲图 8-42

03 从图8-42中可以看出，默认的坐标轴刻度是从960开始的，这就使得面积图的变化趋势看起来起伏较大，有时起伏太大会影响对数据趋势变化的判断，因此可以根据情况适当调整。在纵坐标轴上单击鼠标右键，从快捷菜单中选择【设置坐标轴格式】选项，打开【设置坐标轴格式】任务窗格，这里将刻度【边界】的【最小值】设置为“900”，如图8-43，设置完成后的效果如图8-44所示。

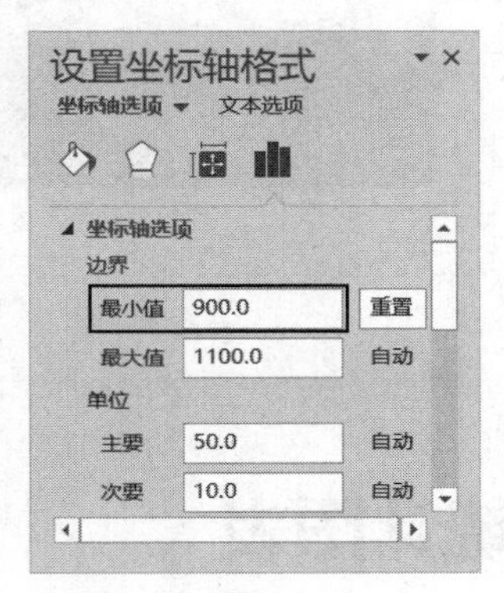

▲图 8-43

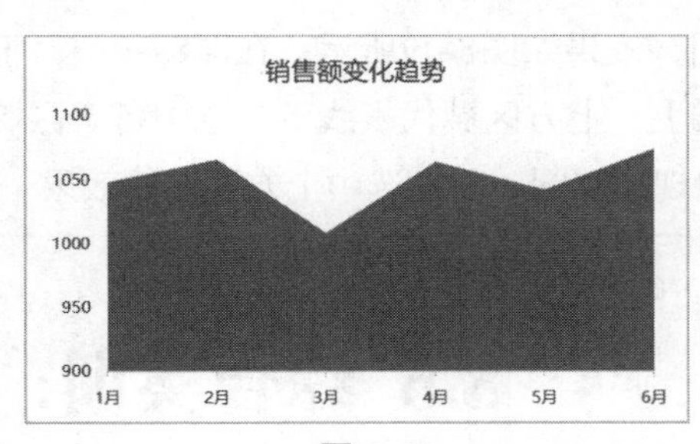

▲图 8-44

04 为面积图添加数据标签。由于添加数据标签后，默认都是显示标签引导线的，挨个选中数据标签并向上移动，就能将引导线显示出来，效果如图8-45所示。

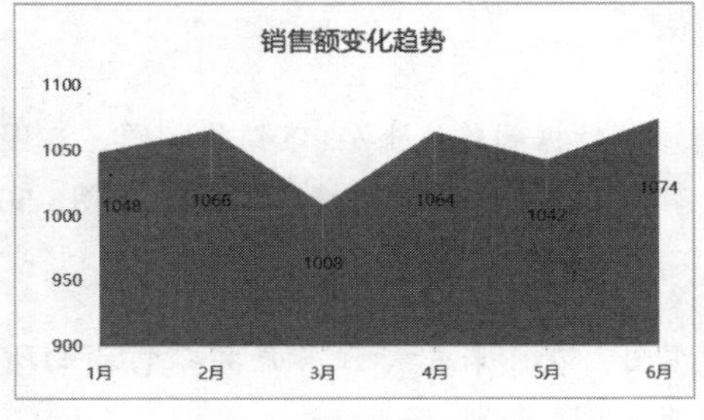

▲图 8-45

小贴士

在移动数据标签时，只能一个一个地拖动鼠标进行，并且移动时很容易出现偏移，从而使引导线不互相平行，导致看起来不美观。只要在移动的同时按住【Shift】键，就能保证直线移动（移动其他对象时，也可以使用该方法）了。

05 选中引导线，单击鼠标右键，在快捷菜单中选择【设置引导线格式】选项，打开【设置引导线格式】任务窗格，在【线条】组中将【颜色】设置为白色，如图8-46所示。由于数据标签与纵坐标轴的功能一致，因此添加数据标签后就可以将纵坐标轴删除了。最后添加主要纵坐标轴标题，将文字方向设置为【横向】并输入内容“单位（万元）”，效果如图8-47所示。

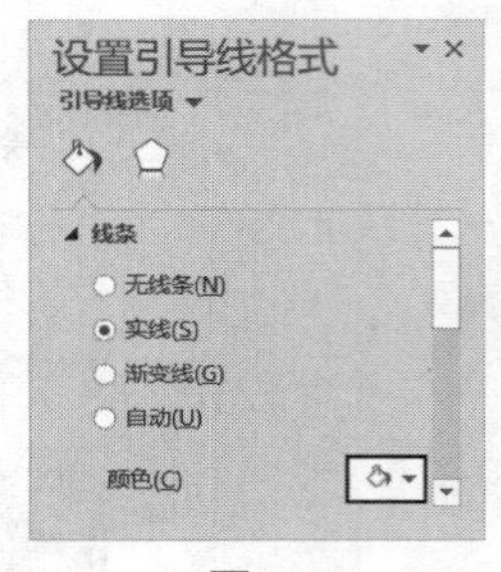

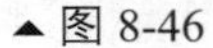
▲图 8-46

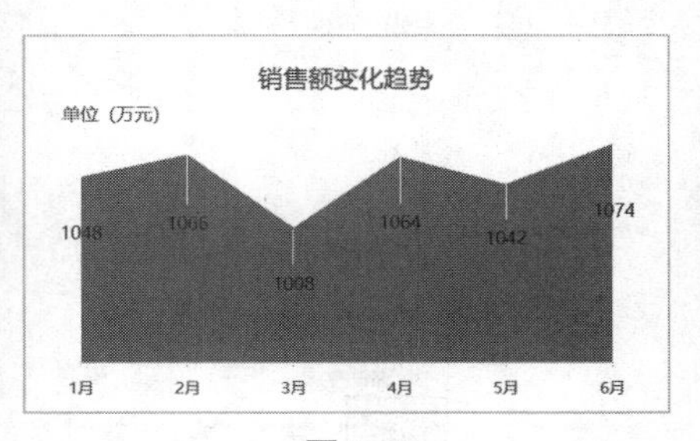

▲图 8-47

知识链接

本案例只介绍了仅一个数据系列的普通面积图的制作方法。当有2个及以上数据系列时，还可以制作堆积面积图，如图8-48所示。

“堆积”，顾名思义就是将各个系列的数据堆叠在一起，位于上方系列的刻度起点并不是坐标轴的起点，而是其下方系列对应数据点的位置。

例如，选中本案例的单元格区域A1:C7，插入堆积面积图，效果如图8-49所示。在图8-49中，下方区域代表线上，上方区域代表线下（选中各个区域后其四周会出现小圆圈，图为选中上方区域的效果）。

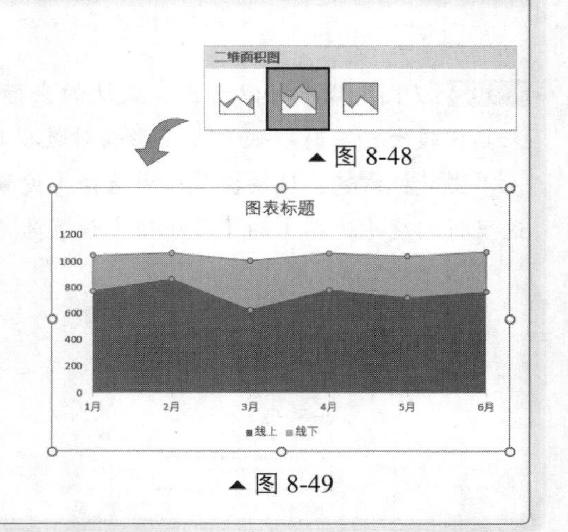

▲图 8-48

▲图 8-49

8.5 综合实训：销售统计图表

【实训目标】

通过对销售统计图表的制作，读者能够在实操中掌握各类图表的具体应用，并且不断提高图表编辑和美化的能力，为数据分析的可视化呈现打好基础。

【实训操作】

01 打开本案例的原始文件，根据各产品线上、线下的销售额数据制作线上/线下销售额图，在图表中展示线上、线下两个系列的销售额数据，并能一眼看出各产品的销售额对比情况，效果如图8-50所示。

02 根据各产品的总销售额数据，制作各产品销售额占比图，在图表中标注各产品销售额的所占份额（百分比数值），并按顺时针方向由大到小排列，效果如图8-51所示。

03 根据各月的销售额数据，制作带数据标记的折线图，展示各月销售额变化趋势。对数据系列进行美化，选择合适的标记类型并调整大小，然后添加数据标签，效果如图8-52所示。

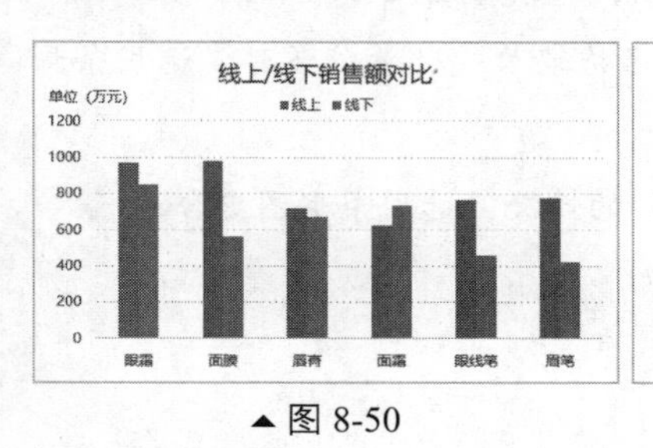

▲图 8-50

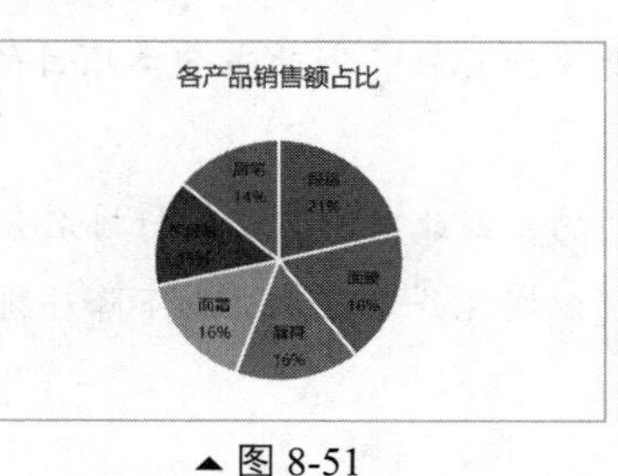

▲图 8-51

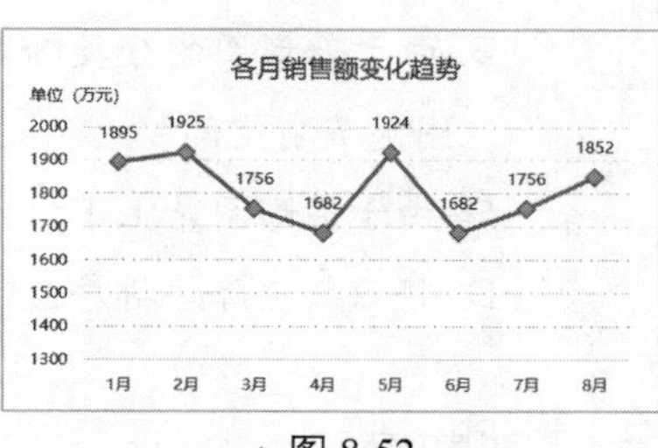

▲图 8-52

等级考试重难点内容

本章主要考察图表的创建和格式的设置，需读者重点掌握以下内容。

1. 图表的种类及元素构成（重点区分图表区与绘图区）。

2. 各类图表的适用范围（哪类图表适合展示数据的相对大小、排列名次、所占份额、变化趋势、变化幅度等）。

3. 图表创建及图表元素的添加方法（重点掌握坐标轴标题的添加及文字方向的修改）。

4. 各类图表的制作要点（柱形图的分类间距、条形图的排序、饼图的排序及百分比显示、圆环图的内径大小、折线图的数据标记等）。

本章习题

一、不定项选择题

1. 一张完整的图表是由多种元素构成的，以下属于图表元素的有（　　）。

A. 坐标轴　　B. 图例

C. 数据标签　　D. 数据系列

2. 以下说法中正确的有（　　）。

A. 选对图表是制作图表最重要的一步

B. 饼图主要用于展示不同类别之间的数量差异或不同时期的数量变化情况

C. 柱形图主要用于显示某个数据系列中各项目所占的份额或组成结构

D. 通过折线图的线条波动，可以判断数据呈上升趋势还是下降趋势，数据变化是平稳的还是波动的

3. 以下关于条形图的说法中，不正确的是（　　）。

A. 条形图与柱形图类似，只是柱形图的分类轴是横坐标轴，而条形图的分类轴是纵坐标轴

B. 由于条形图的分类轴是纵坐标轴，因此当分类项目的名称较长或数量较多时，选用条形图更节省空间

C. 由于条形图是上下排列的，因此对于需要进行排名分析的情况，选用条形图更合适

D. 将源数据降序排序，可以实现条形图从上到下降序排列

二、判断题

1. 将柱形图的分类间距设置得越大，柱体越粗。（　　）

2. 饼图中在数据标签中显示类别名称，将比图例更直观。（　　）

3. 网格线是添加到图表中便于查看数据的线条，它是对坐标轴上刻度的延伸。（　　）

三、简答题

1. 简述柱形图与条形图的区别。

2. 简述折线图与面积图的区别。

3. 请简要说明制作饼图时排序的意义。

四、操作题

1. 根据各产品各月的销量数据制作图表，展示各产品的销售趋势，效果如图8-53所示（提示：在各趋势线的尾部，通过添加数据标签的方式显示数据系列名称，可以提高图表的展示效果）。

2. 根据各产品线上、线下的销售额数据制作图表，展示各产品在线上、线下的占比情况，效果如图8-54所示（提示：使用插入文本框的方式标注各圆环的含义）。

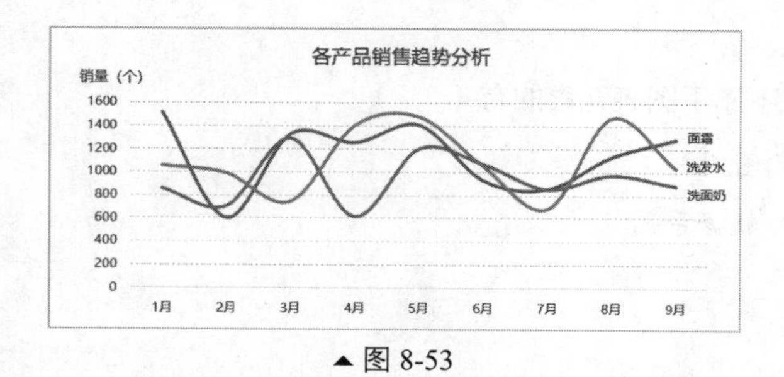

▲图 8-53

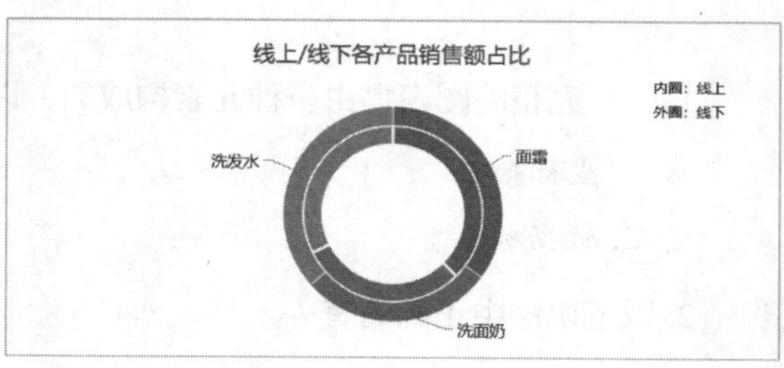

▲图 8-54

第9章 数据透视表

数据透视表是自动生成分类汇总表的工具，可以根据原始数据表的数据内容进行分类，按任意角度、任意多层次、不同的汇总方式，得到不同的汇总结果。在数据透视表中，只要轻轻拖曳几下鼠标，就能快速完成大量数据的汇总分析。

本章内容将结合具体案例，介绍数据透视表的创建、编辑及美化方法，并重点讲解切片器、数据透视图等重要内容，让读者学完本章内容，切实提高日常数据分析的效率。

学习目标

1. 掌握数据透视表的创建方法
2. 学会布局数据透视表
3. 学会美化数据透视表
4. 学会使用切片器和日程表筛选数据
5. 利用组合功能分析数据
6. 掌握数据透视图的创建及美化方法

9.1 日常费用统计表

【案例分析】

日常费用统计表主要用来统计各部门员工申请的各类费用明细。通常用户需要对费用数据进行汇总统计，由于涉及多个部门、多种类别的费用，如果使用公式来汇总，可能需要写较长的公式，汇总起来比较麻烦。这时如果使用数据透视表来完成，只需简单的几步操作即可。

具体要求：创建日常费用统计表，按部门对费用数据进行汇总，对汇总表进行布局设计，并套用一种合适的表格样式。

【知识与技能】

一、创建数据透视表

二、设计数据透视表的分类汇总与总计

三、设计数据透视表的报表布局

四、美化数据透视表

9.1.1 创建数据透视表

案例素材	原始文件：素材\第9章\日常费用统计表—原始文件 最终效果：素材\第9章\日常费用统计表—最终效果

9-1 创建数据透视表

【理论基础】

数据透视表是在原始表的基础上创建的，要求原始表中的每一列都是同一类数据，每一行都是一条数据记录，并且所有的数据都格式规范、内容正确，这样才能保证创建的数据透视表是正确的。创建好的数据透视表可以放在原始表中的某个区域，也可以放在新的工作表中。下面介绍一下如何创建数据透视表。

【操作方法】

01 打开本案例的原始文件，选中数据区域中的任意一个单元格，切换到【插入】选项卡，单击【表格】组中的【数据透视表】按钮，如图9-1所示。

▲图 9-1

02 打开【创建数据透视表】对话框，此时【请选择要分析的数据】默认选中原始表中的整个数据区域，【选择放置数据透视表的位置】默认选中【新工作表】单选项，都保持默认即可，单击【确定】按钮，如图9-2所示。

03 在新的工作表中会出现一个数据透视表区域，如图9-3所示。在此区域内单击，弹出【数据透视表字段】任务窗格，字段列表框中显示了原始表中的所有字段标题的名称，选中需要的字段标题，按住鼠标左键，将其拖曳至对应的区域（分类区域或汇总区域）中即可，本例将【所属部门】移至【行】区域，将【金额（元）】移至【值】区域，如图9-4所示。

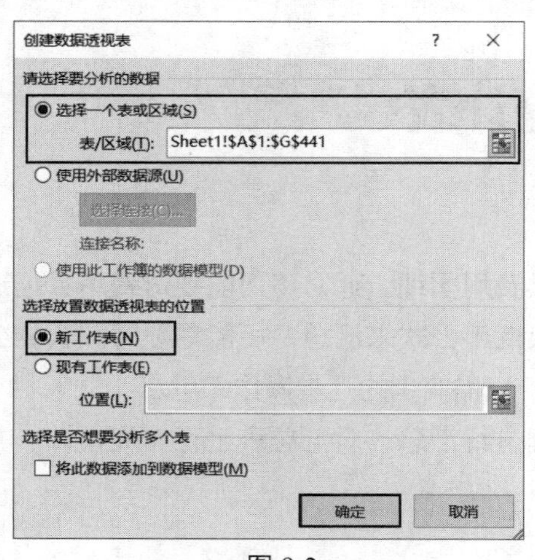

▲图 9-2

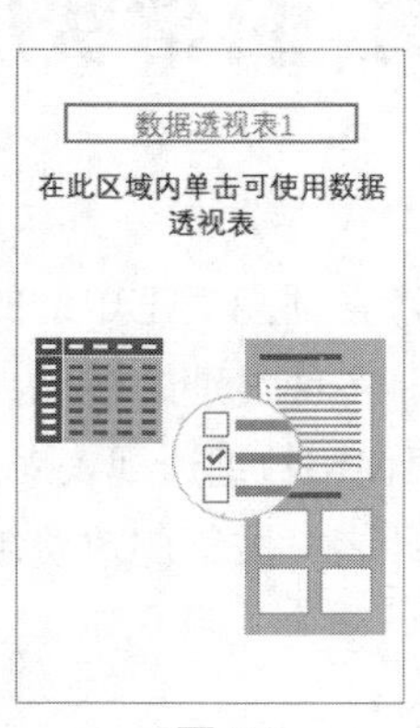

▲图 9-3

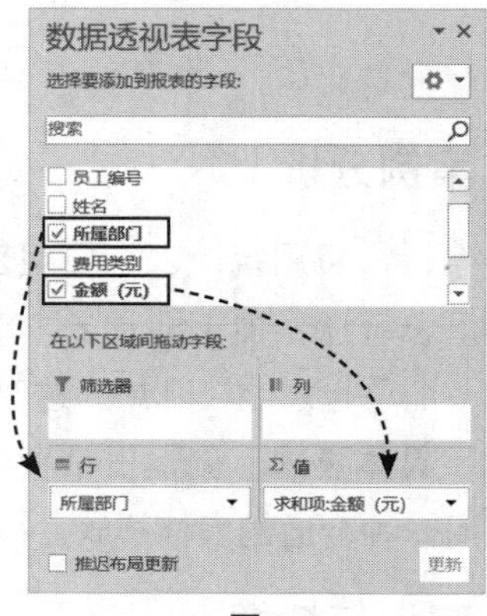

▲图 9-4

04 拖曳完成后，数据透视表就会以【所属部门】为行字段，以【金额（元）】为值字段，汇总出各部门对应的总金额，之后用户对其进行适当的美化即可，效果如图9-5所示。

行标签	求和项:金额（元）
财务部	10250
人事部	23300
行政部	16800
采购部	20320
生产部	49676
销售部	36864
总计	157210

▲图 9-5

小贴士

如果单击数据透视表区域后，【数据透视表字段】没有出现，说明它被关闭了。此时只需切换到【数据透视表工具】的【分析】选项卡，单击【显示】组中的【字段列表】按钮，就可以打开【数据透视表字段】任务窗格了，如图9-6所示。

▲图 9-6

知识链接

【数据透视表字段】任务窗格是创建数据透视表过程中非常重要的窗口，按住鼠标左键，在窗口的顶部拖曳，就可以变换窗口的位置；将鼠标指针移动到任务窗格的边缘，可以调整其大小。

数据透视表创建过程中最重要的步骤就是将【数据透视表字段】任务窗格中字段列表框中的字段拖曳到分类区域和汇总区域中，各区域的位置如图9-7所示。

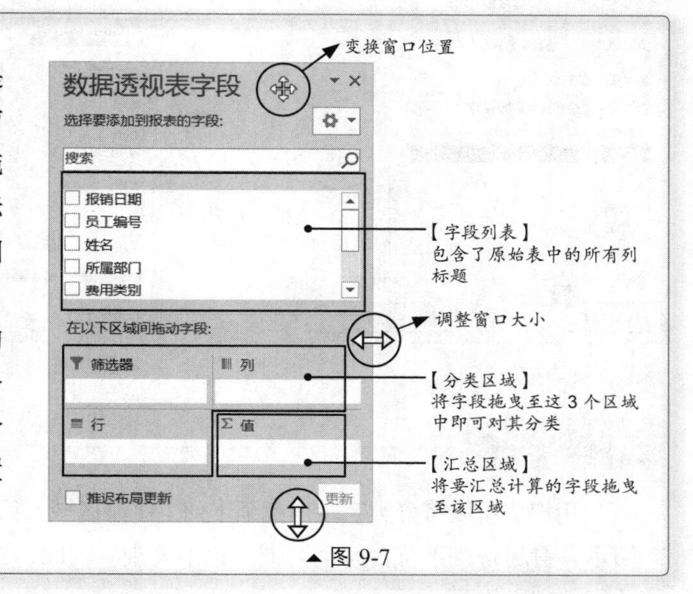

▲图 9-7

在对【值】字段进行汇总时，如果汇总字段的内容是数值，那么默认的汇总方式是求和，但是用户也可以根据自身需求，重新设置【值】字段的汇总方式。

05 选中数据透视表【值】字段中任意一个有数据的单元格，单击鼠标右键，从快捷菜单中选择【值字段设置】选项，如图9-8所示。弹出【值字段设置】对话框，在【计算类型】列表框中选择需要的计算类型即可，这里保持默认的求和选项，单击【确定】按钮，如图9-9所示。

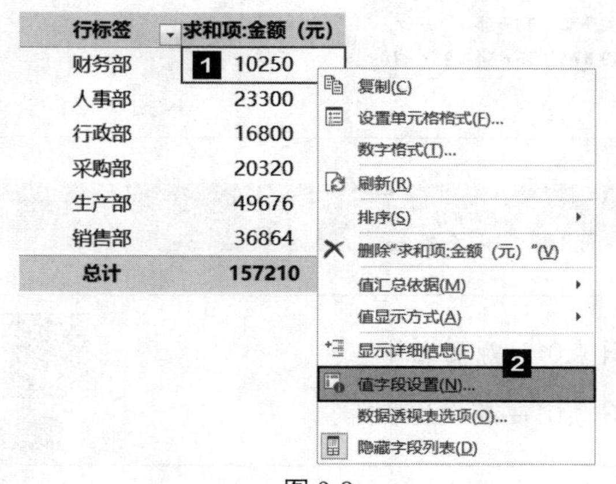

▲图 9-8

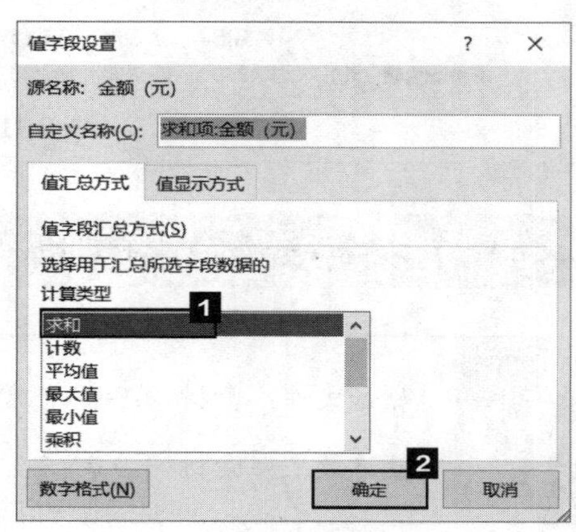

▲图 9-9

【值】字段的数字格式也可以根据用户的需求来设置，该操作同样是在【值字段设置】对话框中完成。

06 再次打开【值字段设置】对话框，单击左下角的【数字格式】按钮，弹出【设置单元格格式】对话框，将【小数位数】设置为“0”，勾选【使用千位分隔符】复选框，设置完成后单击【确定】按钮即可，如图9-10所示。

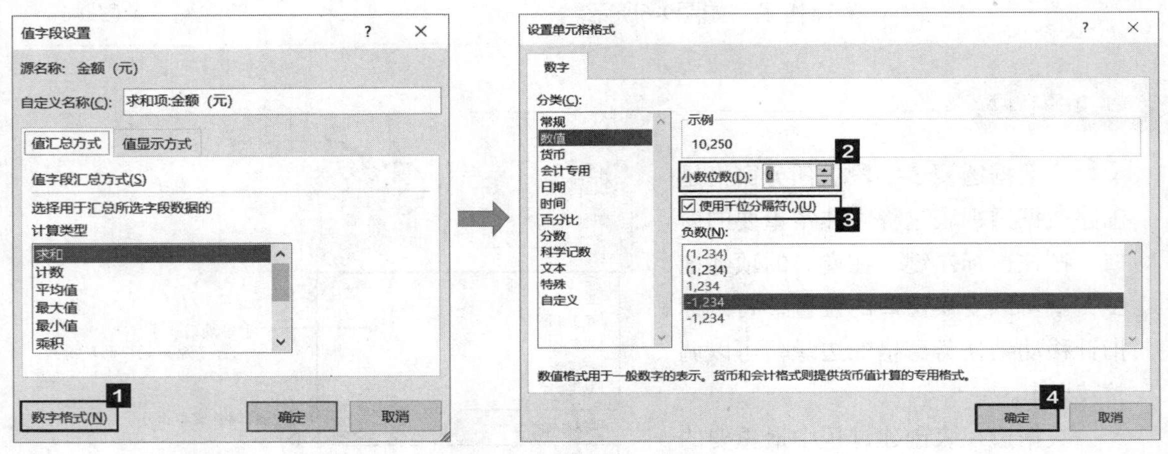

▲图 9-10

知识链接

用户也可以将分类字段拖曳至【列】字段区域，只是这样汇总表会变成横向的，如图9-11所示，看起来既不符合阅读习惯，也不美观。因此，当分类字段只有一个时，建议将其放在【行】字段位置。

如果将分类字段拖曳至【筛选器】位置，就可以通过筛选器对汇总数据进行筛选。例如，图9-12所示就是按费用类别对汇总数据进行筛选的结果。通常只有在进行多维度的汇总分析时才会用到筛选器。在一般情况下，利用【行】字段区域或【列】字段区域就足够了。

	列标签						
	财务部	人事部	行政部	采购部	生产部	销售部	总计
求和项:金额（元）	10,250	23,300	16,800	20,320	49,676	36,864	157,210

▲图 9-11

费用类别	(全部)
行标签	求和项:金额（元）
财务部	10,250
人事部	23,300
行政部	16,800
采购部	20,320
生产部	49,676
销售部	36,864
总计	157,210

▲图 9-12

9.1.2 布局数据透视表

案例素材

原始文件：素材\第9章\日常费用统计表01—原始文件

最终效果：素材\第9章\日常费用统计表01—最终效果

9-2 布局数据透视表

【理论基础】

通过鼠标拖曳完成的数据透视表还是比较粗糙的，有时用户需要进一步调整数据透视表的布局。例如，显示分类汇总的位置、添加总计数据、以表格形式显示等。调整数据透视表布局的功能基本都在【设计】选项卡下，下面介绍一下具体操作方法。

【操作方法】

01 打开本案例的原始文件，选中数据透视表中的任意一个单元格，切换到【数据透视表工具】的【设计】选项卡，单击【布局】组中的【分类汇总】按钮，从下拉列表中选择【在组的底部显示所有分类汇总】选项，如图9-13所示。设置完成后，每个大类的底部将显示汇总数据，效果如图9-14所示。

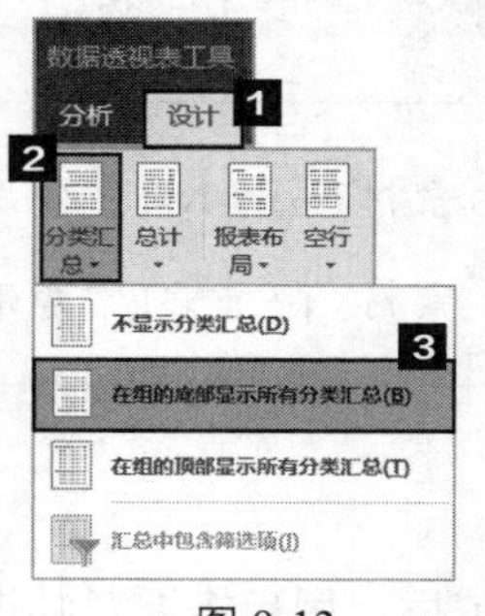

▲图 9-13

行标签	求和项:金额（元）
⊟财务部	
财务费用	7,830
管理费用	2,420
财务部 汇总	10,250
⊟人事部	
财务费用	280
管理费用	23,020
人事部 汇总	23,300
⊟行政部	
管理费用	16,800
行政部 汇总	16,800

▲图 9-14

02 再次单击【分类汇总】按钮，从下拉列表中选择【不显示分类汇总】选项，取消刚才的分类汇总。然后单击【布局】组中的【总计】按钮，从下拉列表中选择【对行和列禁用】选项，如图9-15所示。设置完成后，数据透视表中的总计项就被取消了，如图9-16所示。

▲图 9-15

行标签	求和项:金额（元）
⊟财务部	
财务费用	7,830
管理费用	2,420
⊟人事部	
财务费用	280
管理费用	23,020
⊟行政部	
管理费用	16,800
⊟采购部	
管理费用	20,320
⊟生产部	
成本费用	32,156
制造费用	17,520
⊟销售部	
管理费用	20,560
销售费用	16,304

▲图 9-16

03 单击【布局】组中的【报表布局】按钮，在弹出的下拉列表中选择需要的报表布局形式，默认的是【以压缩形式显示】，即不同的分类字段被安排在一列中，而明细表中两个字段是分列的，因此这里选择【以表格形式显示】，如图9-17所示。设置完成后的效果如图9-18所示。

04 最后可以在空白单元格中填补上所有的分类标签，单击【报表布局】按钮，在弹出的下拉列表中选择【重复所有项目标签】选项，设置完成后的效果如图9-19所示。

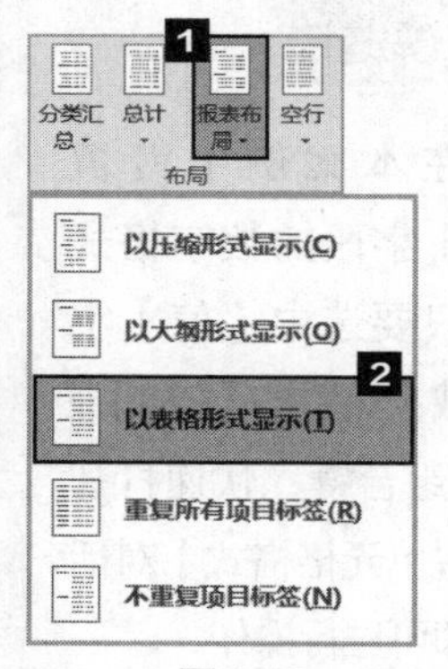

▲图 9-17

所属部门	费用类别	求和项:金额（元）
⊟财务部	财务费用	7,830
	管理费用	2,420
⊟人事部	财务费用	280
	管理费用	23,020
⊟行政部	管理费用	16,800
⊟采购部	管理费用	20,320
⊟生产部	成本费用	32,156
	制造费用	17,520
⊟销售部	管理费用	20,560
	销售费用	16,304

▲图 9-18

所属部门	费用类别	求和项:金额（元）
⊟财务部	财务费用	7,830
财务部	管理费用	2,420
⊟人事部	财务费用	280
人事部	管理费用	23,020
⊟行政部	管理费用	16,800
⊟采购部	管理费用	20,320
⊟生产部	成本费用	32,156
生产部	制造费用	17,520
⊟销售部	管理费用	20,560
销售部	销售费用	16,304

▲图 9-19

小贴士

数据透视表中默认的行字段标题都显示为“行标签”，当将报表布局设置为“以表格形式显示”后，行字段标题会显示为原始表中的标题。如在本案例中，创建数据透视表后行字段标题为“行标签”，设置为“以表格形式显示”后，标题变为“所属部门”。

9.1.3 美化数据透视表

案例素材

原始文件：素材\第9章\日常费用统计表02—原始文件

最终效果：素材\第9章\日常费用统计表02—最终效果

9–3 美化数据透视表

【理论基础】

数据透视表布局完成后，用户需要对其进行美化操作。数据透视表的美化方法与普通表格的美化方法一样，用户可以通过直接套用样式和手动设置两种方法来完成。Excel中内置了很多数据透视表样式，在【数据透视表工具】的【设计】选项卡下可以看到。下面介绍一下具体的操作方法。

【操作方法】

01 打开本案例的原始文件，选中数据透视表中任意一个单元格，切换到【数据透视表工具】的【设计】选项卡，在【数据透视表样式】组中单击【其他】按钮，然后从样式库中选择【数据透视表样式中等深浅5】选项，如图9-20所示。

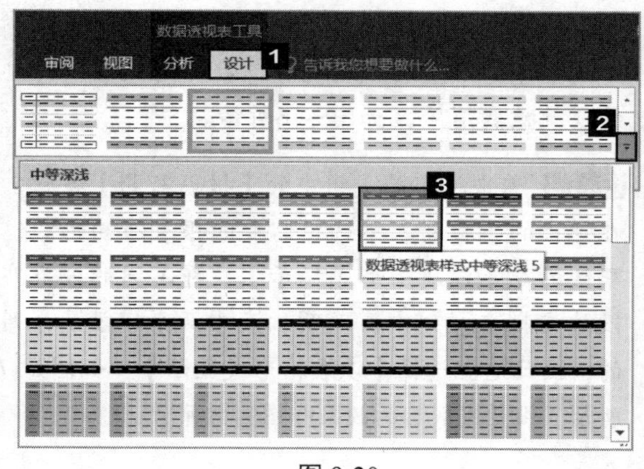

▲图 9-20

02 套用样式后，数据透视表中的字体和单元格格式可能还不符合用户的要求，这时可以适当调整。例如，在本案例中，用户需要将标题字体加粗，将【值】字段的数字设置为【货币】，如图9-21所示。

设置单元格格式
数字 对齐 字体 边框 填充 保护
分类(C):
常规
数值
货币
会计专用
日期
时间
百分比
分数
科学记数
文本
特殊
自定义
示例
¥10,250
小数位数(D): 0
货币符号(国家/地区)(S): ¥
负数(N):
(¥1,234)
(¥1,234)
¥1,234
¥-1,234
¥-1,234
货币格式用于表示一般货币数值。会计格式可以对一列数值进行小数点对齐。
确定 取消

▲图 9-21

03 设置完成后，数据透视表的效果如图9-22所示。

所属部门	求和项:金额（元）
财务部	¥10,250
人事部	¥23,300
行政部	¥16,800
采购部	¥20,320
生产部	¥49,676
销售部	¥36,864
总计	¥157,210

▲图 9-22

知识链接

在本案例中设置【值】字段的数字格式时，只要选中【值】字段区域，然后按【Ctrl】+【1】组合键，快速打开【设置单元格格式】对话框，即可进行操作。

9.2 差旅费统计表

【案例分析】

通常公司员工因出差发生的费用都由公司报销。为了方便对差旅费进行统计分析，公司可以制作差旅费统计表登记明细数据，然后使用数据透视表进行分类汇总。如果想要在汇总数据的基础上筛选某个部门的数据，通常的做法是将筛选字段拖曳至筛选区域，然后通过下拉列表进行筛选，这种方法略显麻烦。数据透视表中提供了两个便捷的筛选工具——切片器和日程表，有助于用户更高效地完成筛选操作。

具体要求：创建差旅费统计表，在数据透视表的基础上插入切片器，按部门进行筛选，并对切片器样式进行设置；插入日程表，按季度筛选数据。

【知识与技能】

一、插入并使用切片器
二、设置切片器样式
三、插入并使用日程表
四、利用组合功能分析数据

9.2.1 使用切片器筛选数据

案例素材	原始文件：素材\第9章\差旅费统计表—原始文件 最终效果：素材\第9章\差旅费统计表—最终效果

9–4 使用切片器筛选数据

【理论基础】

切片器是一种全新的报表筛选方式，通过【插入切片器】对话框，用户可以同时选择插入多个字段的切片器，并且在筛选的过程中，切片器可以清晰地展示筛选后报表中哪些数据是可见的。下面介绍一下切片器的具体操作方法。

【操作方法】

01 打开本案例的原始文件，选中数据透视表中任意一个单元格，切换到【数据透视表工具】的【分析】选项卡，单击【筛选】组中的【插入切片器】按钮，如图9-23所示。

02 弹出【插入切片器】对话框，勾选【所属部门】复选框，单击【确定】按钮，如图9-24所示。即可插入一个所属部门的切片器，效果如图9-25所示。

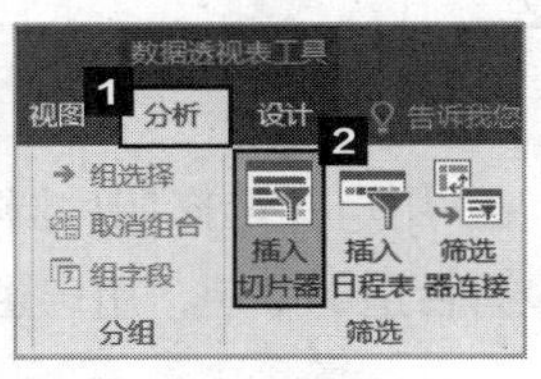

▲图 9-23

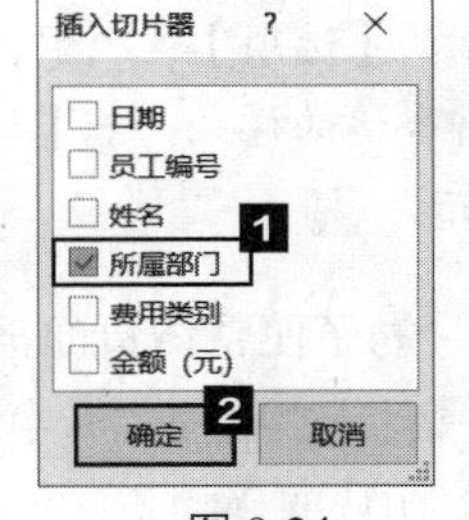

▲图 9-24

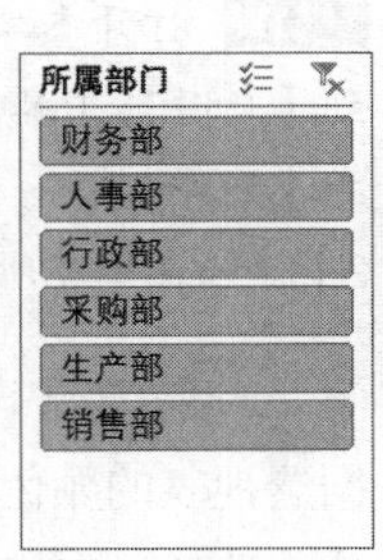

▲图 9-25

03 单击切片器中的某个项目，就可以选中该项目，数据透视表也会随之变化。图9-26所示为选中“人事部”后的效果。如果想要清除筛选，只要单击切片器右上角的【清除筛选器】按钮即可。

04 如果想要同时选中切片器中的多个项目，单击切片器右上角的【多选】按钮，使其高亮，然后再次选中一个项目，如再选中“行政部”，即可同时选中“人事部”和“行政部”2个项目，如图9-27所示。

▲图 9-26

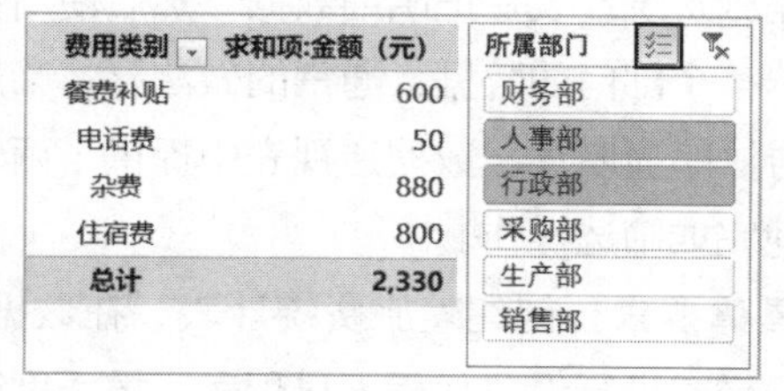

▲图 9-27

小贴士

使用切片器选择多个项目时，一定要先选中一个项目，再单击【多选】按钮，使其高亮，然后再选中其他需要选择的项目。这是因为切片器默认选中所有项目，如果用户直接单击【多选】按钮，使其高亮显示，则在单击某项目时，就不是选中该项目，而是取消勾选该项目了。

9.2.2 设置切片器样式

案例素材	原始文件：素材\第9章\差旅费统计表01—原始文件 最终效果：素材\第9章\差旅费统计表01—最终效果

9-5 设置切片器样式

【理论基础】

切片器与数据透视表一样，都有系统默认的样式，在插入切片器后用户可以根据需要重新设置其样式。例如，切片器的颜色、按钮的列数和切片器的大小等，以上设置都可以在【切片器工具】的【选项】选项卡下进行。下面介绍一下设置切片器样式的具体操作方法。

【操作方法】

01 打开本案例的原始文件，选中切片器，切换到【切片器工具】的【选项】选项卡，在【切片器样式】组中选择一种合适的样式，如【切片器样式浅色2】，如图9-28所示。

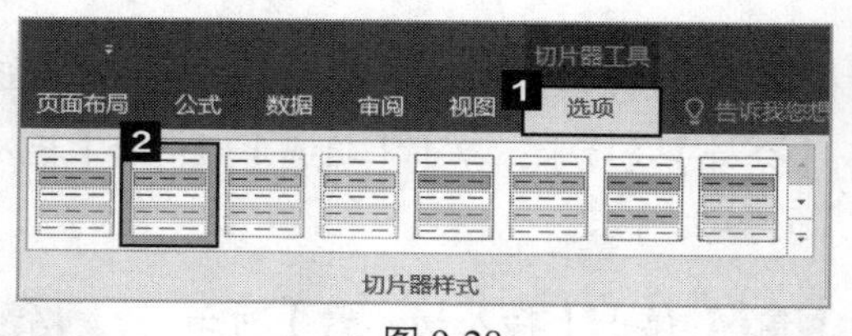

▲图 9-28

一般情况下，为了使整体页面美观，用户在选择切片器样式时，尽量要使切片器的颜色与数据透视表的颜色一致，如果样式库中没有合适的颜色，用户也可以选择样式库中的【新建切片器样式】选项，自定义切片器样式。

02 再次选中切片器，切换到【切片器工具】的【选项】选项卡，在【按钮】组中将【列】设置为“2”，如图9-29所示，如此切片器中的按钮即被分成了两列。

03 设置完成后用户可以根据页面内容，调整切片器的大小。选中切片器后，在切片器的四周会出现8个小圆圈，将鼠标光标移至小圆圈上，按住鼠标左键拖曳，即可调整切片器的大小，如图9-30所示。或者在【切片器工具】选项卡下的【大小】组中，通过调整【高度】和【宽度】的数值，也可以调整切片器的大小，如图9-31所示。

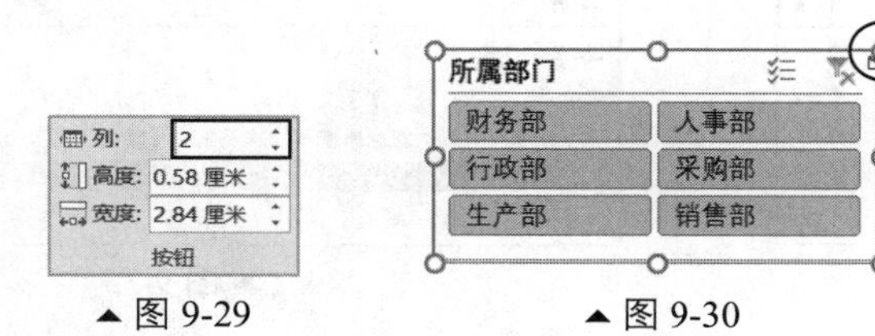

▲图 9-29　▲图 9-30

▲图 9-31

知识链接

如果不需要切片器，则可以将其删除，删除的方法很简单，直接选中需要删除的切片器，按【Delete】键即可。

9.2.3 使用日程表筛选数据

案例素材

原始文件：素材\第9章\差旅费统计表02—原始文件

最终效果：素材\第9章\差旅费统计表02—最终效果

9-6 使用日程表筛选数据

【理论基础】

当原始数据中有日期时，在制作数据透视表后，用户可以通过插入日程表的方式来快速筛选指定年度、季度和月份的数据。下面介绍一下使用日程表筛选数据的具体操作方法。

【操作方法】

01 选中数据透视表中任意一个单元格，切换到【数据透视表工具】的【分析】选项卡，单击【筛选】组中的【插入日程表】按钮，如图9-32所示。

02 弹出【插入日程表】对话框，由于本案例中只有“日期”字段的数据类型是日期，因此这里只有日期一个标题，勾选【日期】复选框，单击【确定】按钮即可，如图9-33所示。

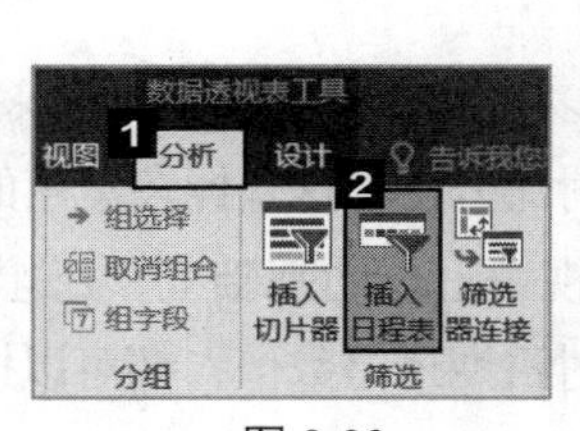

▲图 9-32

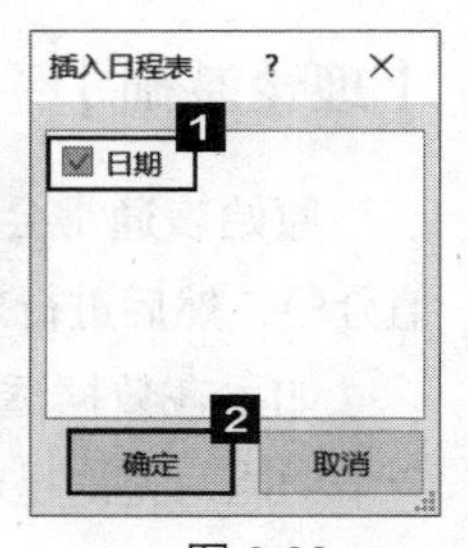

▲图 9-33

03 插入日程表后，默认是按月筛选的，单击日程表中的某个月份，即可选中该月份，数据透视表就会自动筛选出该月份的数据，如图9-34所示。如果想要清除筛选，只要单击日程表右上角的【清除筛选器】按钮即可。

04 单击日程表右上角的日期选择下拉按钮，可以在年、季度、月、日之间切换，如在下拉列表中选择【季度】，如图9-35所示。设置完成后，日程表即可按季度进行筛选了。

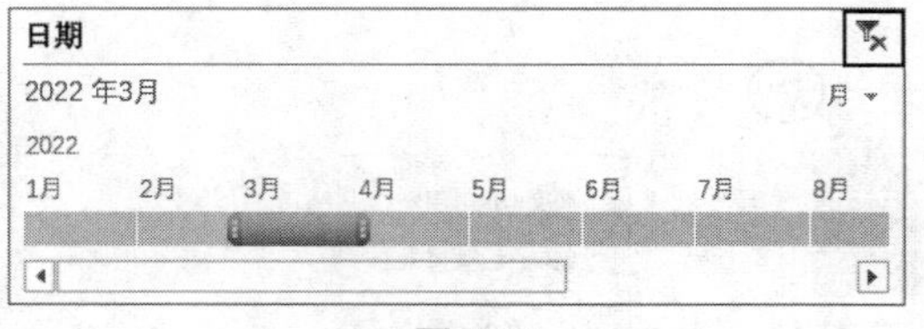

▲图 9-34

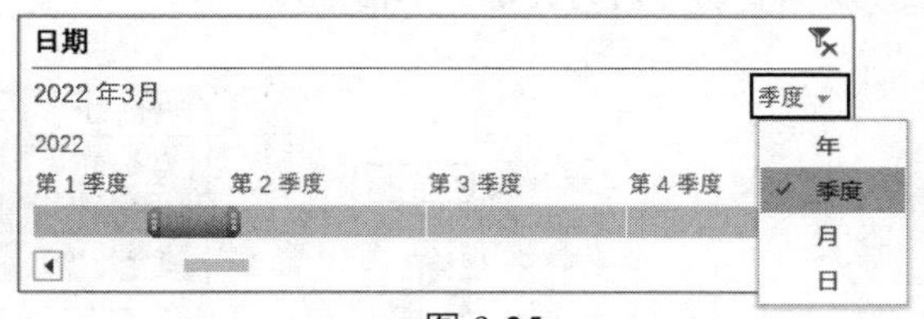

▲图 9-35

知识链接

日程表的样式设置方法与切片器类似，用户可以直接套用系统内置的样式，也可以根据需求自定义。除了整体样式外，对于日程表中的各个部分也可以选择是否显示，选中日程表后，切换到【日程表工具】的【选项】选项卡，在【显示】组中取消勾选对应项目的复选框即可取消显示，如图9-36所示。取消显示所有项目后，日程表的效果如图9-37所示。

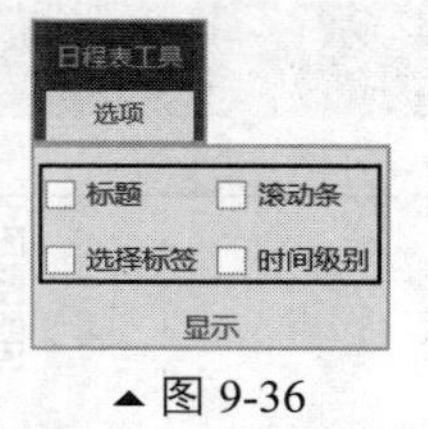

▲图 9-36

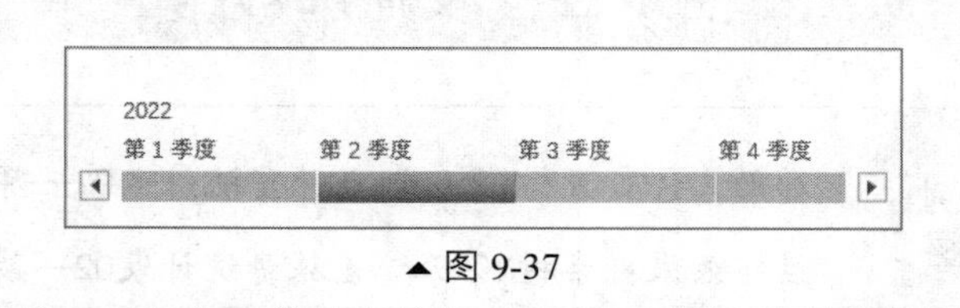

▲图 9-37

9.2.4 利用组合功能分析数据

案例素材

原始文件：素材\第9章\差旅费统计表03—原始文件

最终效果：素材\第9章\差旅费统计表03—最终效果

9-7 利用组合功能分析数据

【理论基础】

原始表通常会以日期或订单号为单位来记录数据。在分析数据时，用户需要首先按日期或数值分段，然后进行对比分析，这是比较常用的分析方式。

如果在数据透视表汇总的基础上，还想对数据进行分组汇总，可以使用数据透视表中的【组合】功能，无论是对日期还是数值，都可以按指定步长来分组汇总。下面就以按日期组合为例，介绍一下具体操作方法。

【操作方法】

01 打开本案例的原始文件，可以看到数据透视表的行标题是【月】，这是将【日期】字段拖曳至行区域后自动生成的，在数据透视表的任意一个月份标题上单击鼠标右键，在弹出的快捷菜单中选择【创建组】选项，如图9-38所示。

02 弹出【组合】对话框，在【步长】列表框中取消选择【日】和【月】选项，然后选择【季度】选项，单击【确定】按钮，如图9-39所示。设置完成后，数据透视表的行字段即被组合为季度，效果如图9-40所示。

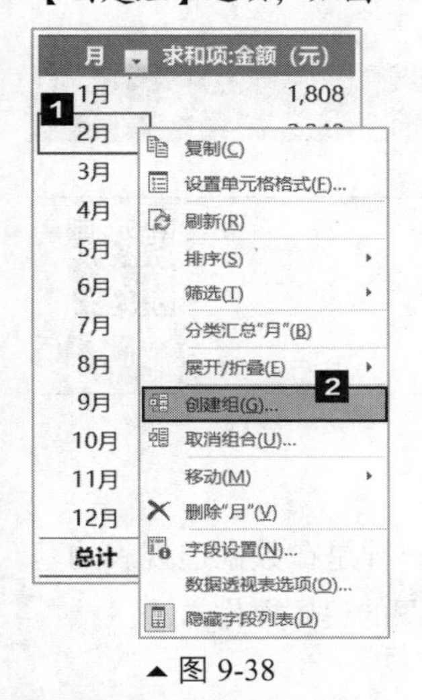

▲图 9-38

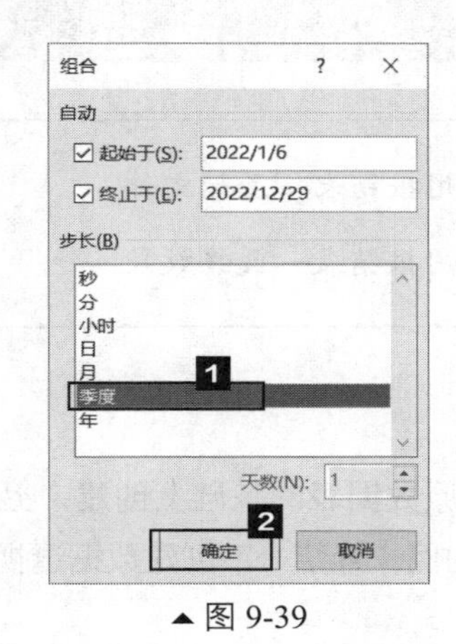

▲图 9-39

日期	求和项:金额（元）
第一季	5,778
第二季	3,966
第三季	4,084
第四季	1,778
总计	**15,606**

▲图 9-40

小贴士

按数值组合的操作与按日期组合的操作相同，只要在需要组合的标题单元格上单击鼠标右键，打开【组合】对话框，设置好需要的步长值即可。

素养教学

“横看成岭侧成峰，远近高低各不同”，很多人在遇到问题的时候总是会习惯性地从自己所熟悉的角度去看待问题，去想解决问题的方法。但是我们知道，这个世上所发生的一切事情都并不是一件单一的事情，它是由很多的因素组合而成的。如果我们单单只是从其中一个角度去看问题，未免过于单一、不全面。所以我们应该学会从不同的角度去看问题，从而能够从整体上来看待问题。

9.3 月度费用报销表

【案例分析】

在分析月度费用情况时，如果需要更直观地查看和比较汇总结果，可以利用Excel提供的数据透视图功能来实现。与普通图表相比，数据透视图的灵活性更高。一般的图表为静态图表，而数据透视图与数据透视表一样，都是交互式的动态图表。

具体要求：创建月度费用报销表，在原始表的基础上创建数据透视图，对数据透视图进行美化，并利用数据透视图来动态展示不同条件的数据。

【知识与技能】

一、创建数据透视图
二、利用数据透视图动态展示数据
三、美化数据透视图

9.3.1 插入数据透视图

案例素材	原始文件：素材\第9章\月度费用报销表—原始文件 最终效果：素材\第9章\月度费用报销表—最终效果

9-8 插入数据透视图

【理论基础】

创建数据透视图有两种途径，一种是在原数据表的基础上创建，另一种是在数据透视表的基础上创建。下面以在原数据表的基础上创建为例，介绍一下创建数据透视图的具体操作方法。

【操作方法】

01 打开本案例的原始文件，选中数据区域中任意一个有数据的单元格，切换到【插入】选项卡，单击【图表】组中【数据透视图】按钮的下半部分，从下拉列表中选择【数据透视图】，如图9-41所示。

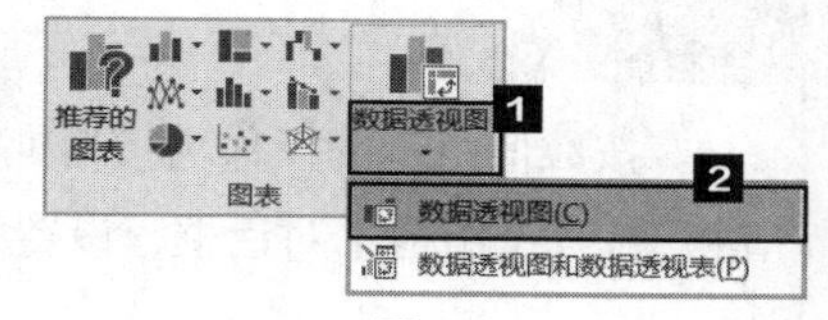

▲图 9-41

02 弹出【创建数据透视图】对话框，保持默认选项，单击【确定】按钮，如图9-42所示。

03 设置完毕后，系统会自动在一个新的工作表中创建一个数据透视表和数据透视图框架，并弹出【数据透视图字段】任务窗格，如图9-43所示。

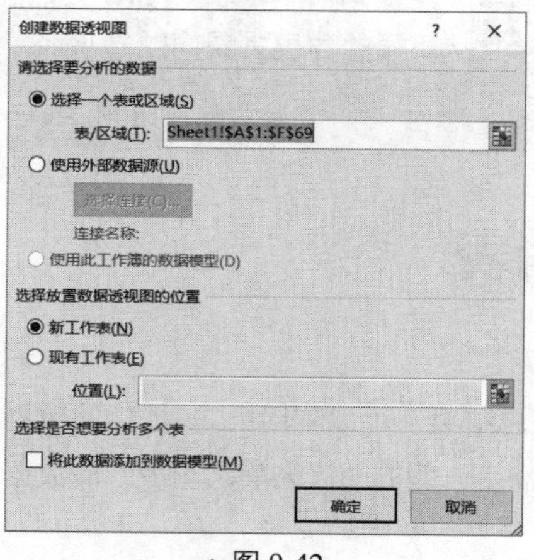

▲图 9-42

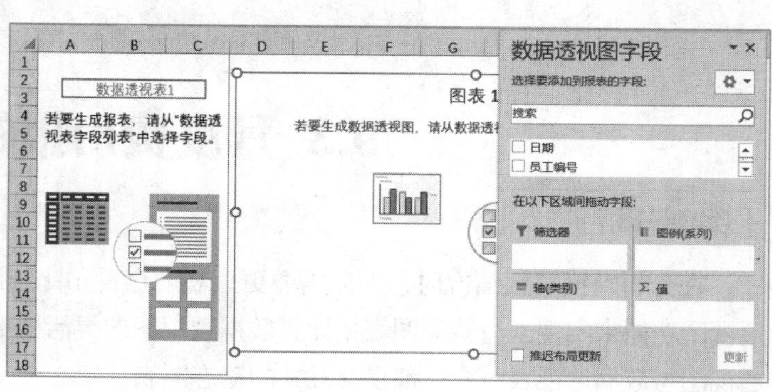

▲图 9-43

04 在【数据透视图字段】任务窗格中的【选择要添加到报表的字段】组合框中，勾选【日期】和【金额（元）】复选框，此时会自动添加一个【月】字段，并且【日期】和【月】字段会自动添加到【轴（类别）】组合框中，【金额（元）】字段会自动添加到【值】组合框中，如图9-44所示。

05 数据透视图创建好后，就可以通过图上的筛选按钮进行手动筛选。例如，本案例中利用数据透视图上的两个按钮【月】和【日期】，都可以进行筛选，如图9-45所示。

06 如果用户想要自定义数据透视图上的字段按钮显示的内容，可以切换到【数据透视图工具】的【分析】选项卡，在【显示/隐藏】组中单击【字段按钮】的下半部分，从下拉列表中选择或取消选择各项目即可（如果单击【字段按钮】的上半部分，将取消显示所有的字段按钮），如图9-46所示。

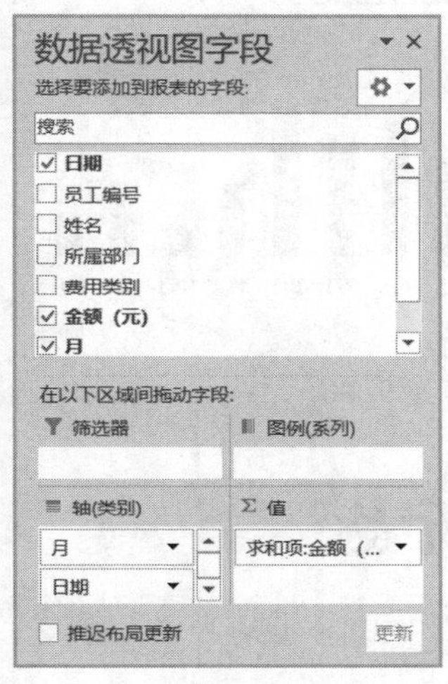

▲图 9-44

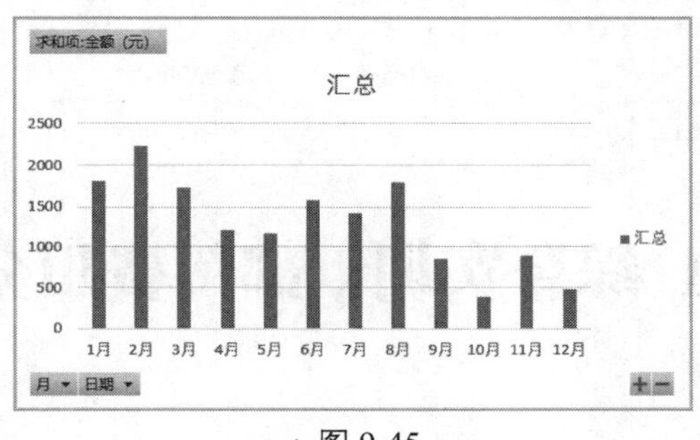

▲图 9-45

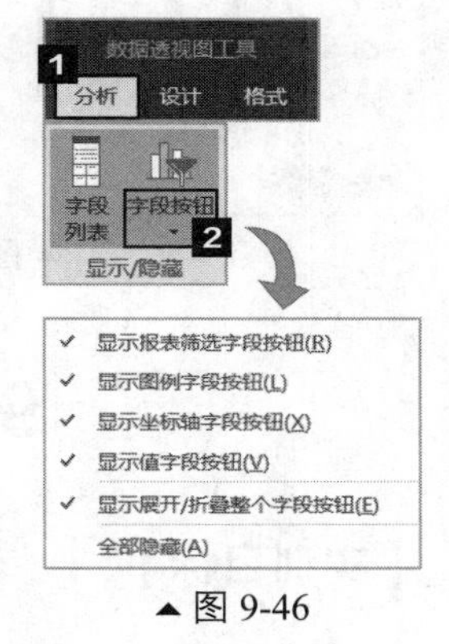

▲图 9-46

小贴士

本案例中的数据透视图是在原始表的基础上直接创建的，如果已经创建了数据透视表，选中数据透视表中的任意一个单元格，直接插入图表（与普通图表的操作一样）或数据透视图，也可以插入数据透视图，效果是一样的。

9.3.2 美化数据透视图

案例素材

原始文件：素材\第9章\月度费用报销表01—原始文件

最终效果：素材\第9章\月度费用报销表01—最终效果

9-9 美化数据透视图

【理论基础】

数据透视图与普通的图表一样，在创建后都需要被适当美化，从而达到更直观、易读的效果。数据透视图的美化操作方法与普通图表的也一样，具体操作内容如下。

【操作方法】

01 打开本案例的原始文件，选中数据透视图，首先将图表标题改为“各月费用金额汇总”，图表字体设置为“微软雅黑”，删除图例，效果如图9-47所示。

02 选中数据系列，在【设置数据系列格式】任务窗格中，将【分类间距】设置为100%，然后选中网格线，在【设置主要网格线格式】任务窗格中，将网格线的【短划线类型】设置为“短划线”，效果如图9-48所示。

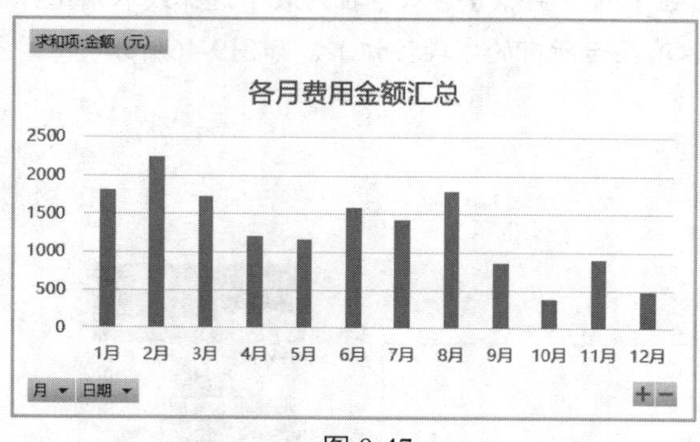

▲图 9-47

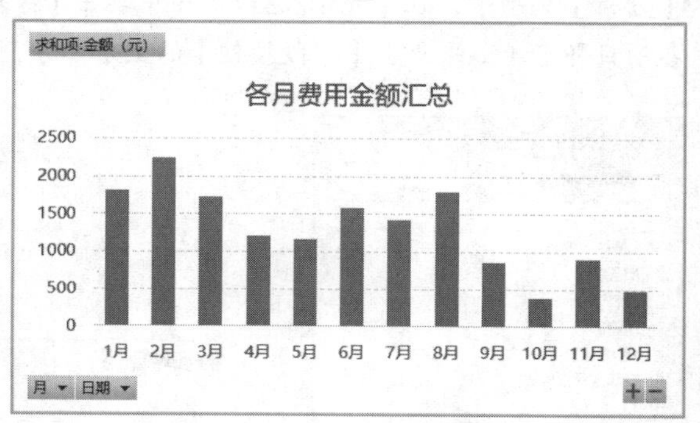

▲图 9-48

9.4 综合实训：部门费用分析表

【实训目标】

通过制作部门费用分析表，数据透视表的创建、布局及美化方法，掌握利用切片器和日程表进行多角度分析，并将分析结果以可视化图表展示出来，切实提高数据分析的能力。

【实训操作】

01 打开本实训的原始文件，在原始表的基础上创建数据透视表，汇总出各部门对应的费用总金额（要求数据透视表创建在新的工作表中）。

02 对数据透视表进行布局和美化。将字体设置为“微软雅黑”，对齐方式设置为“居中”，报表布局设置为“以表格形式显示”，【值】字段的数字格式为“使用千位分隔符”，最后套用一种合适的数据透视表样式，效果如图9-49所示。

所属部门	求和项:金额（元）
财务部	8,850
人事部	20,900
行政部	15,600
采购部	17,920
生产部	38,876
销售部	33,064
总计	135,210

▲图 9-49

03 在数据透视表中插入切片器和日程表，分别用来筛选“费用类别”和“日期”，并对切片器和日程表的样式进行设置，最后调整好大小和位置，效果如图9-50所示。

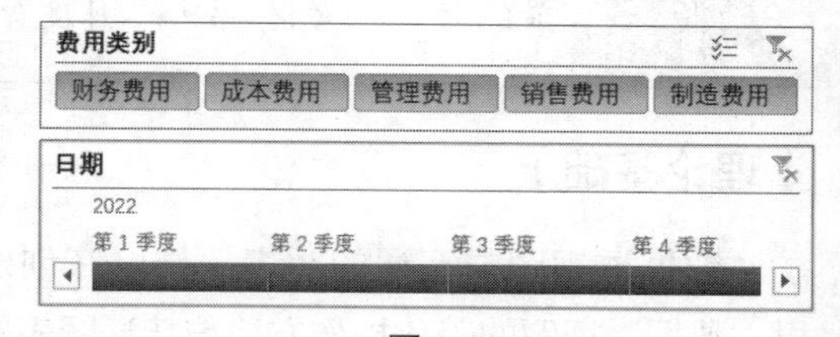

▲图 9-50

04 在数据透视表的基础上创建数据透视图，便于在使用切片器和日程表分析数据时，可以动态展示各部门费用的变化情况，效果如图9-51所示。

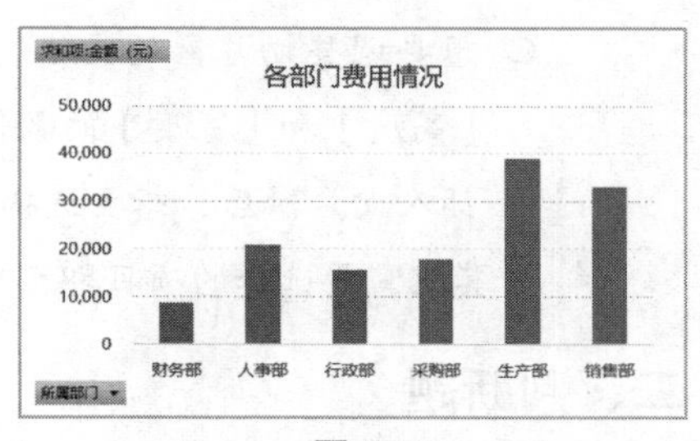

▲图 9-51

等级考试重难点内容

本章主要考察数据透视表的应用，需读者重点掌握以下内容。

1. 数据透视表的创建方法（重点掌握数据透视表任务窗格的应用及值字段的设置）。

2. 数据透视表的布局与美化方法（重点掌握分类汇总、总计和报表布局的设置）。

3. 使用切片器和日程表筛选数据（插入切片器、设置切片器样式、插入日程表、设置日程表的时间级别）。

4. 使用组合功能分析数据（按日期组合、按数值组合）。

5. 数据透视图的创建及美化方法（重点掌握创建数据透视图的方法）。

本章习题

一、不定项选择题

1. 以下选项中，属于数据透视表区域的有（　　）。

A. 筛选器　　B. 行区域　　C. 列区域　　D. 值区域

2. 以下关于数据透视表字段任务窗格的说法中，正确的有（　　）。

A. 按住鼠标左键，在窗口的顶部拖曳，就可以变换窗口的位置

B. 将鼠标指针移动到任务窗格的边缘，可以调整其大小

C. 数据透视表创建过程中最重要的步骤就是将【数据透视表字段】任务窗格中字段列表中的字段拖曳到筛选区域和汇总区域中

D. 如果不小心将该窗口关闭了，可以通过单击显示组中的字段列表按钮将其打开

3. 以下关于切片器的说法中，不正确的是（　　）。

A. 为了使整体页面美观，在选择切片器样式时，切片器的颜色要尽量与数据透视表的颜色一致

B. 通过设置【列】的数量，可以使切片器变为横向或纵向

C. 想要调整切片器的大小，只能在【切片器工具】选项卡下的【大小】组中，通过调整【高度】和【宽度】的数值来实现

D. 插入切片器后，想要选择多个项目时，直接单击【多选】按钮，使其高亮，然后再选中其他需要选择的项目即可

二、判断题

1. 数据透视表功能是在插入选项卡下的图表组中。（   ）

2. 在数据透视表字段任务窗格中，对【值】字段进行汇总时，如果汇总字段的内容是数值，那么默认的汇总方式是求和。（   ）

3. 当分类字段只有一个时，如果将其拖曳至列字段区域，汇总表会变成横向的，看起来既不符合阅读习惯，也不美观。因此，建议将其放在行字段位置。（   ）

三、简答题

1. 简述如何使用切片器选择多个项目。

2. 简述在数据透视表中对数据分组的方法。

3. 简要说明对数据透视表布局的内容。

四、操作题

1. 在原始表的基础上创建数据透视表，汇总出各月份对应的销售量和销售额，然后插入切片器，按照产品类别对数据进行筛选（要求：分别为数据透视表和切片器套用一种样式，并保持风格统一）。

2. 根据员工基本信息表的数据创建数据透视表，统计出各年龄段对应的人数，然后对年龄字段进行分组（要求：区间为20岁～60岁，步长为10岁），并插入切片器按性别进行筛选。

PPT 设计与制作

本篇结合PPT的制作要点，贴合实际工作，讲解了如何编辑与设计幻灯片，如何排版和布局幻灯片，以及如何设置动画效果和放映方式等内容。学完本篇内容，你能制作出招聘管理、培训管理、企业宣传、战略方案、比赛方案等日常办公中常用的PPT演示文稿。

- 编辑与设计幻灯片
- 排版与布局幻灯片
- 动画效果、放映与输出

第10章 编辑与设计幻灯片

PowerPoint 2016是Office 2016的重要办公组件之一，使用它可以制作出集文字、图像、声音以及视频剪辑等多媒体元素于一体的演示文稿，如精美的工作总结、营销推广方案、销售培训方案以及公司宣传片等，在日常办公中有着重要的作用。

在使用PowerPoint 2016之前，首先要熟悉PowerPoint 2016的基本操作。本章内容将结合具体案例，介绍编辑与设计幻灯片的基本操作。

学习目标

1. 掌握创建与保存演示文稿的方法
2. 学会插入与删除幻灯片
3. 学会移动、 复制与隐藏幻灯片
4. 学会在幻灯片中插入并设置多种元素
5. 掌握设计幻灯片母版的方法

10.1 工作总结

【案例分析】

每到年中或年末，很多公司都会要求员工做工作总结，并介绍接下来的工作计划。员工撰写工作总结最常用的文档类型就是PPT了。下面以工作总结为例，具体介绍一下演示文稿与幻灯片的基本操作方法。

具体要求：新建一个空白演示文稿，保存到指定位置；在工作总结演示文稿中新建与删除幻灯片；移动、复制与隐藏幻灯片。

【知识与技能】

一、创建与保存演示文稿

二、插入与删除幻灯片

三、移动、复制与隐藏幻灯片

10.1.1 演示文稿的创建和保存

【理论基础】

演示文稿的基本操作主要包括创建演示文稿和保存演示文稿等。创建演示文稿时，用户可以创建空白演示文稿，也可以根据系统自带的模板创建演示文稿。在编辑演示文稿的过程中，用户应及时进行保存，以免因意外原因误将演示文稿关闭而造成不必要的损失。下面介绍一下创建与保存演示文稿的具体方法。

1. 创建演示文稿

【操作方法】

方法1：启动PowerPoint 2016，在PowerPoint开始界面的右侧单击【空白演示文稿】选项，如图10-1所示，即可创建1个名为“演示文稿1”的演示文稿，如图10-2所示。

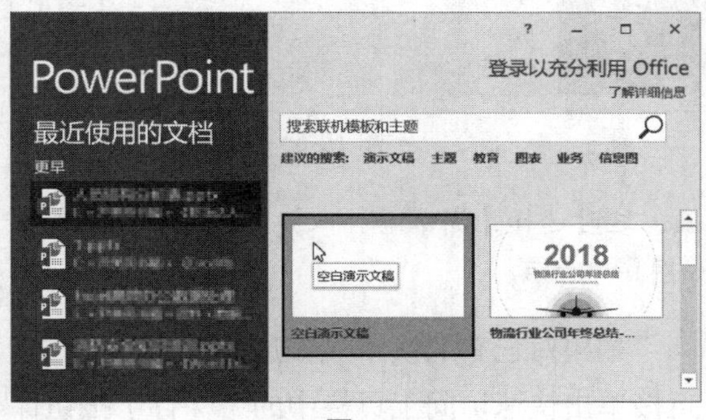

▲图 10-1

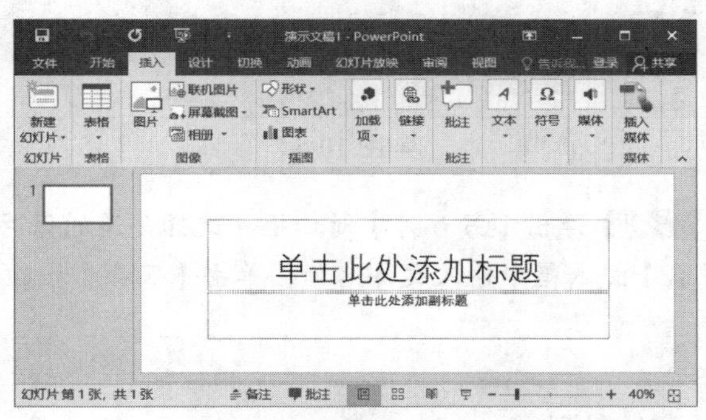

▲图 10-2

方法2：在演示文稿窗口中，单击【文件】按钮，在弹出的界面中选择【新建】选项，弹出【新建】界面，在搜索文本框中输入“总结”，单击【开始搜索】按钮，如图10-3所示。此时界面中将会显示搜索到的模板，从搜索结果中选择一种合适的模板，随即弹出界面，显示该模板的详细信息，单击【创建】按钮即可下载安装该模板，如图10-4所示。

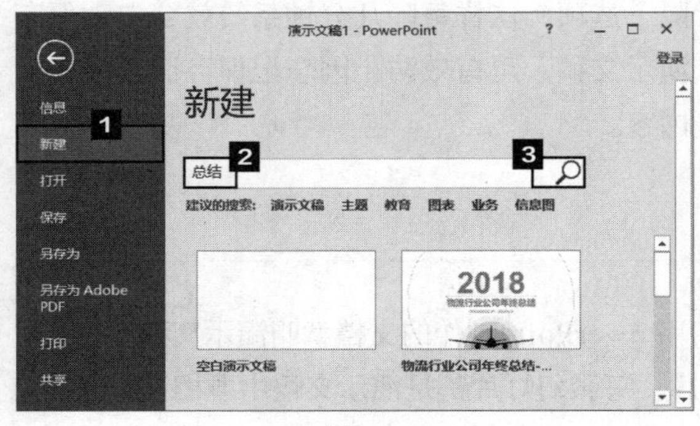

▲图 10-3

▲图 10-4

2. 保存演示文稿

【操作方法】

01 单击演示文稿窗口左上角的快速访问工具栏中的【保存】按钮，如图10-5所示。

02 弹出【另存为】界面，选择【这台电脑】选项，然后单击【浏览】按钮，如图10-6所示。

▲图 10-5

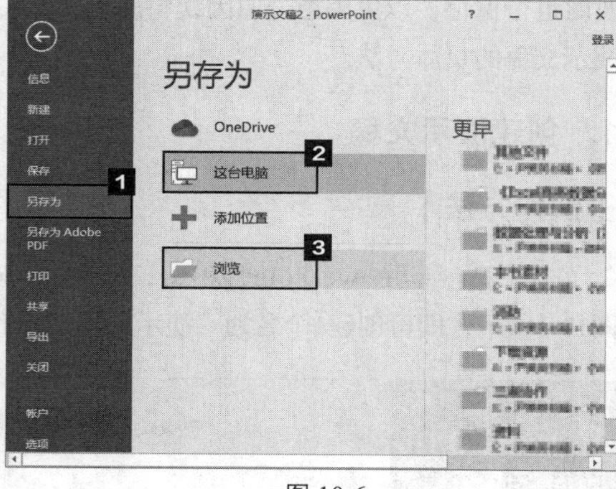

▲图 10-6

03 弹出【另存为】对话框，选择合适的保存位置，这时选择【新加卷（E:）】，然后在【文件名】文本框中输入文件名称，单击【保存】按钮，如图10-7所示。

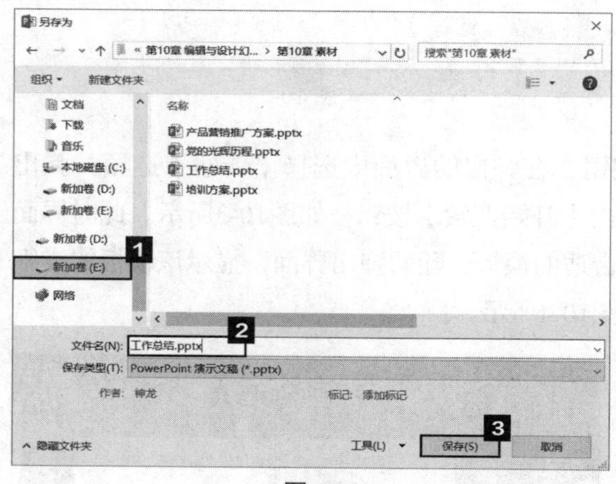

▲图 10-7

如果对已有的演示文稿进行了编辑操作，直接单击快速访问工具栏中的【保存】按钮保存演示文稿即可。

用户也可以单击【文件】按钮，从弹出的界面中选择【选项】选项，在弹出的【PowerPoint选项】对话框中，切换到【保存】选项，然后设置【保存自动恢复信息时间间隔】选项，这样每隔几分钟系统就会自动保存演示文稿，可有效防止因忘记保存而丢失重要内容。

小贴士

在PowerPoint中，演示文稿包含幻灯片。利用PowerPoint制作的文档就叫演示文稿，它是一个文件。演示文稿中的每一页内容为一张幻灯片，每张幻灯片都是演示文稿中既相互独立又相互联系的内容。

10.1.2 在演示文稿中插入与删除幻灯片

案例素材	原始文件：素材\第10章\工作总结—原始文件 最终效果：素材\第10章\工作总结—最终效果

10–1 在演示文稿中插入与删除幻灯片

【理论基础】

在新建的空白演示文稿中，默认只有1张幻灯片，如果想要增加内容，就需要插入新的幻灯片；在编辑演示文稿的过程中，对于多余的幻灯片，还需要将其删除。下面介绍一下插入与删除幻灯片的操作方法。

【操作方法】

01 插入1张新幻灯片。打开本案例的原始文件，如果想要在标题幻灯片的后面插入1张新的幻灯片，首先需要选中标题幻灯片，然后切换到【插入】选项卡，单击【幻灯片】组中的【新建幻灯片】按钮的下半部分，从弹出的下拉列表中选择一种合适的幻灯片主题，如【标题和内容】幻灯片，如图10-8所示，即可在标题幻灯片的下方插入1张新的幻灯片，如图10-9所示。

02 删除多余的幻灯片。在左侧的幻灯片列表中，选中需要删除的幻灯片，如选择第2张幻灯片，然后单击鼠标右键，从弹出的快捷菜单中选择【删除幻灯片】选项，即可将选中的幻灯片删除，如图10-10所示。

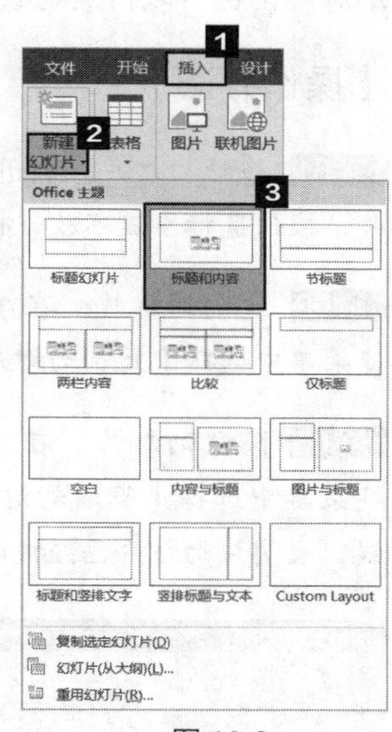

▲图 10-8

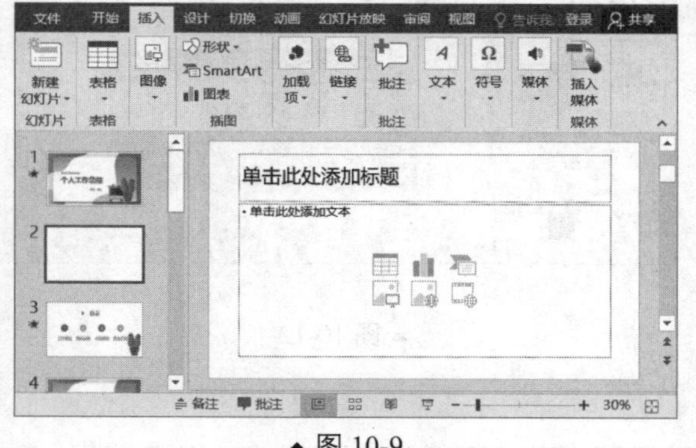

▲图 10-9

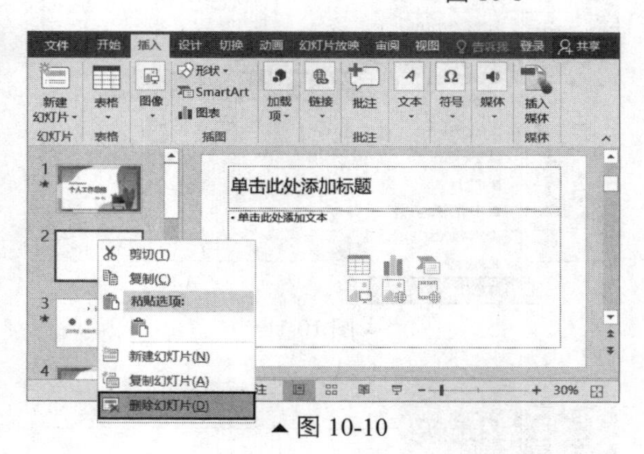

▲图 10-10

小贴士

新建幻灯片的位置默认都在选中（当前）幻灯片的下方。

10.1.3 在演示文稿中移动、复制与隐藏幻灯片

案例素材

原始文件：素材\第10章\工作总结01—原始文件

最终效果：素材\第10章\工作总结01—最终效果

10-2 在演示文稿中移动、复制与隐藏幻灯片

【理论基础】

在演示文稿的排版过程中，用户可以通过移动幻灯片重新调整每张幻灯片的顺序；也可以将已有幻灯片进行复制，粘贴到当前演示文稿或其他演示文稿中；对于演示文稿中的某些不想放映的幻灯片，也可以将其隐藏起来。下面介绍一下具体的操作方法。

【操作方法】

01 移动幻灯片。打开本案例的原始文件，在演示文稿左侧的幻灯片列表中选中需要移动的幻灯片，按住鼠标左键不放，将其拖动到要移动的位置后释放鼠标左键即可。

02 复制幻灯片。在演示文稿左侧的幻灯片列表中选中需要复制的幻灯片，单击鼠标右键，从快捷菜单中选择【复制幻灯片】选项，即可在此幻灯片的下方复制一张与此幻灯片完全一样的幻灯片。

03 隐藏幻灯片。在演示文稿左侧的幻灯片列表中选中需要隐藏的幻灯片，单击鼠标右键，从快捷菜单中选择【隐藏幻灯片】选项，如图10-11所示。此时，在该幻灯片的标号上会显示一条删除斜线，表明该幻灯片已经被隐藏，如图10-12所示。

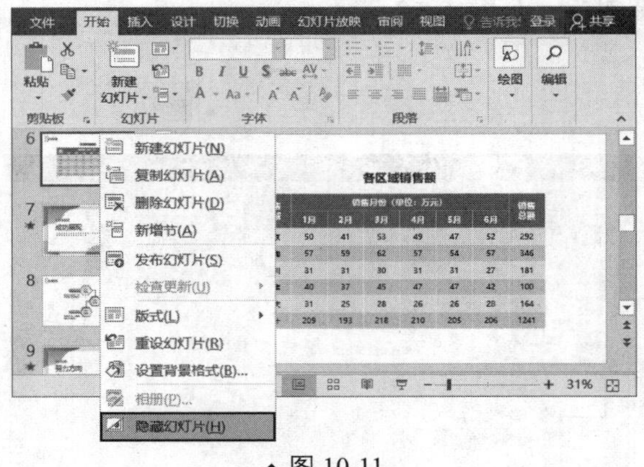

▲图 10-11

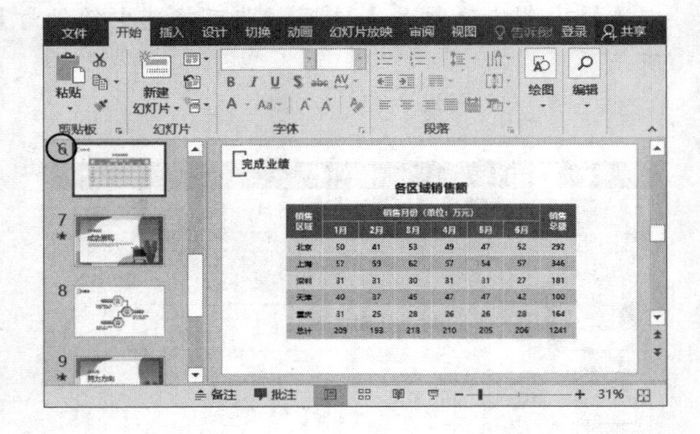

▲图 10-12

知识链接

被隐藏的幻灯片在放映时不会被播放。如果要取消隐藏，方法很简单，只需要选中相应的幻灯片，然后再执行一次步骤3的操作即可。

10.2 产品营销推广方案

【案例分析】

为了让客户在最短的时间内认识新产品，了解新产品的功能、效果，公司通常需要对新产品进行营销推广，因此需要撰写营销推广方案。在演示文稿中，综合运用多种元素，才能更好地展示方案，如文本、形状、图片、表格等。

本节内容将具体介绍以上多种元素在演示文稿中的具体应用。

具体要求：在标题幻灯片中插入文本框并输入标题内容；在标题幻灯片中插入形状并设置形状格式，并在形状中输入文字；插入图片并裁剪为合适的形状；插入表格并设置表格格式。

【知识与技能】

一、插入并设置文本　　　　三、插入并设置图片

二、插入并设置形状　　　　四、插入并设置表格

10.2.1 插入并设置文本

【理论基础】

在幻灯片中插入文本最常用的方式有两种：通过占位符输入或通过文本框输入。关于占位符的内容，将在10.3.4节中详细介绍，这里先介绍一下如何通过文本框来输入文本。

【操作方法】

案例素材	原始文件：素材\第10章\产品营销推广方案—原始文件 最终效果：素材\第10章\产品营销推广方案—最终效果

10–3　插入并设置文本

01 打开本案例的原始文件，选中第1张幻灯片，切换到【插入】选项卡，单击【文本】组中的【文本框】按钮的下半部分，从下拉列表中选择【横排文本框】选项，如图10-13所示。

02 在要添加文本框的位置按住鼠标左键拖曳，绘制一个横排文本框，然后输入标题内容“产品营销方案”，字体格式设置为“方正兰亭中粗黑简体、72号、白色”，如图10-14所示。采用同样的方式插入文本框，输入英文“PRODUCT　MARKETING”，字体格式设置为“Microsoft YaHei UI Left、白色”，如图10-15所示。

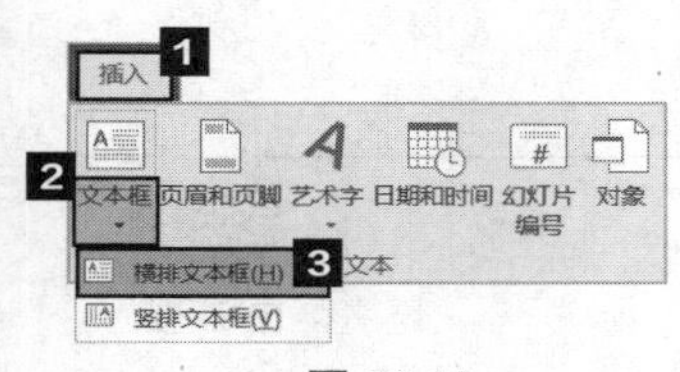

▲图 10-13

▲图 10-14

▲图 10-15

10.2.2 插入并设置形状

【理论基础】

形状是在编辑演示文稿的过程中比较常用的元素，形状不仅具有装饰作用，而且其中还能输入文字，且编辑起来十分方便。下面介绍一下具体的操作方法。

【操作方法】

案例素材	原始文件：素材\第10章\产品营销推广方案01—原始文件 最终效果：素材\第10章\产品营销推广方案01—最终效果

10-4 插入并设置形状

01 打开本案例的原始文件，选中第1张幻灯片，切换到【插入】选项卡，单击【插图】组中的【形状】按钮，从下拉列表中选择【矩形】，如图10-16所示。

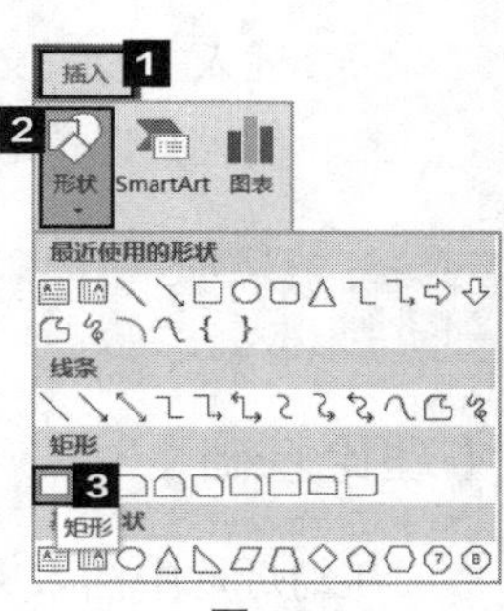

▲图 10-16

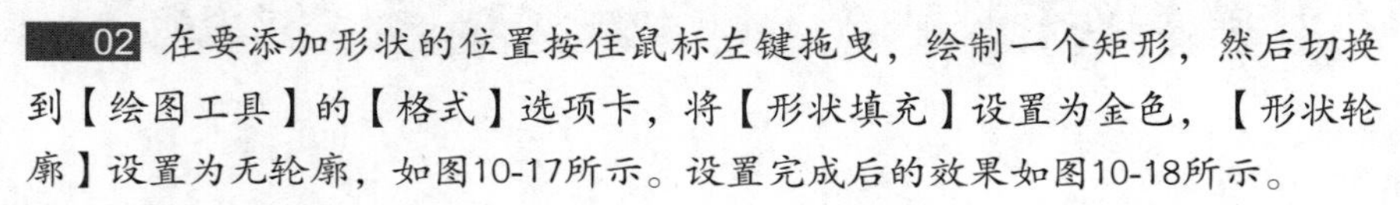

02 在要添加形状的位置按住鼠标左键拖曳，绘制一个矩形，然后切换到【绘图工具】的【格式】选项卡，将【形状填充】设置为金色，【形状轮廓】设置为无轮廓，如图10-17所示。设置完成后的效果如图10-18所示。

03 选中插入的矩形，输入文字“汇报人：神龙”，然后将字体格式设置为“微软雅黑、20号、黑色”。设置完成后的效果如图10-19所示。

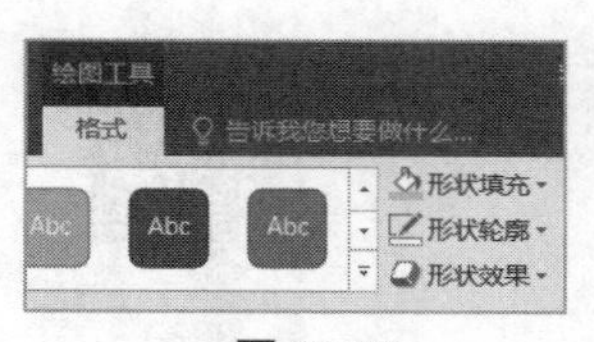

▲图 10-17

▲图 10-18

▲图 10-19

10.2.3 插入并设置图片

【理论基础】

为了使幻灯片的元素更丰富，内容展示更形象生动，经常需要在幻灯片中插入图片。下面介绍一下插入并设置图片的具体操作方法。

【操作方法】

案例素材	原始文件：素材\第10章\产品营销推广方案02—原始文件 最终效果：素材\第10章\产品营销推广方案02—最终效果

10-5 插入并设置图片

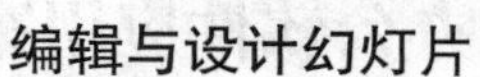
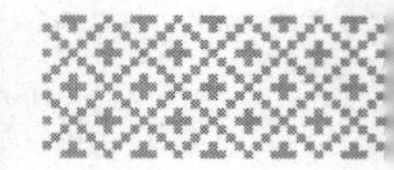

01 打开本案例的原始文件，选中第3张幻灯片，切换到【插入】选项卡，单击【图像】组中的【图片】按钮，如图10-20所示。

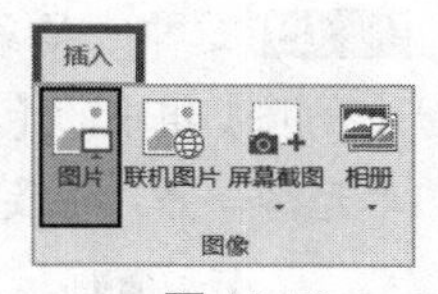

▲图 10-20

02 弹出【插入图片】对话框，选择一张需要的图片，单击【插入】按钮，如图10-21所示。

03 选中插入的图片，切换到【图片工具】的【格式】选项卡，单击【大小】组中的【裁剪】按钮的下半部分，从下拉列表中选择【裁剪为形状】→【菱形】，如图10-22所示。

04 图片裁剪完成后，调整好大小，移至合适的位置，如图10-23所示。

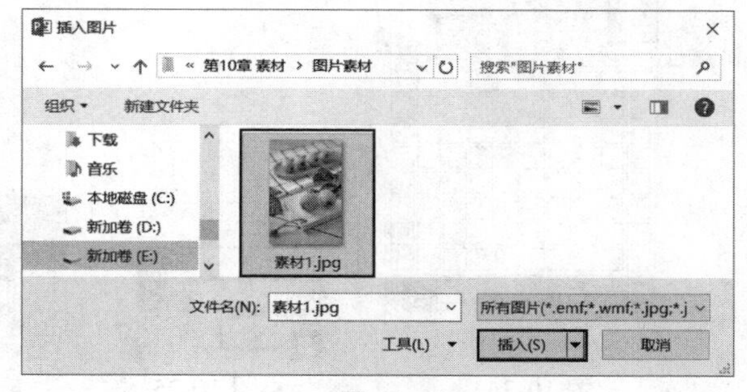

▲图 10-21

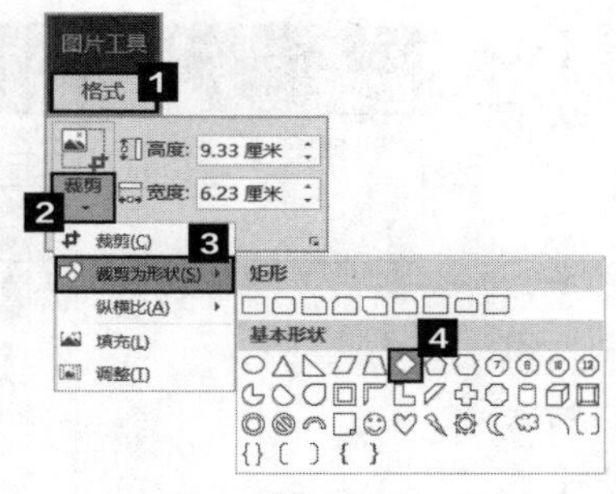

▲图 10-22

▲图 10-23

10.2.4 插入并设置表格

【理论基础】

对于产品营销方案来说，数据展示是比较重要的内容。使用表格来展示数据再合适不过了，下面具体介绍如何在幻灯片中插入并设置表格。

【操作方法】

案例素材	原始文件：素材\第10章\产品营销推广方案03—原始文件 最终效果：素材\第10章\产品营销推广方案03—最终效果

01 打开本案例的原始文件，切换到【插入】选项卡，单击【表格】组中的【表格】按钮，从下拉列表中选择【插入表格】选项，如图10-24所示。

02 弹出【插入表格】对话框，将【列数】设置为6，【行数】设置为7，单击【确定】按钮，如图10-25所示。

03 选中表格第1列中第1行、第2行的两个单元格，切换到【表格工具】的【布局】选项卡，单击【合并】组中的【合并单元格】按钮，如图10-26所示。采用同样的方法，将表格第2列～第5列的第1行单元格合并，将最后1列的第1行、第2行的两个单元格合并，在表格中输入内容，效果如图10-27所示。

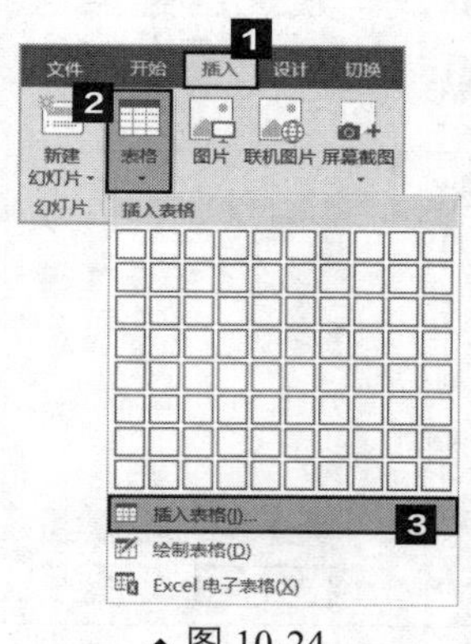

▲图 10-24

▲图 10-25

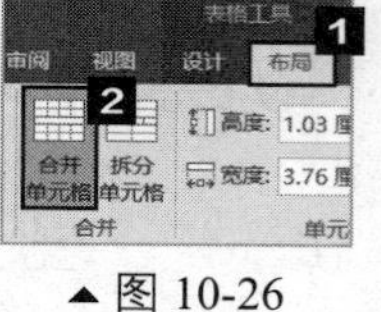

▲图 10-26

区域	各季度目标（单位：万元）				销售金额
	一季度	二季度	三季度	四季度	
北京	120	120	130	150	520
上海	100	120	130	150	500
广州	110	110	120	130	470
重庆	90	100	110	120	420
目标总计	420	440	490	550	1910

▲图 10-27

04 设置表格边框。选中表格，切换到【表格工具】的【设计】选项卡，单击【表格样式】组中【边框】的下拉按钮，从下拉列表中选择【所有框线】选项，如图10-28所示。

05 设置表格底纹。演示文稿中的各个元素最好是同一色系，这样看起来更美观，由于本案例中的演示文稿是黄—灰色系，因此将表格设置为灰色系。选中表格中的合并单元格即第1行，切换到【表格工具】的【设计】选项卡，单击【表格样式】组中【底纹】的下拉按钮，从下拉列表中选择一种合适的颜色，如“白色，背景1，深色50%”，如图10-29所示。

▲图 10-28

06 采用同样的方法，将第2行、第4行、第6行填充“白色，背景1，深色25%”，第3行、第5行、第7行填充“白色，背景1，深色5%”。设置完成后的效果如图10-30所示。

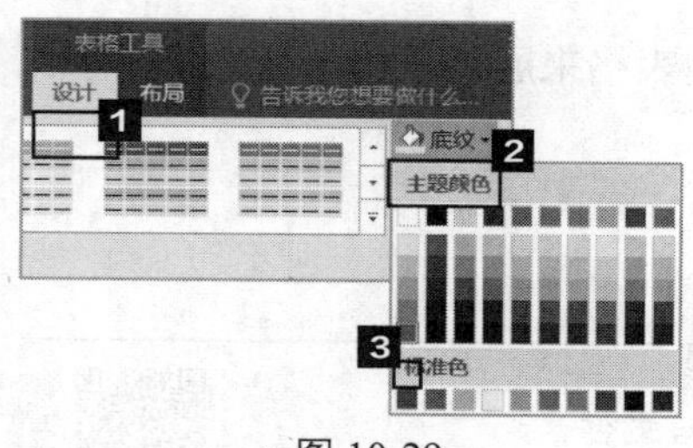

▲图 10-29

区域	各季度目标（单位：万元）				销售金额
	一季度	二季度	三季度	四季度	
北京	120	120	130	150	520
上海	100	120	130	150	500
广州	110	110	120	130	470
重庆	90	100	110	120	420
目标总计	420	440	490	550	1910

▲图 10-30

素养教学

一代人有一代人的际遇，一代人也有一代人的奋斗。我们面对的是市场的冲刷，面对的是竞争的压力，我们想要更好的生活，向往更丰盈的生命。在这样的背景下，我们这一代青年人奋斗与发展的坐标在哪里，道路在何方？这世上不可能永远一帆风顺。生命的酒杯，不可能总是盛满可口的甘醴。用力活着，才有分量；向前奔跑，才能抵达。愿你青春灿烂，愿你前途光明。

10.3 销售培训方案

【案例分析】

对销售人员来说，一个优秀的销售人员为企业创造的商业价值可能较差的销售人员的数百倍。因此，做好销售人员培训是企业非常重要的工作。本节内容以制作销售培训方案为例，介绍一下幻灯片母版的具体应用。

具体要求：为销售培训方案的封面和封底页设置母版版式；为过渡页设置不同颜色的母版版式；为正文页设置不同颜色的母版版式。

【知识与技能】

一、认识幻灯片母版
二、编辑封面和封底页的母版版式
三、编辑过渡页的母版版式
四、编辑正文页的母版版式

10.3.1 认识幻灯片母版

在演示文稿的排版过程中，一个非常重要的原则就是——保证整个演示文稿风格的统一，即某些主要元素保持一致，如字体、某些固定元素的位置等。幻灯片母版可以说是演示文稿制作过程中的一个利器。因为演示文稿中各个页面都会受到母版的影响，因此，用户可以把各页面中固定不变的元素放到母版中，这样就不用在不同页面反复设置相同内容了。

要使用幻灯片母版，首先要调用母版视图。打开新建的演示文稿，切换到【视图】选项卡，单击【母版视图】组中的【幻灯片母版】按钮，如图10-31所示，即可进入幻灯片母版设置状态，如图10-32所示。

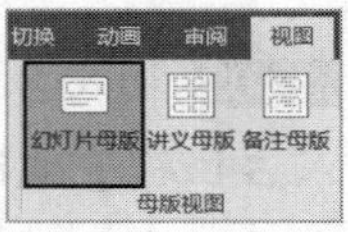

▲图 10-31

在幻灯片母版视图中，可以看到Power Point自带的一套母版版式。母版版式中的第1个版式页（Office 主题 幻灯片母版）是可以影响当前母版中的其他所有页面的。用户在设置母版版式时，可以直接在默认母版的基础上进行编辑（将多余的元素删除，重新插入需要的元素即可）。设置完成后，关闭母版视图，返回普通视图，在幻灯片中单击鼠标右键，在快捷菜单中选择【版式】，即可应用设置好的母版版式，如图10-33所示。

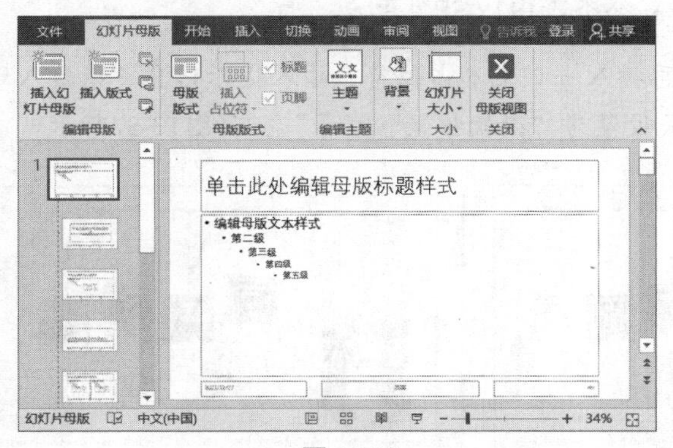

▲图 10-32

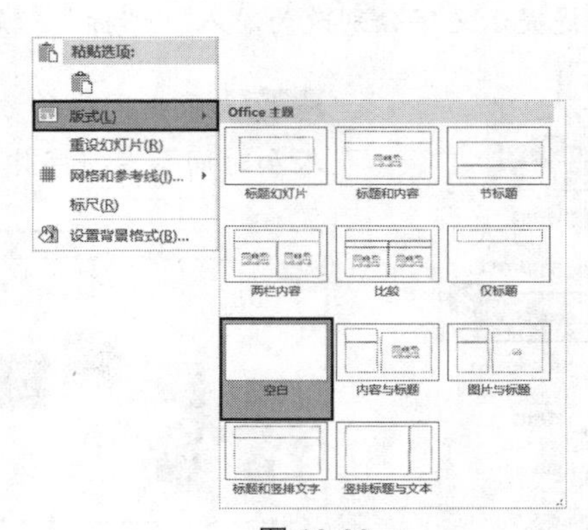

▲图 10-33

10.3.2 编辑封面页和封底页的母版版式

【理论基础】

封面页是演示文稿的起始页，决定着后面幻灯片的风格；封底页是PPT的结束页，为了前后呼应，封底页的风格也大都与封面页一致。用户可以将其基本设计在母版中进行，设计好后直接应用到封面页和封底页中，以提高工作效率。下面介绍一下具体操作方法。

【操作方法】

案例素材	原始文件：素材\第10章\销售培训方案—原始文件 最终效果：素材\第10章\销售培训方案—最终效果

10–7 编辑封面页和封底页的母版版式

01 打开本案例的原始文件，切换到【视图】选项卡，单击【母版视图】组中的【幻灯片母版】按钮，进入幻灯片母版视图。在左侧列表框中选中幻灯片母版下的第1张幻灯片，将版式中的内容全部删除，然后通过插入图片和形状等元素，对版式进行设置，如图10-34所示。

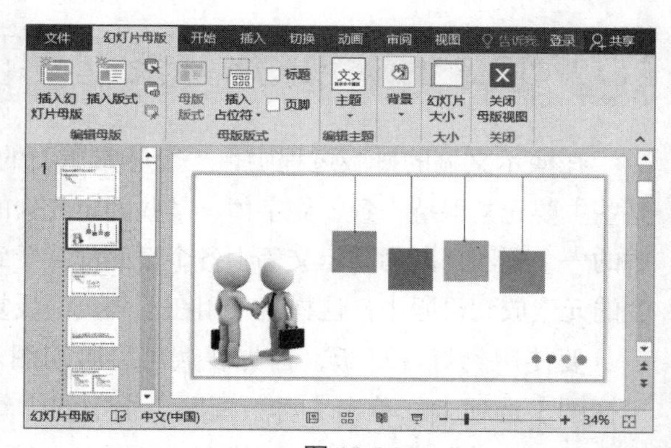

▲图 10-34

02 插入占位符。单击【母版版式】组中【插入占位符】按钮的下半部分，从下拉列表中选择合适的占位符，这里选择【文本】，如图10-35所示。

03 设置文字位置和格式。接下来与绘制文本框的方法一样，在幻灯片中绘制一个占位符，并将占位符中的内容全部删除，输入提示文字“输”，将字体格式设置为“方正综艺_GBK、75号、加粗”，字体颜色设置为“黑色，文字1，淡色15%”，然后切换到【绘图工具】选项卡，在【艺术字样式】组中将【文本轮廓】设置为“2.25磅、白色”。第一个占位符设置好后，再将其复制出3个，将提示文字分别改为“入”“标”“题”，效果如图10-36所示。

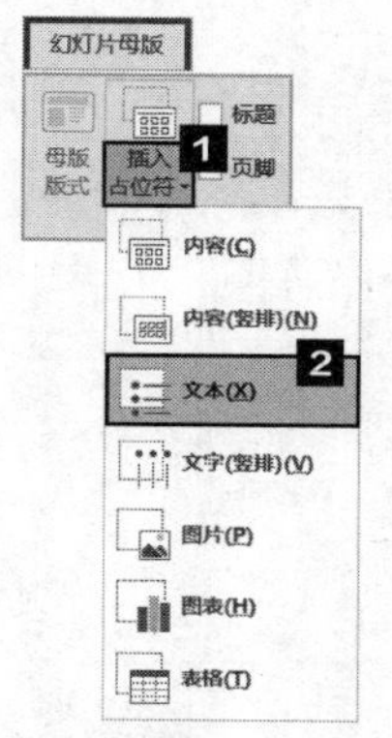

▲图 10-35

04 采用同样的方法再插入一个文本占位符，输入提示信息“请输入培训人和时间”，将字体格式设置为“微软雅黑、20号”，如图10-37所示。

▲图 10-36

▲图 10-37

小贴士

请注意，在母版中固定文字位置需要使用占位符，而不是文本框。占位符是版式中的容器，可以容纳文本、表格、图表、SmartArt图形、图片、联机图片、视频文件等内容。在占位符中的默认文本并不是真实存在的文字内容，而只是占位符中的提示信息。占位符一旦进入编辑状态，这些提示文字就会消失。对提示信息进行格式设置后，在普通视图中输入文本会自动应用设置好的样式。

05 母版设置完成后，单击【关闭母版视图】按钮，返回普通视图。在第1张幻灯片上单击鼠标右键，从快捷菜单中选择【版式】→【标题幻灯片】，即可应用标题幻灯片的版式，如图10-38所示。

06 将鼠标光标定位到第1个占位符“输”中，即可进入编辑状态，如图10-39所示。

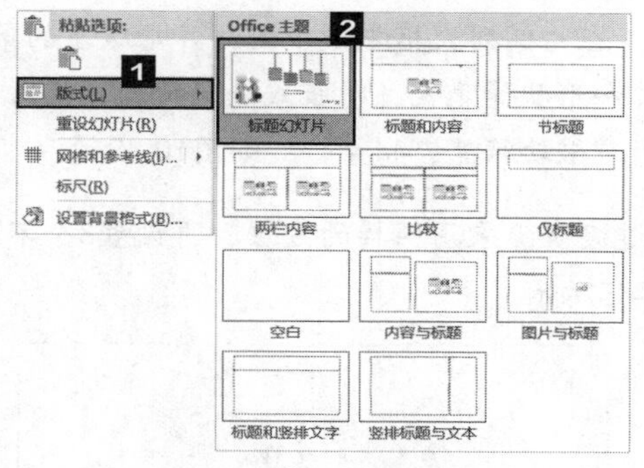

▲图 10-38

▲图 10-39

07 输入标题“销售培训”，然后在标题下方输入培训人和时间为“培训人：神龙　时间：2022-1-1”，如图10-40所示。

08 采用同样的方法，将标题幻灯片版式应用到封底页中，并输入标题“谢谢观看”，在标题下方同样输入培训人和时间为“培训人：神龙　时间：2022-1-1”，如图10-41所示。

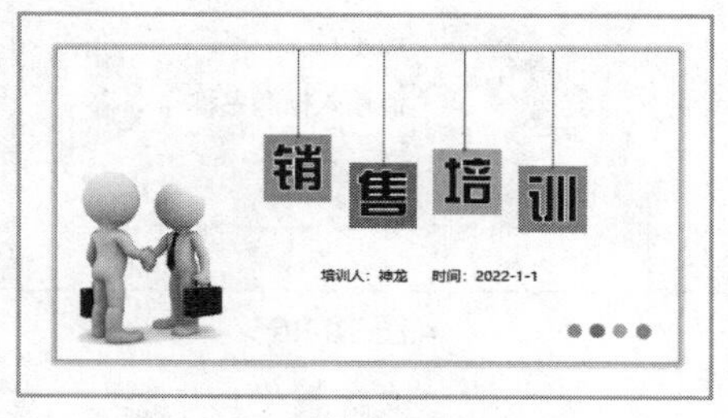

▲图 10-40

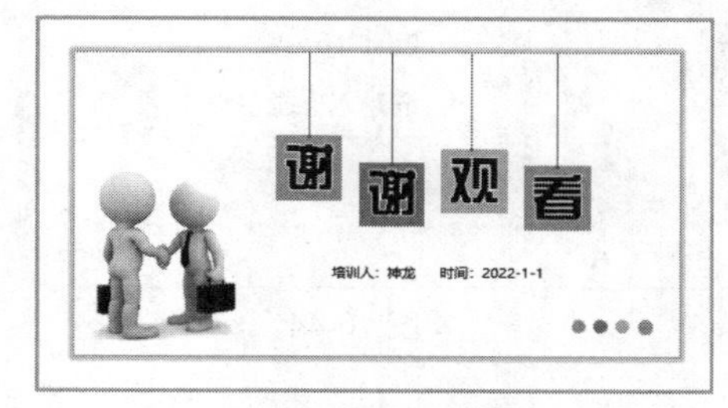

▲图 10-41

小贴士

应用母版版式后，当封面页或封底页的版式需要改变时，只需在母版中设置一次，封面页和封底页就会同时变化。这样既能保证样式的统一，也省去了一页页修改的麻烦，提高了工作效率。

10.3.3 编辑过渡页的母版版式

【理论基础】

过渡页又称为转场页，它能起到“承上启下”的作用，能让每一部分的内容各自独立，又能流畅衔接。过渡页的版式也需要在母版中进行编辑。

【操作方法】

案例素材	原始文件：素材\第10章\销售培训方案01—原始文件 最终效果：素材\第10章\销售培训方案01—最终效果	 10–8 编辑过渡页的母版版式

01 打开本案例的原始文件，进入幻灯片母版视图。在左侧列表框中选中幻灯片母版下的第2张幻灯片，将版式中的内容全部删除，然后通过插入图片和形状等元素，对版式进行设置，插入占位符，输入提示信息“请输入标题名称”，将字体设置为“微软雅黑、44号”，如图10-42所示。

02 本案例演示文稿中共有4个部分，因此需要4个过渡页。采用同样的方法，再设置3个不同颜色的过渡页母版版式，分别如图10-43、图10-44和图10-45所示。

▲图 10-42

▲图 10-43

▲图 10-44

▲图 10-45

03 版式设置完成后，可以对各个过渡页版式重命名。在左侧列表框中选中第1个过渡页，单击鼠标右键，从快捷菜单中选择【重命名版式】选项，弹出【重命名版式】对话框，在【版式名称】文本框中输入“过渡页1版式”，单击【重命名】按钮即可，如图10-46所示。然后采用同样的方式将其余过渡页版式分别命名为“过渡页2版式”“过渡页3版式”“过渡页4版式”。

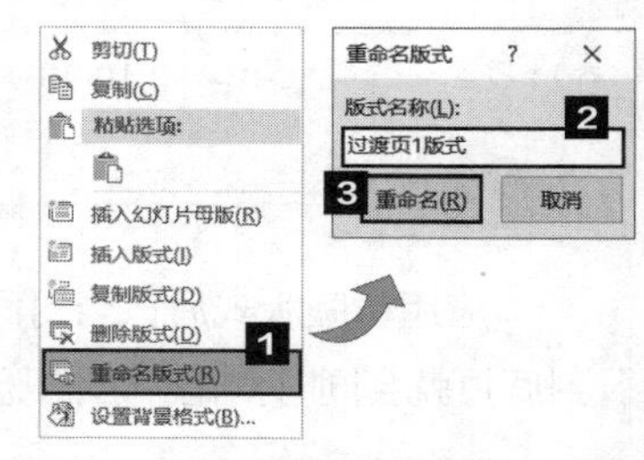

▲图 10-46

04 设置完成后，单击【关闭母版视图】按钮，返回普通视图。对各个过渡页应用对应的版式，如图10-47所示。然后在各个过渡页的占位符处输入对应标题，效果如图10-48所示。

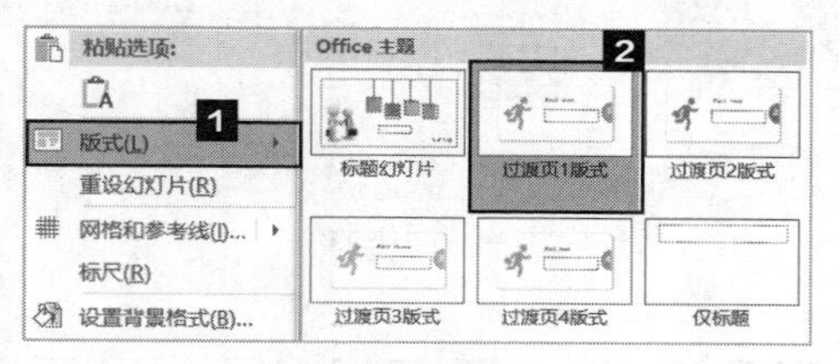

▲图 10-47

▲图 10-48

10.3.4 编辑正文页的母版版式

【理论基础】

正文页是整个演示文稿的重要组成部分，或者说是核心部分。这部分内容比较多，因此排版也相对复杂，在具体编辑时工作量较大。为了减轻排版难度，用户也需要在母版中设置正文页版式。

【操作方法】

案例素材	原始文件：素材\第10章\销售培训方案02—原始文件 最终效果：素材\第10章\销售培训方案02—最终效果	 10–9 编辑正文页的母版版式

01 打开本案例的原始文件，进入幻灯片母版视图。在左侧列表框中选中幻灯片母版下的第6张幻灯片，将版式中的内容全部删除，然后通过插入文本框和形状等元素，对版式进行设置，插入占位符，输入提示信息“请输入标题”，将字体设置为“微软雅黑、28号、倾斜”，如图10-49所示。

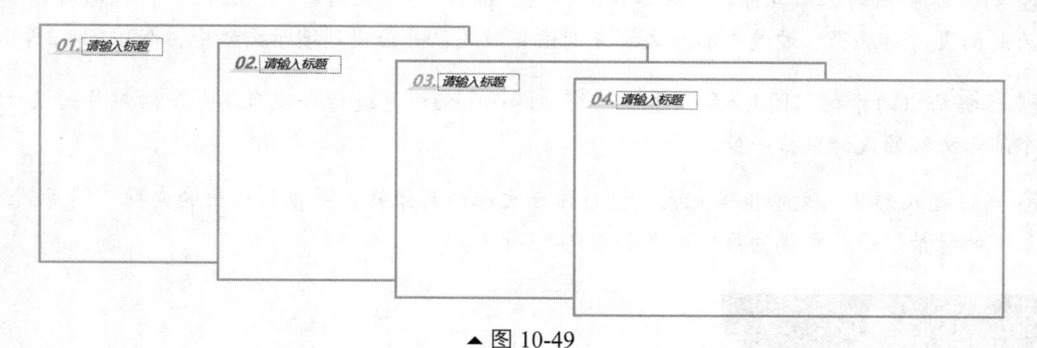

▲图 10-49

02 版式设置完成后，对各个正文页版式重命名，分别为“正文页1版式”“正文页2版式”“正文页3版式”“正文页4版式”，如图10-50所示。

03 单击【关闭母版视图】按钮，返回普通视图。对演示文稿的各部分正文页应用对应的版式，并输入各页的小标题，如图10-51所示。

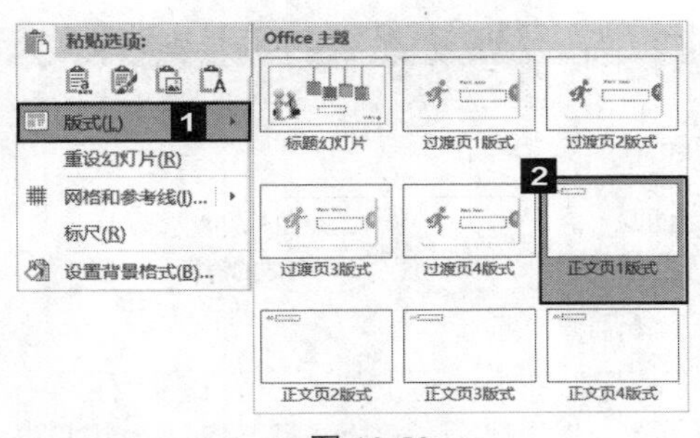

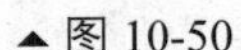

▲图 10-50

▲图 10-51

小贴士

默认状态下，幻灯片都是应用的幻灯片母版中的“空白 版式”（可以通过单击鼠标右键，在弹出的快捷菜单中选择【版式】选项查看）。因此在默认母版版式的基础上重新编辑时，建议保留母版中的“空白 版式”页面，这样对无须应用新版式的幻灯片将仍应用原来的“空白 版式”，而无须重新应用版式。

10.4 综合实训：“提高竞争力”企业营销计划

【实训目标】

在竞争激烈的市场环境中，各大企业要通过合理的方式营销推广。企业营销推广对企业发展具有重要意义和作用。本实训以“提高竞争力”为主题，通过制作企业营销计划PPT，帮助学生进一步巩固本章所学知识，熟练使用母版，并熟练应用幻灯片中的各个元素。

【实训操作】

01 打开本实训的原始文件，根据给出的素材“图片1”“图片2”“图片3”，在幻灯片母版视图中为封面页、封底页、过渡页和正文页分别设置版式，并应用到演示文稿中，如图10-52所示。

02 根据给出的素材“图片4”“图片5”，对第4张幻灯片进行合理布局，使幻灯片的设计风格与整个演示文稿的设计风格一致。

03 通过插入形状、文本框等元素，设计演示文稿的目录页，并根据给出的素材“图片6”，设置目录页的背景。演示文稿的最终效果如图10-53所示。

▲图 10-52

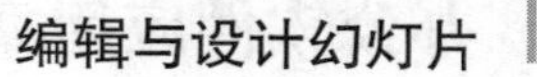

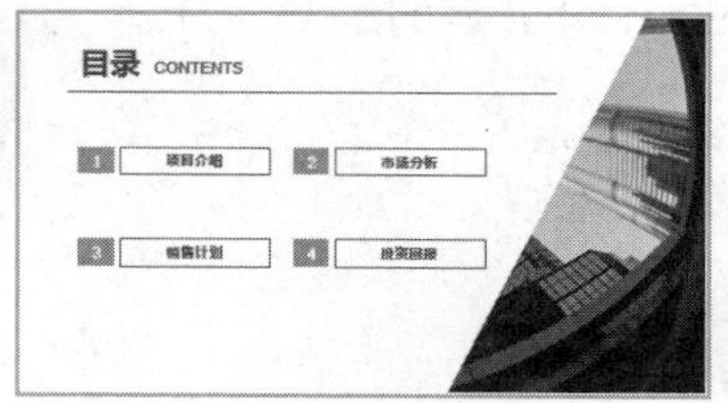

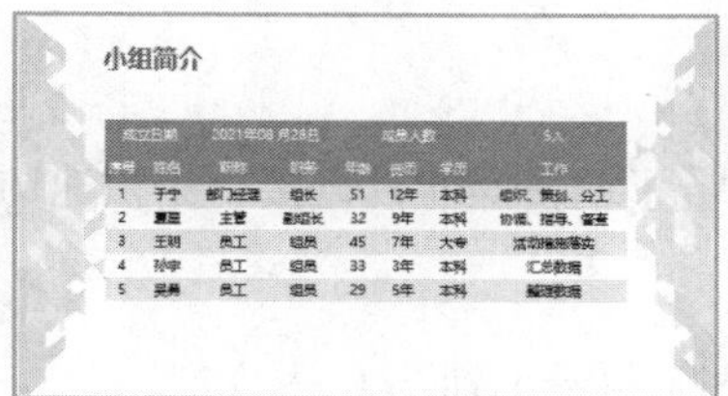

▲图 10-53

等级考试重难点内容

本章主要考察编辑与设计幻灯片的内容，需读者重点掌握以下几点。

1. 演示文稿的基本操作（新建与保存，插入与删除，移动、复制与隐藏）。

2. 幻灯片中的文本、形状、图片和表格等对象的编辑与应用。

3. 母版的制作与使用（重点掌握占位符的应用）。

本章习题

一、不定项选择题

1. 以下选项中，可以插入文本的有（　　）。

A. 文本框　　B. 图片　　C. 形状　　D. 占位符

2. 对于新建的名称为“演示文稿1”的文件，单击快速访问工具栏中的【保存】按钮后，正确的是（　　）。

A. 直接保存“演示文稿1”并退出

B. 弹出【另存为】界面，供进一步操作

C. 自动以“演示文稿1”为文件名存储，继续编辑

D. 弹出【保存】对话框，供进一步操作

3. 以下关于幻灯片母版的说法中，不正确的是（　　）。

A. 母版不能修改

B. 进入母版视图就可以修改

C. 普通视图就可以修改

D. 以上说法都不对

二、判断题

1. 如果对已有的演示文稿进行了编辑操作，直接单击快速访问工具栏中的【保存】按钮保存演示文稿即可。（　　）

2. 被隐藏的幻灯片在普通视图下将看不到。（　　）

3. 新建幻灯片的位置默认都在选中（当前）幻灯片的上方。（　　）

三、简答题

1. 简述如何隐藏不需要播放的幻灯片。

2. 简述如何设置并应用幻灯片母版。

3. 简要说明在母版中使用占位符的好处。

四、操作题

1. 通过插入形状，对演示文稿中的第3张幻灯片重新排版，效果如图10-54所示。

2. 编辑幻灯片母版版式，使正文部分幻灯片应用母版版式，要求：标题显示在幻灯片左上方，并且通过占位符输入，效果如图10-55所示。

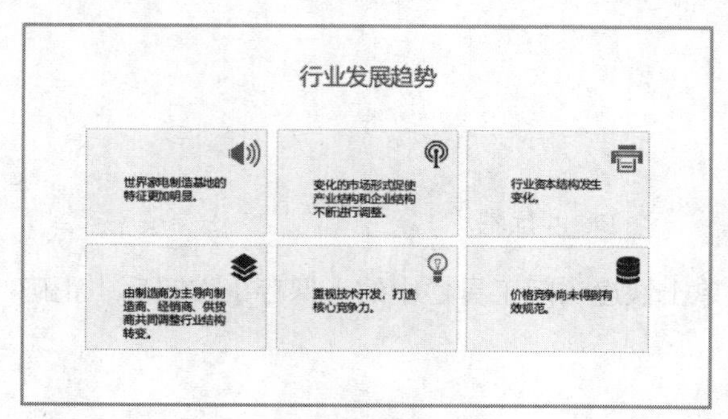

▲图 10-54

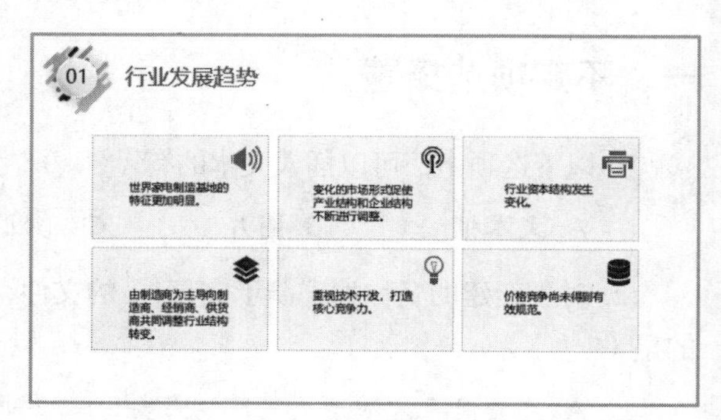

▲图 10-55

第11章 排版与布局幻灯片

通过幻灯片的排版与布局，可以突出主要内容、明确各部分内容的重要性、制造焦点，从而引导读者的视线，高效地获取信息。好的排版与布局可以让人感觉整洁、舒适，有看下去的欲望，而不好的排版与布局只会让人感觉混乱、头痛不堪。本章内容将具体介绍幻灯片的排版与布局原则，以及在各元素排版的过程中的具体操作方法。学完本章内容后，读者能进一步提高对幻灯片的排版与布局水平以及工作效率。

学习目标

1. 了解幻灯片的排版原则
2. 了解页面布局原则
3. 学会对齐多个元素的方法
4. 学会平均分布多个元素的方法
5. 学会调整元素的角度的方法
6. 学会调整各元素的层次的方法
7. 学会组合多个元素的方法

11.1 排版与布局原则

11.1.1 排版原则

幻灯片的设计通常需要遵守4个基本的排版原则：亲密原则、对齐原则、对比原则和重复原则。

1. 亲密原则

亲密原则就是将有关联的信息组织到一起，形成一个视觉单元，为读者提供清晰的信息结构。简言之，就是分组，同类相聚。通常我们可以通过形状来实现。例如，通过添加形状清晰地展示了3方面内容，如图11-1所示。

2. 对齐原则

对齐原则是指在幻灯片中任何元素都不能随意安放，各元素都应与页面上的其他元素有某种视觉联系，从而使页面看起来结构更加清晰、内容更加连贯。例如，图11-2中的目录就采用了靠左侧对齐的方法，符合阅读顺序，看起来更专业、有序。

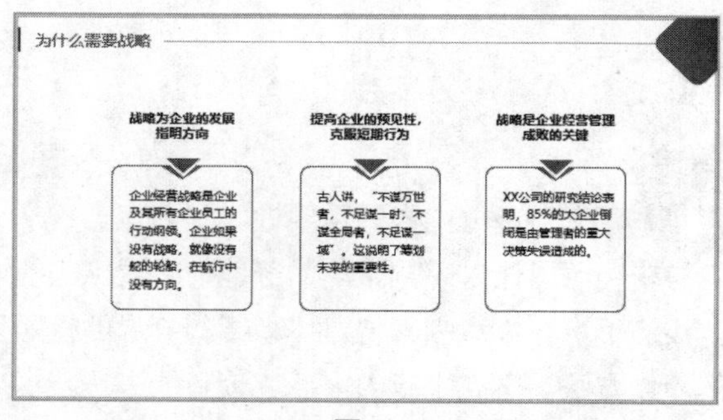

▲图 11-1

▲图 11-2

3. 对比原则

对比原则主要是针对文字的。在PPT中，通常可以通过增大字号、加粗、改变颜色等方式来加强对比，强调某些重要文字。例如，图11-3中的“概念”二字与其他文字就形成了鲜明对比。

4. 重复原则

重复原则的主要作用是使整个PPT风格统一。但需要注意的是，重复并不等于千篇一律，只要某些主要元素保持一致即可，如字体、某些固定元素的位置等。例如，图11-4中的小图标。

▲图 11-3

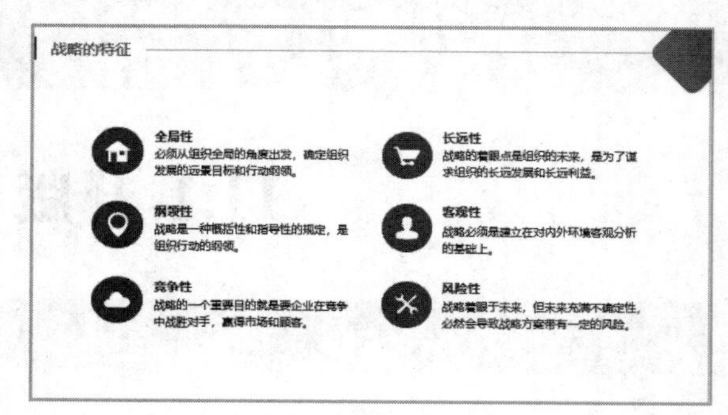

▲图 11-4

11.1.2 页面布局原则

幻灯片的页面布局原则很多，这里只介绍几个重要的原则。在页面布局时，首先要保持页面的平衡，其次要创造空间感，最后就是要有适当的留白。下面具体介绍一下这几个原则。

1. 保持页面平衡

在一个页面中，每种元素都是有“重量”的。同一类元素，颜色深的比颜色浅的“重”，面积大的比面积小的“重”，位置靠下的比位置靠上的“重”。要使一个页面上的内容保持视觉上的平衡，既不空洞又不杂乱，可以通过对称的方式来实现。常用的对称方式主要有以下几种。

①**中心对称**：这种方式非常简单，通常只需要将视觉元素放在页面的中轴线上就可以了。

②**左右对称**：当页面上存在2个或多个元素时，可以将元素沿中轴线均匀分布在页面的左右两侧。

③**上下对称**：上下对称与左右对称差不多，只是一般上下对称不需要沿中轴线来分布。

④**对角线对称**：中心对称、左右对称和上下对称相对来说都是中规中矩的对称方式，为了打破这种感觉，我们可以将页面元素沿对角线对称。

2. 创造空间感

在一个平面上，元素之间是有“远近”之分的。颜色深的比颜色浅的“近”，面积大的比面积小的“近”，叠在上方的比压在下方的“近”，如图11-5和图11-6所示。

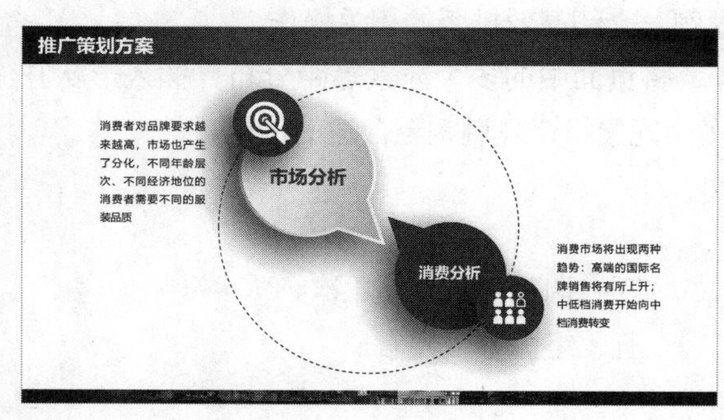

▲图 11-5

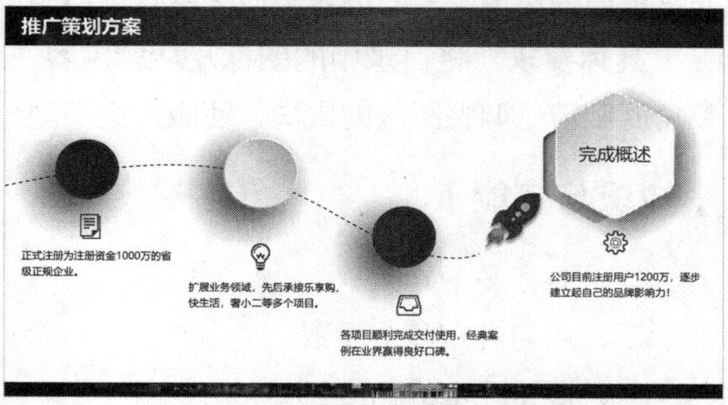

▲图 11-6

灵活运用空间理论可以让PPT的信息表达形式更多样，页面更具有层次感和设计感。

3. 适当留白

留白是页面布局的关键，适当的留白既可以增添情趣，又可以深化意境。在PPT设计中大胆地使用留白，往往能为页面带来超然脱俗、清新雅致的独特意境，从而提高作品的品质，如图11-7和图11-8所示。

▲图 11-7

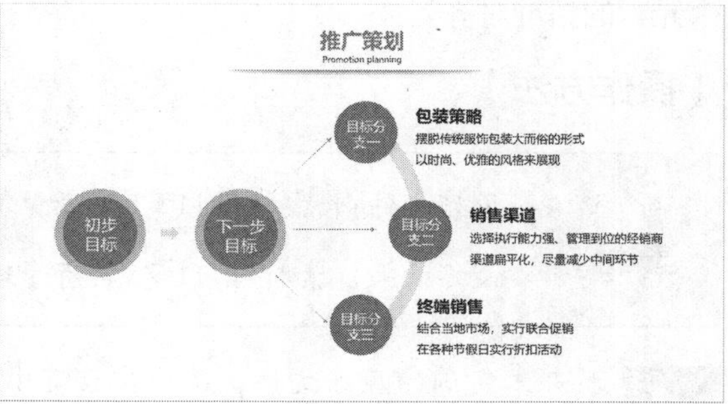

▲图 11-8

素养教学

有人说“人生如棋”，那么做人就应该遵守下棋的规则，否则很难取胜；有人说“人生如戏”，那么做人就应该遵守唱戏的规则，否则再好的戏也会缺少观众；有人说“人生如茶”，那么做人就应该懂得品茶的规则，否则再好的香茗也会索然无味。不同的人生有不同的规则，遵守做人的规则，才能走出精彩纷呈的人生之路。

11.2 电商管理招聘

【案例分析】

员工招聘是人力资源管理的重要内容。如何有效地把合适的人才引进企业，这是所有企业管理者最关心的问题，也是首先要解决的问题。企业在招聘会上会通过演示文稿向应聘人员展示企业简介、人员需求及岗位福利等内容，从而吸引应聘者的加入。招聘类演示文稿的制作在其中就起了非常重要的作用。本节内容将以电商管理招聘PPT为例，介绍高效排版的相关操作。

具体要求：将目录中的图标及标题内容左对齐；将页面中的多个元素等距分布；插入形状并多角度旋转；调整图片的层次，使版式更美观；将多个元素组合并调整至合适的位置。

【知识与技能】

一、对齐多个元素

二、均匀分布多个元素

三、调整元素的角度

四、调整各元素的层次

五、组合多个元素

11.2.1 对齐多个元素

【理论基础】

在对齐幻灯片上的多个元素时，很多人会选择通过鼠标一个个拖曳来实现，这样的方式并不是很好。一是这种对齐方式的效率很低，一个个调整很浪费时间；二是精确度不够，用眼睛来判断是否对齐毕竟是有误差的。因此，这里推荐使用PPT自带的对齐功能，利用该功能可以一键完成多个元素的精准对齐。

【操作方法】

案例素材	原始文件：素材\第11章\电商管理招聘—原始文件 最终效果：素材\第11章\电商管理招聘—最终效果	 11-1 对齐多个元素

01 打开本案例的原始文件，选中目录页中的4个图标序号（按【Ctrl】键可以同时选中多个元素），如图11-9所示。

02 切换到【绘图工具】的【格式】选项卡，单击【排列】组中的【对齐】按钮，从下拉列表中勾选【对齐所选对象】选项（默认为选中状态），然后选中【左对齐】选项，如图11-10所示。

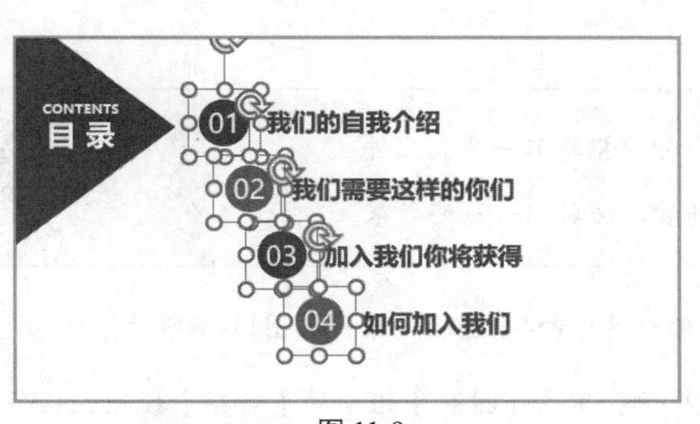

▲图 11-9

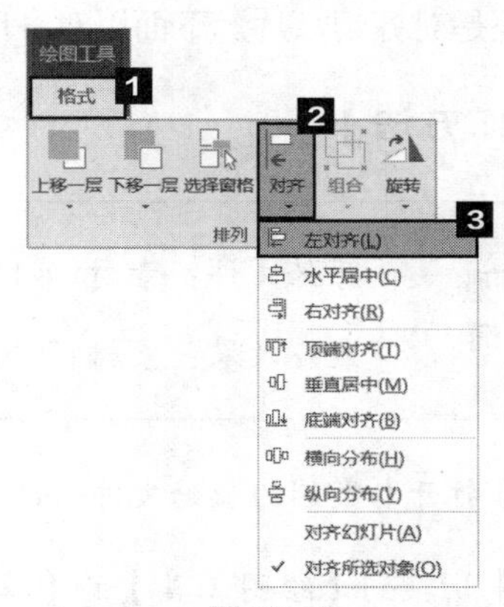

▲图 11-10

03 设置完成后，选中的图标序号将以最左侧的为基准，全部左对齐，效果如图11-11所示。

04 选中标题文字内容，按照上述同样的方法设置为左对齐，效果如图11-12所示。

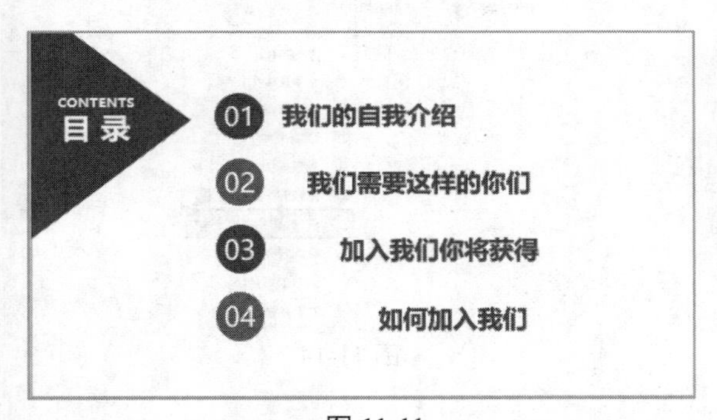

▲图 11-11

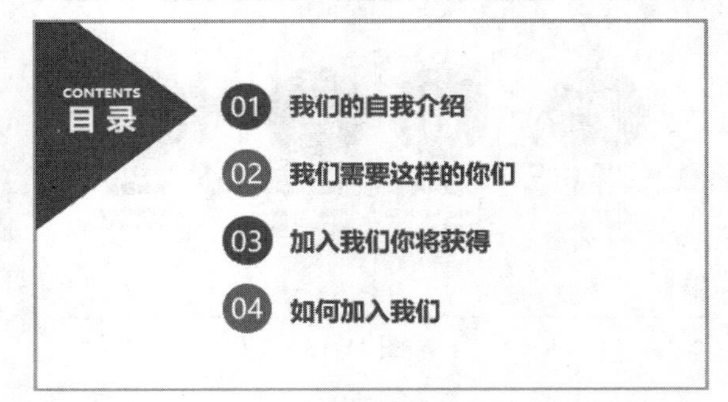

▲图 11-12

小贴士

用户在使用【对齐】工具对多个元素进行对齐操作时，要注意对齐所选对象还是对齐幻灯片。如果用户在【对齐】下拉列表中选中的是【对齐所选对象】，就是单纯对齐所选对象或者将所选对象等距分布；如果用户在【对齐】下拉列表中选中的是【对齐幻灯片】，则是将所选元素相对于幻灯片对齐。

11.2.2 均匀分布多个元素

【理论基础】

在对幻灯片进行排版时，经常需要对选中的多个元素进行横向或纵向分布，且要求两两间距相等。如果这时还靠手动拖曳凭感觉来排版，那就太不专业了。PPT的对齐工具中还提供了一个分布功能，可以帮助用户快速均匀分布对象。

分布菜单隐藏在对齐菜单中，它只有两个命令：横向分布和纵向分布。横向分布是把对象在页面上横向均匀排列；纵向分布是把对象在页面上纵向均匀排列。在操作前也要注意，是对齐所选元素还是对齐幻灯片。下面以对齐所选元素的横向分布为例，介绍一下具体操作方法。

【操作方法】

案例素材	原始文件：素材\第11章\电商管理招聘01—原始文件 最终效果：素材\第11章\电商管理招聘01—最终效果	 11-2 均匀分布多个元素

01 打开本案例的原始文件，选中第3张幻灯片中的4个图标元素，如图11-13所示。

02 切换到【绘图工具】的【格式】选项卡，单击【排列】组中的【对齐】按钮，从下拉列表中勾选【对齐所选对象】选项，然后选中【横向分布】选项，如图11-14所示。

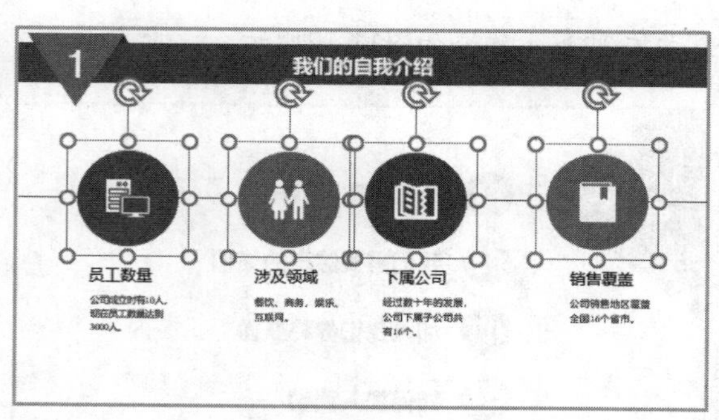

▲图 11-13

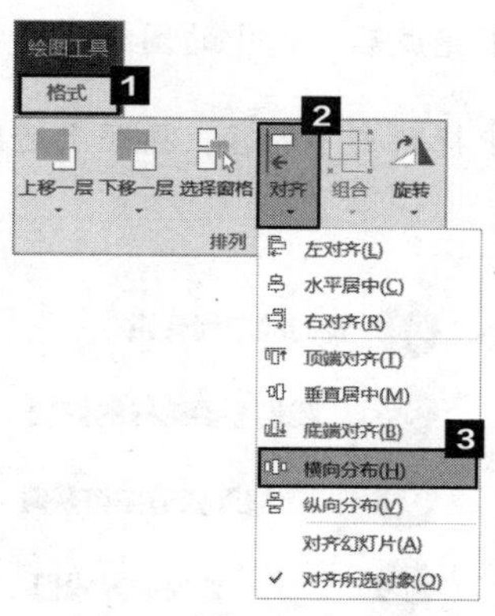

▲图 11-14

03 设置完成后，选中的图标元素将以所选对象为标准横向（均匀）分布，效果如图11-15所示。

04 将图标元素横向（均匀）分布后，将下方的文字也设置为横向分布。选中图标下方的文字内容，按照上述同样的方法设置为横向分布，效果如图11-16所示。

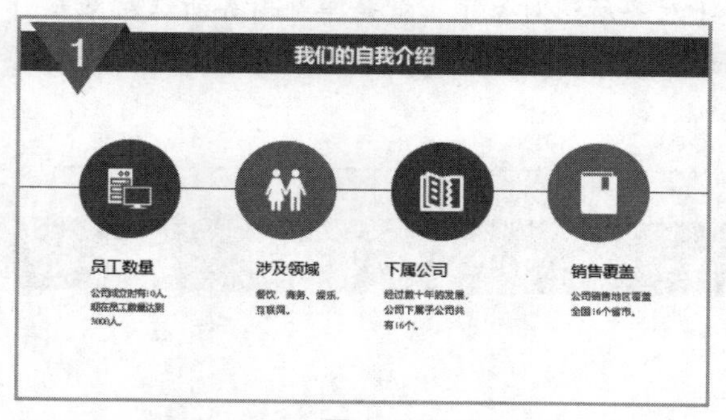

▲图 11-15

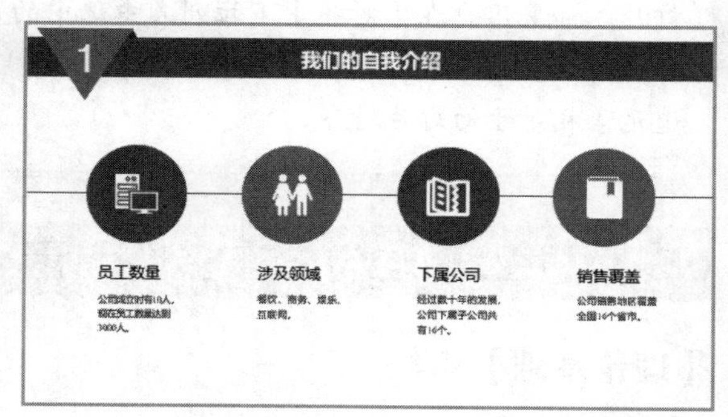

▲图 11-16

11.2.3 调整元素的角度

【理论基础】

旋转也是PPT快速排版的利器之一，只是这一功能经常被忽略。很多人在对排版对象进行旋转操作时都会选择手动旋转，但是手动旋转总会存在误差。PPT中的旋转功能，不仅可以使对象完成水平翻转、垂直翻转、向左旋转90°、向右旋转90°这些常规旋转，还可以完成指定角度的旋转。使用这一功能，用户可以对对象随心所欲进行旋转，具体操作方法如下。

【操作方法】

案例素材	原始文件：素材\第11章\电商管理招聘02—原始文件 最终效果：素材\第11章\电商管理招聘02—最终效果

11–3 调整元素的角度

01 打开本案例的原始文件，在第4张幻灯片中绘制一条直线，粗细设置为2.5磅，颜色设置为青色，如图11-17所示。

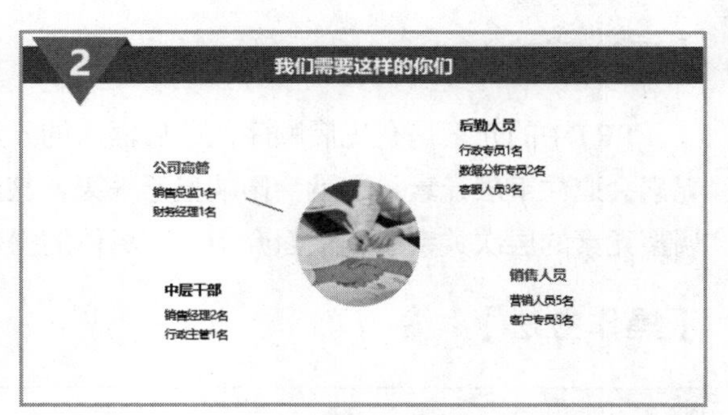

▲图 11-17

02 复制一条绘制的直线，然后切换到【绘图工具】的【格式】选项卡，单击【排列】组中的【旋转】按钮，从下拉列表中选择【垂直翻转】选项，如图11-18所示。

03 旋转后，将该直线设置为黑色，然后移至下方合适的位置，效果如图11-19所示。

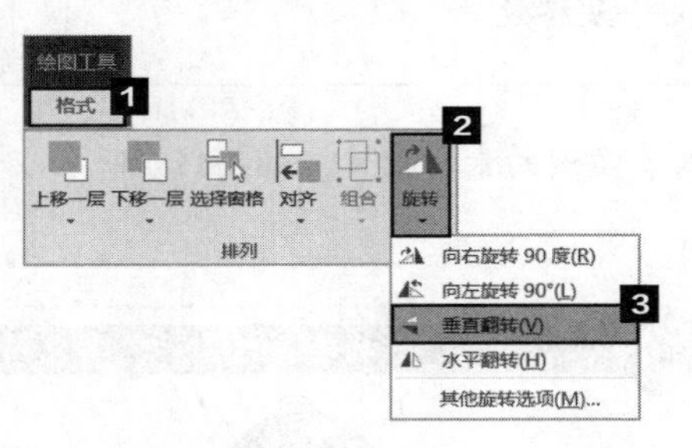

▲图 11-18

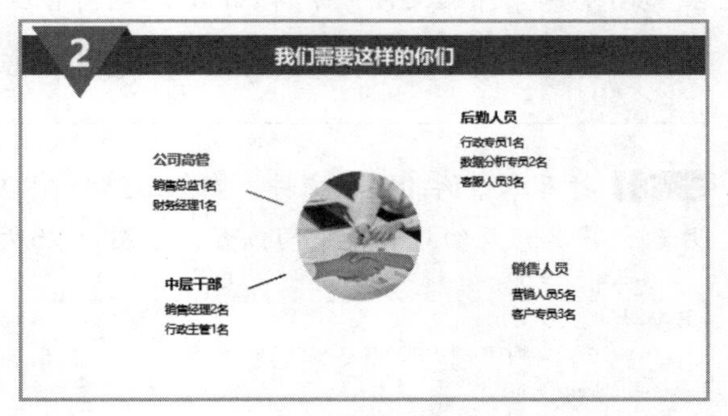

▲图 11-19

如果【旋转】下拉列表中内置的常规旋转方式不能满足用户的需求，用户还可以自定义旋转角度。

04 复制一条步骤03中的直线，然后单击【旋转】按钮，从下拉列表中选择【其他旋转选项】选项，如图11-20所示。弹出【设置形状格式】任务窗格，将【旋转】设置为“120°”，如图11-21所示。

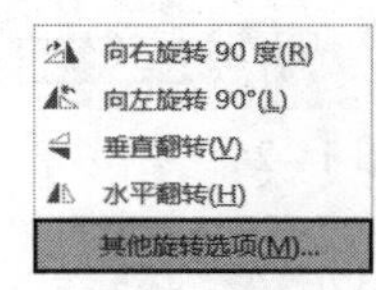

▲图 11-20

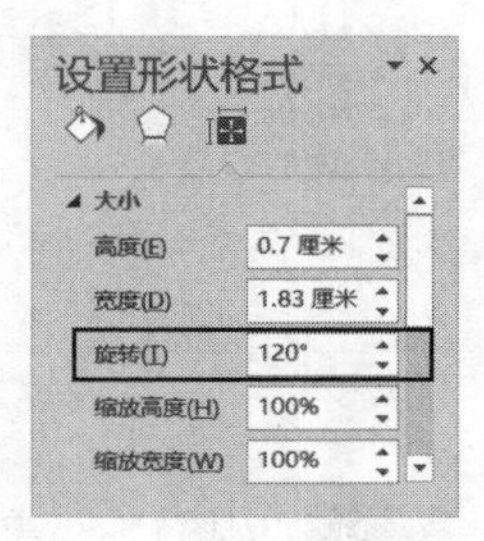

▲图 11-21

05 旋转120° 后，将该黑色直线移至图片的右上方，并调整至合适的位置，效果如图11-22所示。

06 复制第一条绘制的直线，调整至合适的角度和位置，效果如图11-23所示。

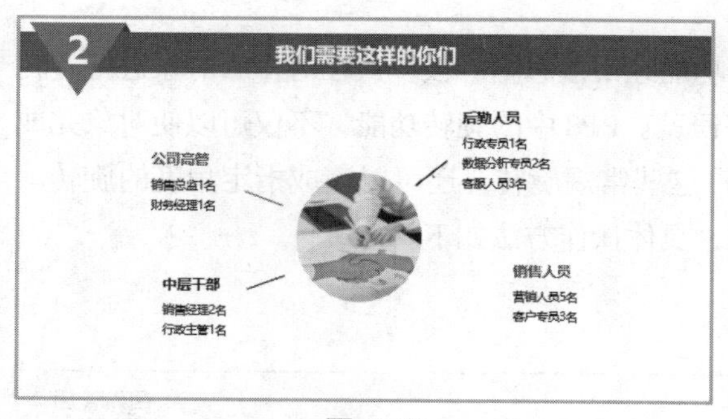

▲图 11-22

▲图 11-23

11.2.4 调整各元素的层次

【理论基础】

PPT中的元素是有先后顺序的，后插入的元素默认显示在先插入元素的顶层。有时排在上层的元素会遮住下层元素，这就会影响显示效果，甚至影响用户对下层元素的编辑等操作。这时就需要调整元素的层次关系了。下面介绍一下具体的操作方法。

【操作方法】

案例素材	原始文件：素材\第11章\电商管理招聘03—原始文件 最终效果：素材\第11章\电商管理招聘03—最终效果	 11-4 调整各元素的层次

01 打开本案例的原始文件，在第6张幻灯片中插入本案例的素材图片，如图11-24所示。插入图片后，将其移至幻灯片的中间位置，如图11-25所示。

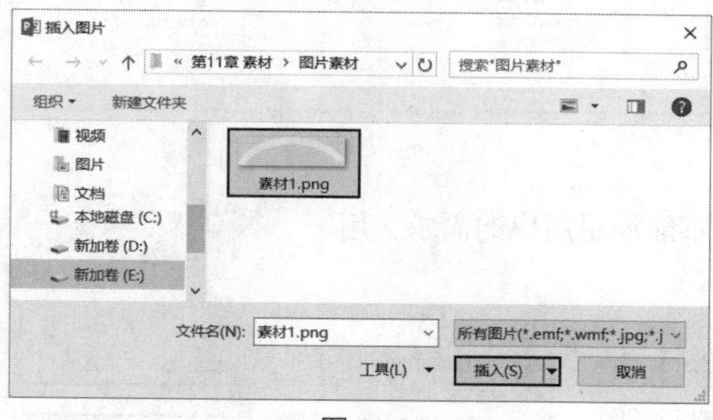

▲图 11-24

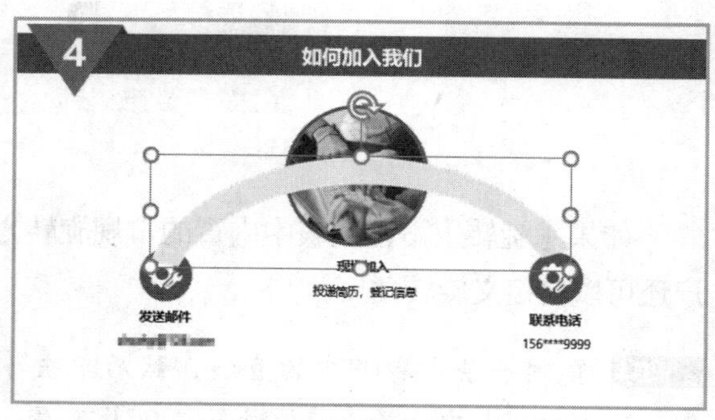

▲图 11-25

02 从图11-25中可以看出，新插入的图片遮住了幻灯片中的其他元素，看起来很不美观，需要

将其移至最后一层。选中插入的图片，切换到【图片工具】的【格式】选项卡，单击【排列】组中的【下移一层】按钮，如图11-26所示。

▲图 11-27

03 每单击一次【下移一层】按钮，图片就会下移一层，多次单击后图片即可移至最后一层，即底层，效果如图11-27所示。

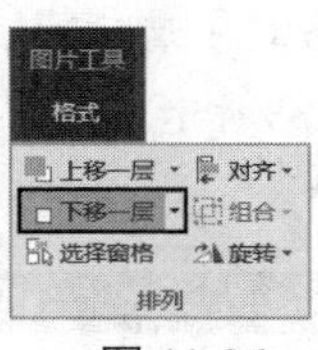

▲图 11-26

知识链接

在调整对象层次时，如果想要直接将所选对象置于底层，单击【下移一层】的下拉按钮，选择【置于底层】选项即可，如图11-28所示；如果想要直接将所选对象置于顶层，单击【上移一层】的下拉按钮，选择【置于顶层】选项即可，如图11-29所示。

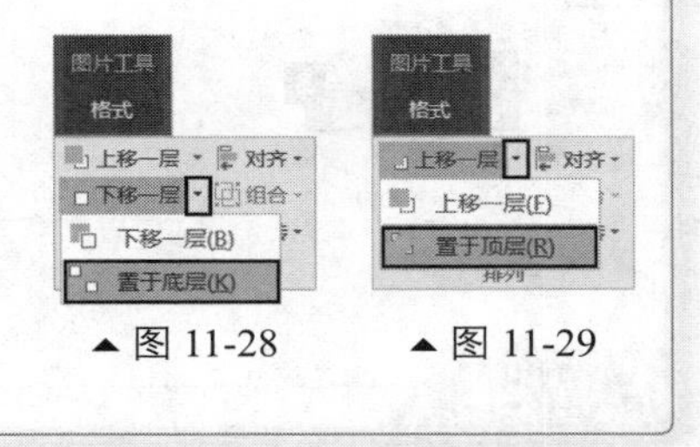

▲图 11-28　▲图 11-29

11.2.5 组合多个元素

【理论基础】

在PPT设计中，我们经常会遇到对多个对象同时进行操作的情况，逐个选择很容易出现多选或少选的情况，操作起来又很烦琐。使用组合功能，将多个对象组合成一个整体，然后进行编辑操作就方便多了。下面介绍一下具体的操作方法。

【操作方法】

案例素材	原始文件：素材\第11章\电商管理招聘04—原始文件 最终效果：素材\第11章\电商管理招聘04—最终效果

11–5 组合多个元素

01 打开本案例的原始文件，可以看到幻灯片中的内容整体偏右，从美观角度来说，幻灯片的整体内容水平居中会更好一些。为了方便对整体内容操作，我们可以使用组合功能将需要操作的对象组合为一个整体。首先选中第6张幻灯片中标题下的所有元素，如图11-30所示。

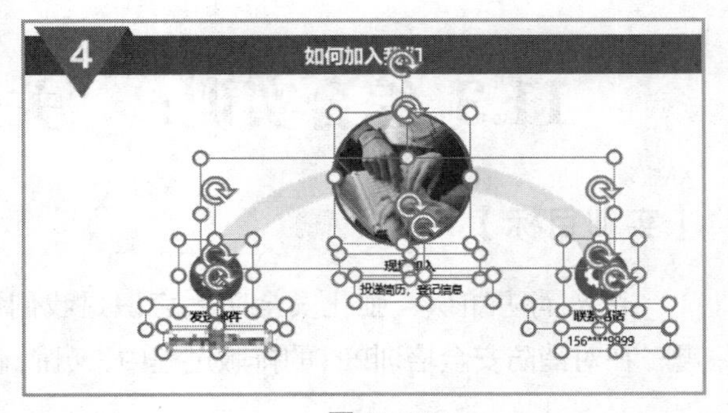

▲图 11-30

02 切换到【图片工具】的【格式】选项卡，单击【排列】组中的【组合】按钮，从下拉列表中选择【组合】选项，如图11-31所示。操作完成后，所选对象即可组合为一个整体，如图11-32所示。

03 选中组合对象，切换到【图片工具】的【格式】选项卡，单击【排列】组中的【对齐】按钮，从下拉列表中选择【水平居中】选项，如图11-33所示。

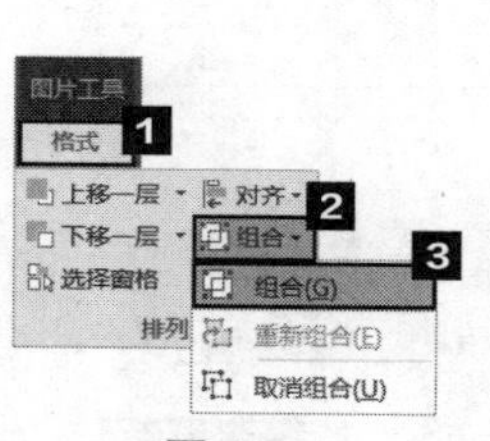

▲图 11-31

▲图 11-32

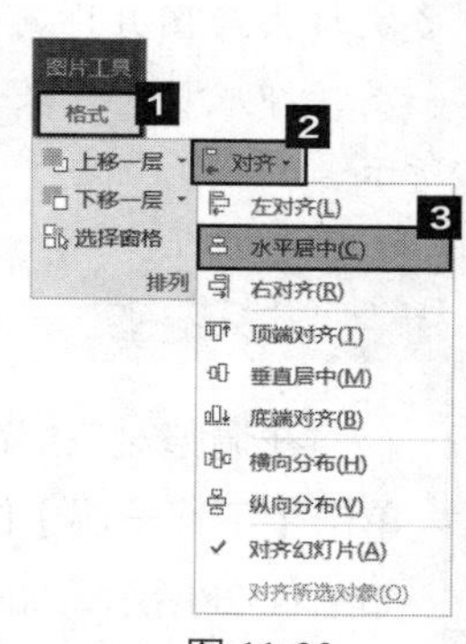

▲图 11-33

小贴士

在幻灯片中，当选中一个对象时，在【对齐】下拉列表中将自动勾选【对齐幻灯片】选项；当选中多个对象时，在【对齐】下拉列表中将自动勾选【对齐所选对象】选项。

04 操作完成后，组合对象即可相对幻灯片水平居中对齐，效果如图11-34所示。

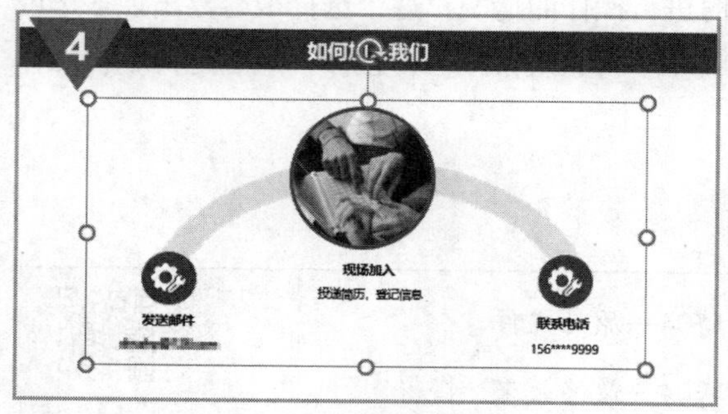

▲图 11-34

知识链接

对于组合对象，如果想要取消组合，只要选中该组合对象，再次单击【组合】按钮，从下拉列表中选择【取消组合】选项即可，如图11-35所示。

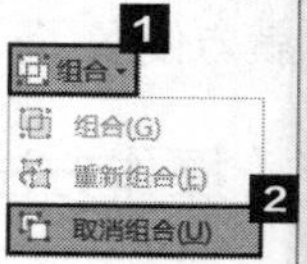

1 组合 组合(G) 重新组合(E) 2 取消组合(U)

▲图 11-35

11.3 综合实训：“关爱生命”消防安全培训

【实训目标】

普及消防知识、强化安全防火意识是我们每一个人的责任。本次实训以“关爱生命”为主题，在对消防安全培训PPT的排版过程中，巩固本章所学知识，强化学生的安全意识。

【实训操作】

01 打开本实训的原始文件，对第1张幻灯片中的图片进行层次和位置设置，如图11–36所示。

02 对第2张幻灯片中的目录内容进行左对齐和纵向（均匀）分布设置，如图11-37所示。

03 将第3张幻灯片中的图片设置为底层，然后编辑副标题的内容“消防安全知识培训讲座PPT”，如图11-38所示。

04 对第4张幻灯片中的四项内容进行左对齐和纵向（均匀）分布设置，如图11-39所示。

▲图 11-36

▲图 11-37

▲图 11-38

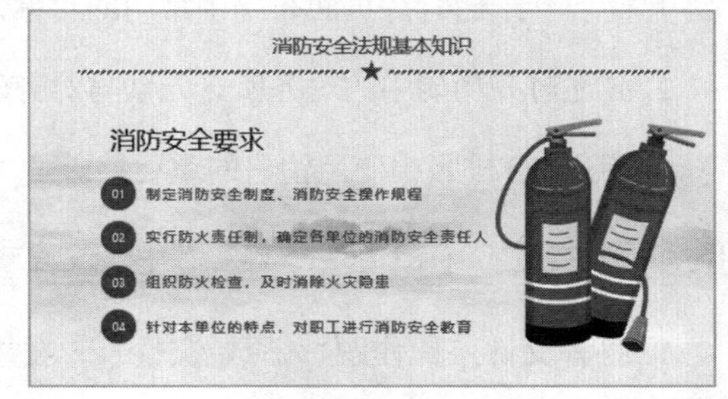

▲图 11-39

等级考试重难点内容

本章主要考察幻灯片排版与布局的内容，需读者重点掌握以下几点。

1. 幻灯片排版原则及页面布局原则。

2. 多个元素的快速排版操作（对齐、均匀分布、旋转、层次、组合）。

本章习题

一、不定项选择题

1. 以下选项中，属于幻灯片的排版原则的有（　　）。

A. 亲密原则　　B. 对齐原则　　C. 对比原则　　D. 重复原则

2. 在幻灯片中可以一键实现的旋转操作有（　　）。

A. 水平翻转　　B. 垂直翻转　　C. 向左旋转90°　　D. 向右旋转60°

3. 以下选项中，可以对幻灯片中的元素进行的操作有（　　）。

A. 对齐　　B. 均匀分布　　C. 旋转　　D. 层次　　E. 组合

二、判断题

1. 分布菜单隐藏在对齐菜单中，其中横向分布是把元素在页面上横向均匀排列，纵向分布是把元素在页面上纵向均匀排列。（　　）

2. 在调整元素层次时，如果想要直接将位于最顶层的元素置于底层，只能多次单击【下移一层】按钮。（　　）

3. 在幻灯片中，当选中一个对象时，在【对齐】下拉列表中将自动勾选【对齐幻灯片】选项；当选中多个对象时，在【对齐】下拉列表中将自动勾选【对齐所选对象】选项。（　　）

三、简答题

1. 简要介绍幻灯片页面布局中常用的对称方式。

2. 简述对齐功能中的对齐所选元素与对齐幻灯片的区别。

3. 简述PPT排版中使用留白的重要性。

四、操作题

1. 打开文件“操作题1—原始文件”，要求利用对齐和均匀分布功能对各元素进行均匀排列，效果如图11-40所示。

2. 打开文件“操作题2—原始文件”，要求根据给出的图形元素，重新复制出3个并填充合适的颜色，然后利用旋转功能进行排版布局，效果如图11-41所示。

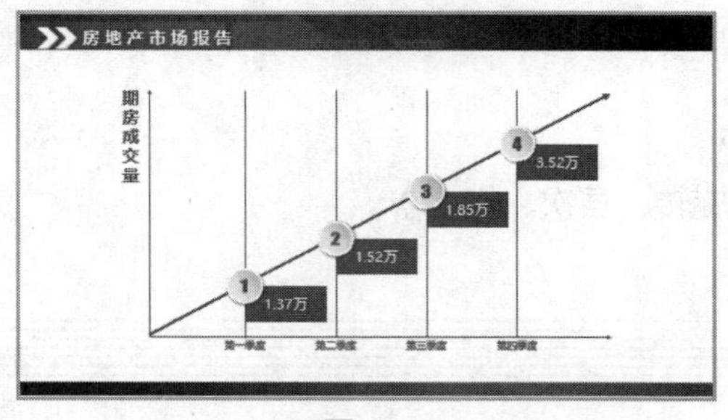

▲图 11-40

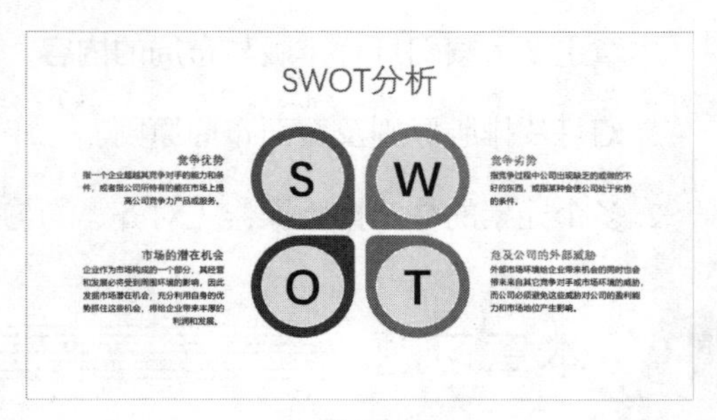

▲图 11-41

第12章 动画效果、放映与输出

PowerPoint 提供了多种动画设置效果及输出演示文稿的方法，用户可以将制作好的演示文稿按不同需求设置动画效果或输出为不同的格式，以满足不同环境下的需求。为了使内容更生动，用户有时还需要根据情境适当添加一些视频和音频。制作演示文稿的最终目的是放映，本章我们还会介绍有关放映的一些技巧。学完本章内容，读者可以进一步提高对演示文稿放映的设置能力，使演示文稿更具感染力和吸引力。

学习目标

1. 学会设置元素的动画效果
2. 学会设置页面的切换动画
3. 学会调整动画顺序
4. 掌握插入音频的方法
5. 掌握插入视频的方法
6. 掌握放映演示文稿的方法
7. 掌握导出演示文稿的方法

12.1 企业宣传片

【案例分析】

为了展示和塑造企业形象，企业需要制作企业宣传片，以树立行业权威，促进企业文化传播，提高客户信任度，促进产品销售。企业宣传片需要具有一定的感染力和宣传力，因此除了具体内容，播放效果也很重要。本节内容以企业宣传片为例，介绍一下设置动画及音频和视频的操作方法。

具体要求：为企业宣传片设置动画效果及播放顺序，然后插入合适的音频和视频。

【知识与技能】

一、设置动画效果

二、调整动画顺序

三、插入音频

四、插入视频

12.1.1 设置动画效果

PPT是需要动画的，合理使用动画效果，既能够为PPT的演示增添美感和视觉冲击力；又可以调动观众的热情，给观众留下深刻的印象。所以说PPT动画是学习PPT必须要掌握的技能。

PowerPoint 2016提供了包括进入、强调等多种形式的动画效果，下面分别介绍一下其具体的应用方法。

1. 设置进入动画

【理论基础】

进入动画是最基本的动画效果，它可以使幻灯片中的对象呈现陆续出现的动画效果。进入动画总体上可以分为4种类型：基本型、细微型、温和型和华丽型。用户可以根据每一种类型的名称了解它们各自的特点，然后根据需要对PPT中的文本、图形、图片、组合等多种对象设置动画效果。

【操作方法】

案例素材	
原始文件：素材\第12章\企业宣传—原始文件	
最终效果：素材\第12章\企业宣传—最终效果	12–1 设置进入动画

01 打开本案例的原始文件，选中“企业宣传”标题文本框，切换到【动画】选项卡，单击【动画】组中的【动画样式】按钮，从下拉列表中的【进入】组中选中【浮入】选项，如图12-1所示，即可为标题文本框添加进入动画。

02 单击【动画】组中的【效果选项】按钮，从下拉列表中可以设置动画进入的方向和序列，这里选择【上浮】，如图12-2所示。

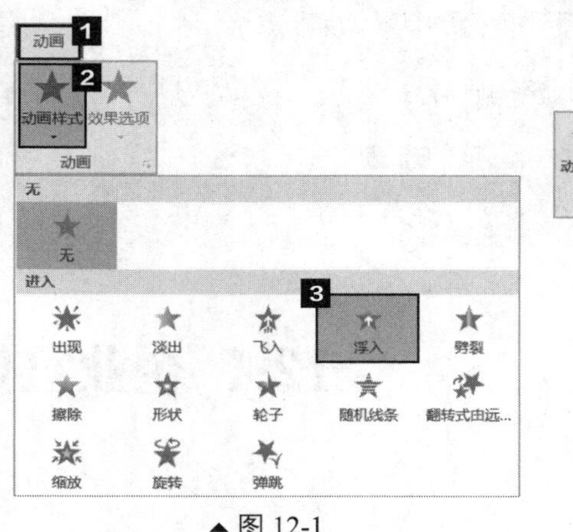

▲图 12-1

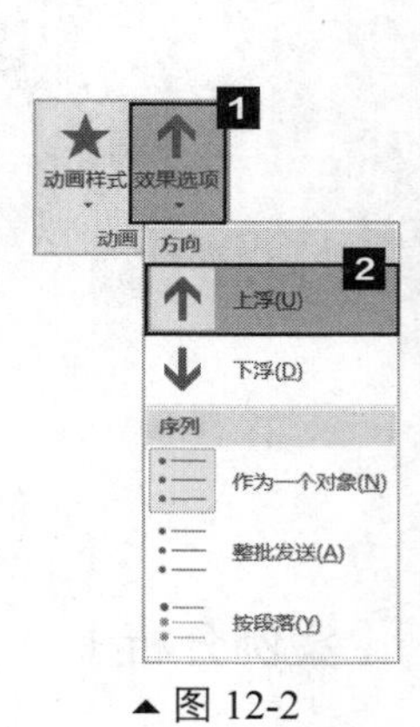

▲图 12-2

03 在【计时】组中可以设置动画的开始时间、持续时间和延迟时间，这里将【开始】设置为“单击时”，【持续时间】设置为“02.00”秒，如图12-3所示。

04 采用上述同样的方法设置副标题文本框的进入效果。设置完成后，单击【预览】组中【预览】按钮的上半部分，即可预览动画效果，如图12-4所示。

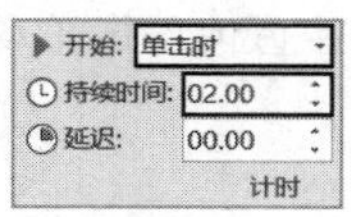

▲图 12-3

▲图 12-4

2. 设置强调动画

【理论基础】

强调动画是在放映过程中，通过放大、缩小、闪烁等方式引人注意的一种动画。强调动画也包含4种类型：基本型、细微型、温和型和华丽型。然而这4种类型的动画效果不如进入动画的动画效果明显，并且动画种类也比较少。下面介绍一下强调动画的设置要点。

【操作方法】

案例素材	原始文件：素材\第12章\企业宣传01—原始文件 最终效果：素材\第12章\企业宣传01—最终效果

12-2 设置强调动画

01 打开本案例的原始文件，切换到第2张幻灯片中，选中第一条目录左侧的双箭头组合对象，单击【高级动画】组中的【添加动画】按钮，从下拉列表的【强调】组中选择【脉冲】选项，如图12-5所示。

02 单击【高级动画】组中的【动画窗格】按钮，弹出【动画窗格】任务窗格，选中动画6，单击右侧的下拉按钮，从下拉列表中选择【计时】选项，如图12-6所示。

03 弹出【脉冲】对话框，默认切换到【计时】选项卡，单击【重复】文本框右侧的下拉按钮，从下拉列表中选择【直到下一次单击】选项，其他选项保持默认设置，单击【确定】按钮，如图12-7所示。

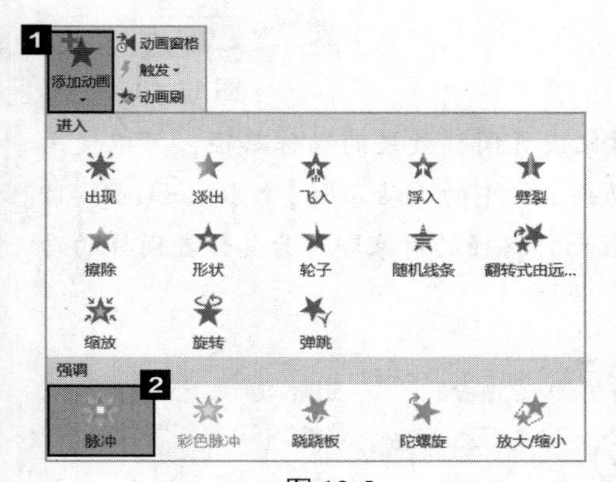

▲图 12-5

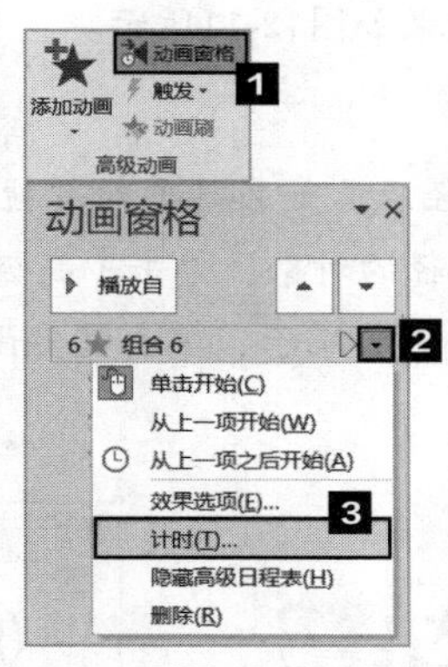

▲图 12-6

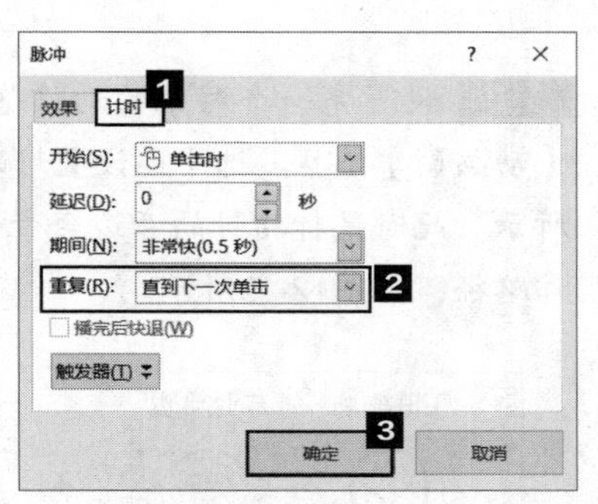

▲图 12-7

04 采用上述同样的方法设置余下3个箭头组合对象的强调动画效果，设置完成后即可在动画窗格中看到添加的强调动画内容，如图12-8所示。

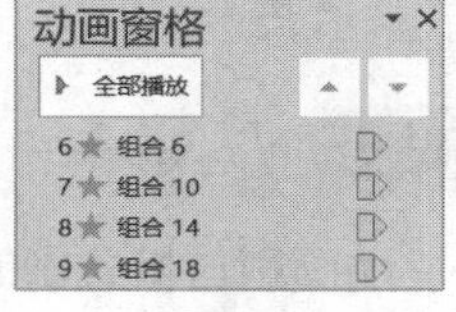

▲图 12-8

3. 设置路径动画

【理论基础】

路径动画是指对象按照绘制的路径运动的动画效果。用户可以从动画样式列表中选用需要的路径或自定义路径，还可以选用内置的其他动作路径，如图12-9所示。下面介绍一下选用其他动作路径的具体方法。

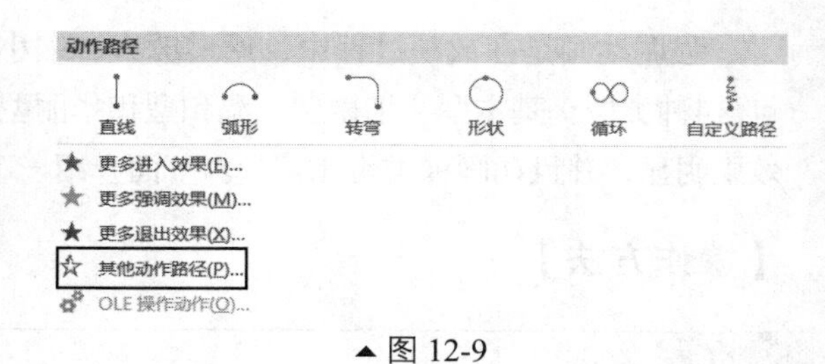

▲图 12-9

【操作方法】

案例素材	原始文件：素材\第12章\企业宣传02—原始文件 最终效果：素材\第12章\企业宣传02—最终效果	 12-3 设置路径动画

01 打开本案例的原始文件，切换到第3张幻灯片中，选中“工匠作坊”文本框，单击【动画】组中的【动画样式】按钮，从下拉列表中选择【其他动作路径】选项，如图12-9所示。

02 弹出【更改动作路径】对话框，在【基本】组中选择【泪滴形】选项，单击【确定】按钮，如图12-10所示。

03 返回幻灯片中，可以看到设置的路径效果，选中该路径，还可以对路径的位置和范围进行调整，效果如图12-11所示。

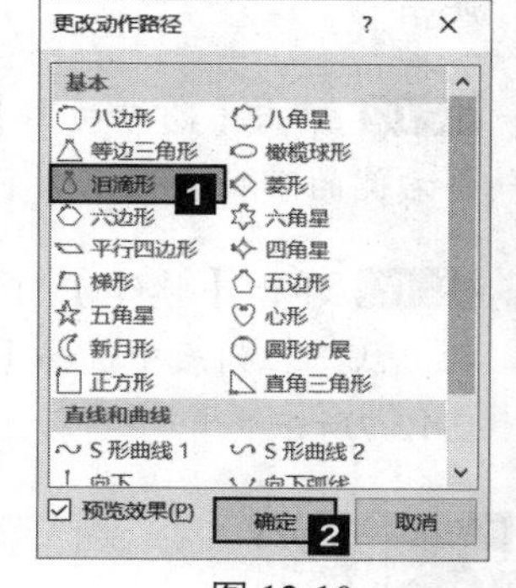

▲图 12-10

04 设置完一个对象的动作路径后，如果想要对其他对象设置同样效果的动作路径，可以使用【动画刷】工具。选中已设置好路径的对象，单击【高级动画】组中的【动画刷】按钮，如图12-12所示。此时鼠标指针的旁边会带一个小刷子，单击需要设置动作路径的对象即可为其设置同样的动作路径，如图12-13所示。

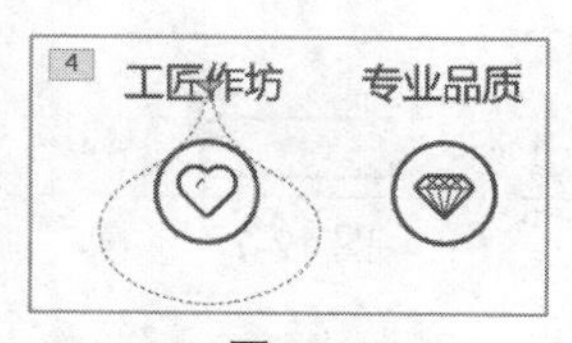

▲图 12-11

▲图 12-12

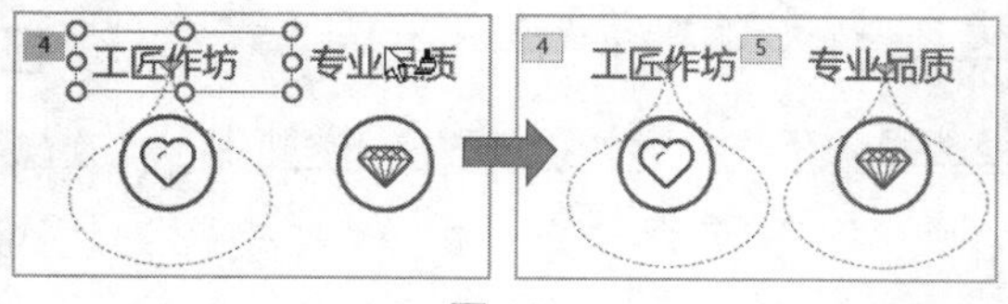

▲图 12-13

小贴士

动画刷与格式刷的用法相似，如果想要将一个动画效果复制到多个对象上，只要双击【动画刷】按钮，然后依次单击想要复制动画格式的对象即可。如果想要取消动画刷状态，只要再次单击【动画刷】按钮即可。

4. 设置退出动画

【理论基础】

退出动画是让对象从有到无、逐渐消失的一种动画效果。退出动画实现了画面之间的连贯过渡，是不可或缺的动画效果。下面介绍一下设置退出动画的具体方法。

【操作方法】

案例素材	原始文件：素材\第12章\企业宣传03—原始文件 最终效果：素材\第12章\企业宣传03—最终效果	

01 打开本案例的原始文件，切换到第3张幻灯片中，选中图片，切换到【动画】选项卡，单击【高级动画】组中的【添加动画】按钮，从下拉列表的【退出】组中选择【淡出】选项，如图12-14所示。

02 为图片添加“淡出”的退出效果后，在【预览】组中单击【预览】按钮的上半部分，即可看到图片慢慢淡化退出的效果，如图12-15所示。

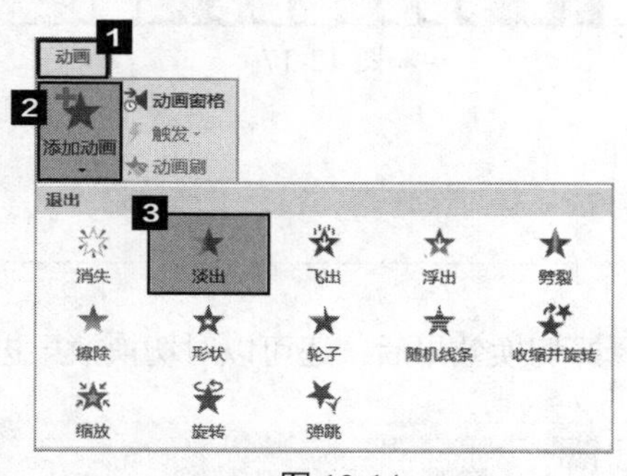

▲图 12-14

▲图 12-15

5. 设置页面切换动画

【理论基础】

页面切换动画是幻灯片之间进行切换的一种动画效果。添加页面切换动画，不仅可以轻松实现页面之间的自然转换，还可以使PPT真正动起来。下面介绍一下页面切换动画的具体操作。

【操作方法】

案例素材	原始文件：素材\第12章\企业宣传04—原始文件 最终效果：素材\第12章\企业宣传04—最终效果	

01 打开本案例的原始文件，切换到第6张幻灯片中，切换到【切换】选项卡，单击【切换到此幻灯片】组中的【切换效果】按钮，从下拉列表的【华丽型】组中选中【百叶窗】选项，如图12-16所示。

02 设置完成后，在【预览】组中单击【预览】按钮的上半部分，即可看到切换到此幻灯片的效果，如图12-17所示。

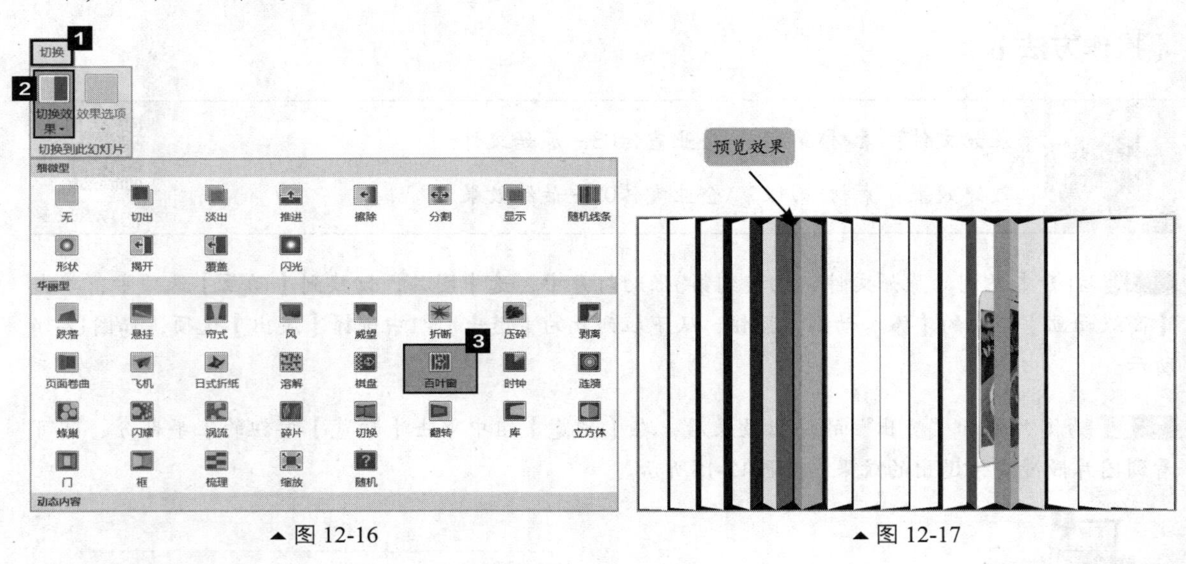

▲图 12-16

▲图 12-17

03 采用上述同样的方法，设置其他页面的切换效果即可。

知识链接

设置幻灯片的切换效果与设置动画效果类似，在选择好切换效果后，还可以对切换效果进行其他的设置，如图12-18所示。并且，在设置完一张幻灯片的切换效果后，如果想要对其余所有幻灯片应用同样的效果，只要单击【计时】组中的【全部应用】按钮即可，无须一张张幻灯片重新设置。

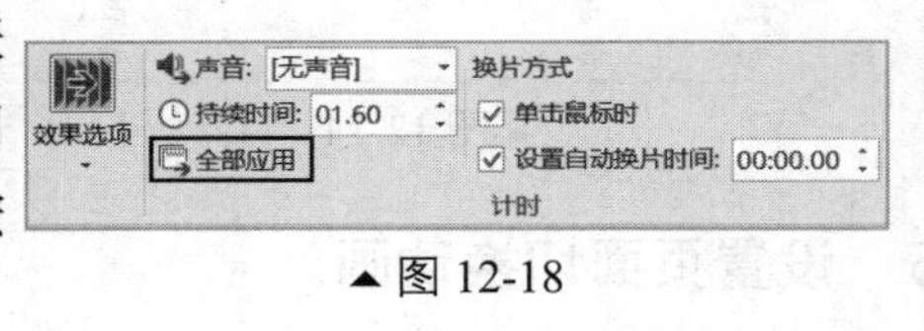

▲图 12-18

12.1.2 调整动画顺序

【理论基础】

在幻灯片中添加一些动画会让页面更加生动，由于页面中的对象通常有多个，在添加动画后，如果想要它们按照一定的顺序播放，那么就可以按照个人需求对动画排列顺序。切换到【动画】选项卡后，每个对象旁边的序号就是动画出现的次序，在具体排列时，需要在【动画窗格】任务窗格中完成。下面介绍一下具体的操作方法。

【操作方法】

案例素材	原始文件：素材\第12章\企业宣传05—原始文件 最终效果：素材\第12章\企业宣传05—最终效果

12-6 调整动画顺序

01 打开本案例的原始文件，切换到【动画】选项卡，单击【高级动画】组中的【动画窗格】按钮，弹出【动画窗格】任务窗格，在这里可以看到按序排列的动画名称，如图12-19所示。

02 在【动画窗格】任务窗格中选中需要移动位置的动画名称，然后单击【计时】组中的【向前移动】按钮，选中的动画即可向前移动一个位置，如图12-20所示。

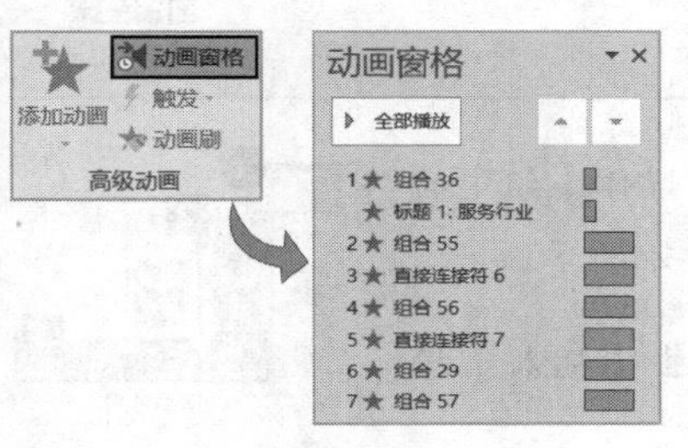

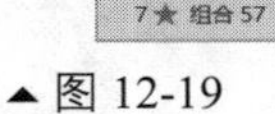
▲图 12-19

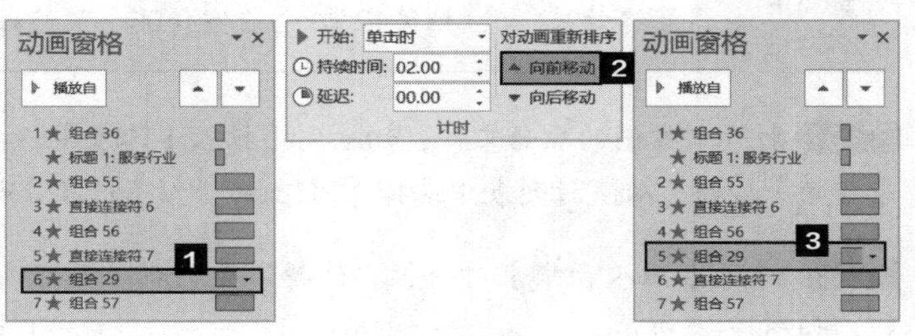

▲图 12-20

小贴士

使用按钮排序的方法，每次只能向前或向后移动一个位置。如果想要快速向前或向后移动多个位置，需要逐次单击按钮；或者使用鼠标拖曳。

03 选中当前的第5个动画，按住鼠标左键不放，将其拖曳至第1个动画的下面，如图12-21所示。释放鼠标左键即可完成拖曳操作，效果如图12-22所示。通过幻灯片中各个应用动画的对象旁边的编号也可以看出其动画顺序，如图12-23所示。

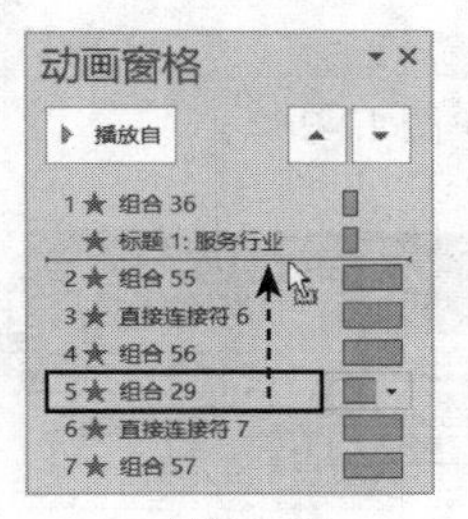

▲图 12-21

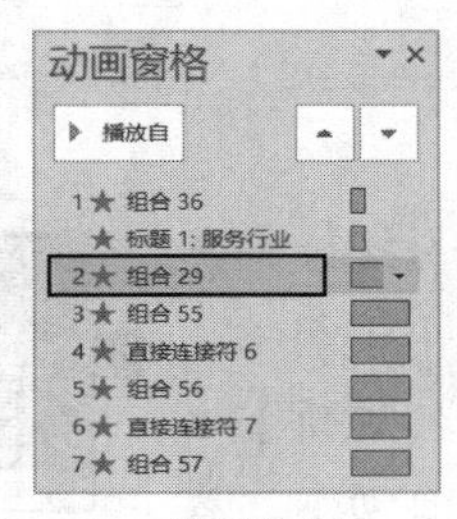

▲图 12-22

▲图 12-23

知识链接

如果想要删除某个动画效果，可以在【动画窗格】任务窗格中，选中要删除的动画，按【Delete】键即可将其删除；或者切换到【动画】选项卡，幻灯片中应用动画的对象旁边会出现动画编号，选中该编号，按【Delete】键也可将其删除。

12.1.3 插入音频

【理论基础】

在幻灯片播放的有些场合，为了烘托现场气氛，让观众能迅速地融入演讲主题，我们可以使用一段音频作为背景音乐。下面介绍一下幻灯片中添加音频的具体操作方法。

【操作方法】

案例素材	原始文件：素材\第12章\企业宣传06—原始文件 最终效果：素材\第12章\企业宣传06—最终效果	 12–7 插入音频

01 打开本案例的原始文件，切换到【插入】选项卡，单击【媒体】组中的【音频】按钮，从下拉列表中选择【PC上的音频】选项，如图12-24所示。

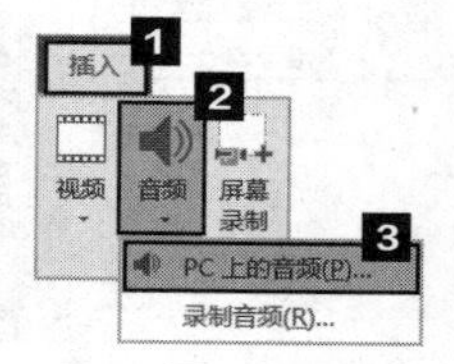

▲图 12-24

02 弹出【插入音频】对话框，选择准备好的音乐素材，单击【插入】按钮，如图12-25所示。

03 插入音频后，为了不影响幻灯片的排版效果，将音频图标用鼠标拖曳至幻灯片下方，如图12-26所示。

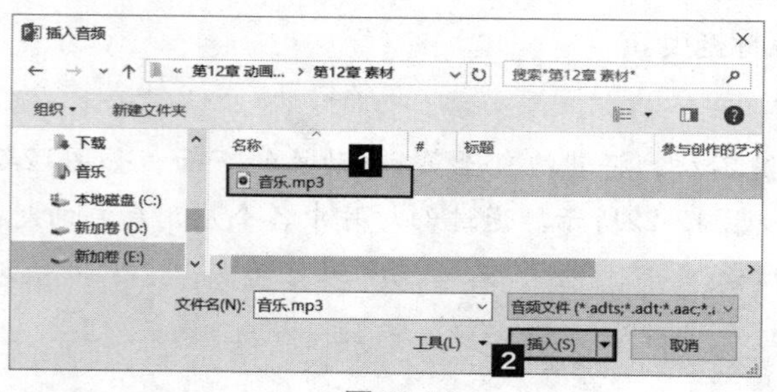

▲图 12-25

▲图 12-26

04 作为背景音乐，音频文件理应从幻灯片开始放映时就开始播放，至幻灯片放映结束时才停止播放。选中小喇叭，切换到【音频工具】的【播放】选项卡，在【音频选项】组中将【音量】设置为【低】，【开始】设置为【自动】，然后勾选【跨幻灯片播放】【循环播放，直到停止】和【放映时隐藏】复选框，如图12-27所示。

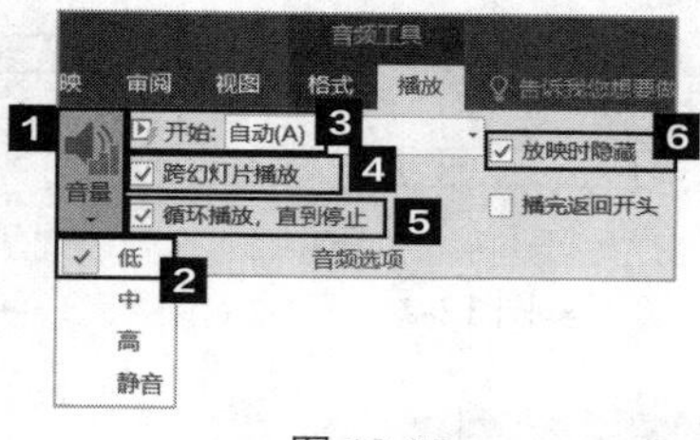

▲图 12-27

小贴士

需注意的是，作为背景的音乐不要喧宾夺主，最好是纯音乐，使用钢琴曲是一个不错的选择。

12.1.4 插入视频

【理论基础】

PPT中不仅需要插入文字图片和音频，有时可能需要通过视频来辅助讲解。例如，在企业宣传PPT中，经常会通过视频来展示企业形象，达到文字和图片不能企及的效果。下面介绍一下在PPT中插入视频的具体操作方法。

【操作方法】

案例素材	原始文件：素材\第12章\企业宣传07—原始文件 最终效果：素材\第12章\企业宣传07—最终效果	 12-8 插入视频

01 打开本案例的原始文件，选中第4张幻灯片，切换到【插入】选项卡，单击【媒体】组中的【视频】按钮，从下拉列表中选择【PC上的视频】选项，如图12-28所示。

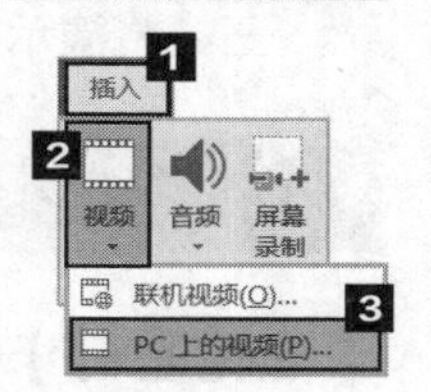

▲图 12-28

02 弹出【插入视频文件】对话框，选择准备好的视频素材，单击【插入】按钮，如图12-29所示。

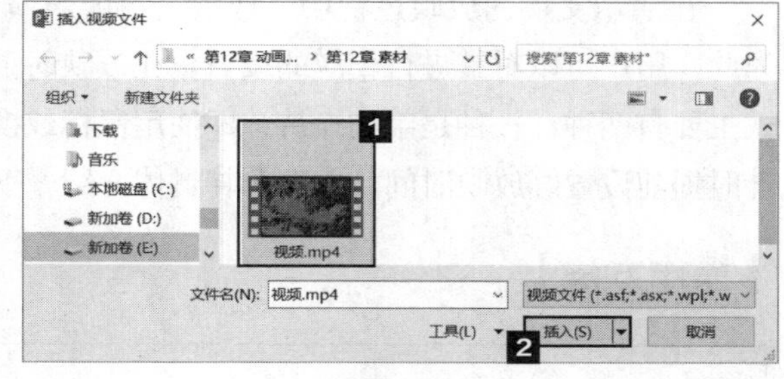

▲图 12-29

03 视频插入后可以调整视频界面的大小和位置，调整完成后切换到【视频工具】的【播放】选项卡，在【音频选项】组中将【开始】设置为【单击时】，然后勾选【全屏播放】和【播完返回开头】复选框，如图12-30所示。视频填满整张幻灯片的效果如图12-31所示。

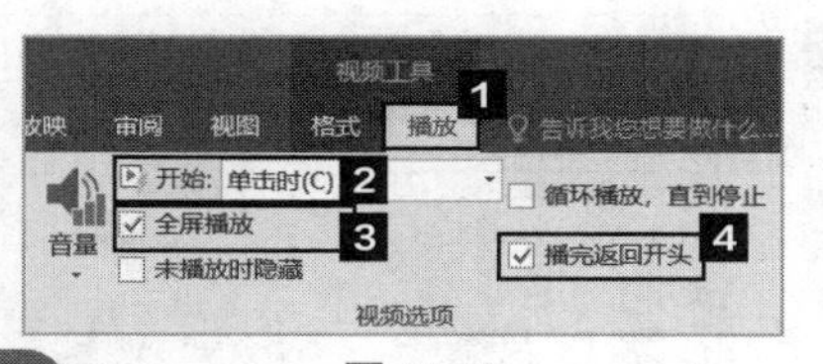

▲图 12-30

▲图 12-31

素养教学

人生智慧：不论聪明与否，我们都要在前进的道路上学会总结，形成总结的习惯。总结是一个整理、提炼的过程，是我们获得进步的好方法，在学习或工作中，我们要适当地停下来回顾这一年，总结经验教训，理清未来的发展思路。总结既是对过去的回顾，更是为了更好地开拓未来。

12.2 企业战略管理方案

【案例分析】

企业战略管理是企业高层管理者为保证企业的持续生存和发展，通过对企业外部环境与内部条件的分析，对企业全部经营活动所进行的根本性和长远性的规划与指导。本节内容以企业战略管理方案为例，介绍一下放映与导出幻灯片的操作方法。

具体要求：设置演示文稿的放映类型和排练计时；将演示文稿导出为图片、PDF或视频。

【知识与技能】

一、设置演示文稿的放映方式
二、设置演示文稿的排练计时
三、将演示文稿导出为图片
四、将演示文稿导出为PDF
五、将演示文稿导出为视频

12.2.1 放映演示文稿

【理论基础】

在演示文稿的放映过程中，放映者可能对演示文稿的放映方式和放映时间有着不同的需求，为此，用户可以对其进行相应的设置。在放映时，最常用的放映类型是演讲者放映。常用的换片方式主要有两种：一种是手动换片，即使用鼠标或换页笔等工具来控制播放进度；另一种是采用排练计时提前设置好放映时间。本案例将具体介绍一下排练计时方式的操作步骤。

【操作方法】

案例素材	原始文件：素材\第12章\企业战略管理—原始文件 最终效果：素材\第12章\企业战略管理—最终效果

12-9 放映演示文稿

01 打开本案例的原始文件，切换到【幻灯片放映】选项卡，单击【设置】组中的【设置幻灯片放映】按钮，如图12-32所示。

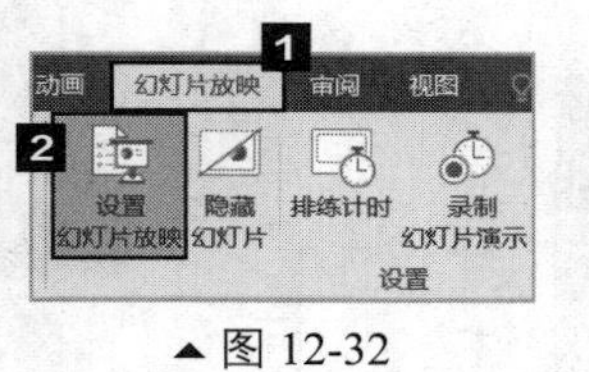

▲ 图 12-32

02 弹出【设置放映方式】对话框，在【放映类型】组中选中【演讲者放映（全屏幕）】单选项，在【换片方式】组中选中【如果存在排练时间，则使用它】单选项，单击【确定】按钮，如图12-33所示。

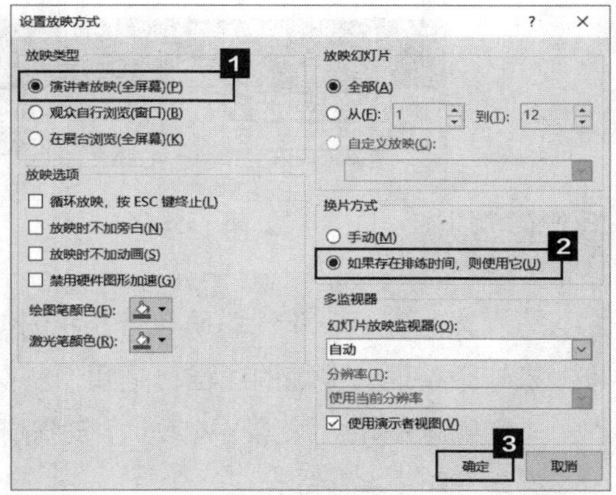

▲ 图 12-33

03 返回演示文稿后，单击【设置】组中的【排练计时】按钮，如图12-34所示。

04 此时进入幻灯片放映状态，按照需要的速度手动播放幻灯片即可进行录制。同时窗口左上角会出现【录制】工具栏，该工具栏中显示了当前幻灯片的放映时间和整个演示文稿的累计放映时间，如图12-35所示。

▲ 图 12-34

▲ 图 12-35

知识链接

在录制过程中，如果想要对当前幻灯片重新排练计时，可单击【重复】按钮，这样【录制】工具栏中【当前幻灯片的放映时间】就会从"0"开始重新计时；若想放映到某个时间点时暂停放映，可以单击【暂停录制】按钮，这样当前幻灯片的排练计时就会暂停，直到单击【下一项】按钮才会继续计时。

05 录制完成后，单击【录制】工具栏的【关闭】按钮，弹出【Microsoft PowerPoint】对话框，单击【是】按钮即可，如图12-36所示。

▲ 图 12-36

06 切换到【视图】选项卡，单击【演示文稿视图】组中的【幻灯片浏览】按钮，进入幻灯片浏览视图。每张幻灯片缩略图的右下角都显示了幻灯片的放映时间，如图12-37所示。

▲ 图 12-37

07 切换到【幻灯片放映】选项卡，单击【开始放映幻灯片】组中的【从头开始】按钮，如图12-38所示，即可进入播放状态，此时会按照排练好的时间自动播放。

▲ 图 12-38

12.2.2 导出演示文稿

【理论基础】

演示文稿除了可输出为PPT的基本格式外，还可以导出为图片、视频、PDF等几种常见格式。下面介绍一下导出以上格式的具体操作方法。

【操作方法】

演示文稿制作好后，如需将其应用到公众号的宣传、公司的邮件群发、宣传海报的设计等，可以将其导出为图片，便于分享或发送。导出图片的具体操作方法如下。

案例素材	原始文件：素材\第12章\企业战略管理01—原始文件 最终效果：素材\第12章\企业战略管理01—最终效果	 12-10 导出演示文稿

01 打开本案例的原始文件，单击【文件】按钮，从下拉列表中选择【另存为】选项，在右侧单击【浏览】选项，如图12-39所示。

02 弹出【另存为】对话框，选择好保存位置，设置好文件名，然后在【保存类型】下拉列表中选择【JPEG文件交换格式（*.jpg）】选项，单击【保存】按钮，如图12-40所示。

▲图 12-39

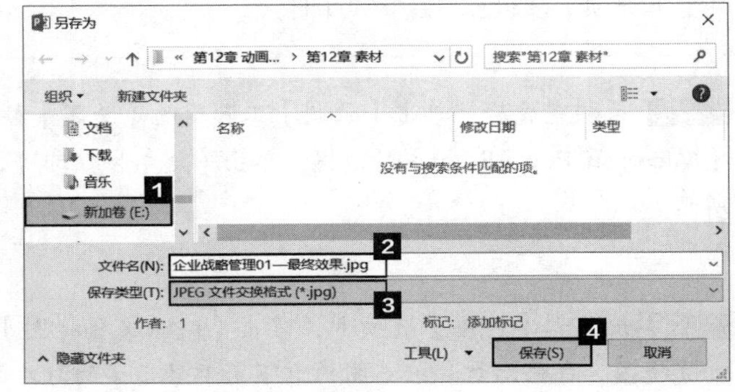

▲图 12-40

03 弹出提示对话框，单击【所有幻灯片】选项，如图12-41所示。再弹出提示框，单击【确定】按钮即可，如图12-42所示。

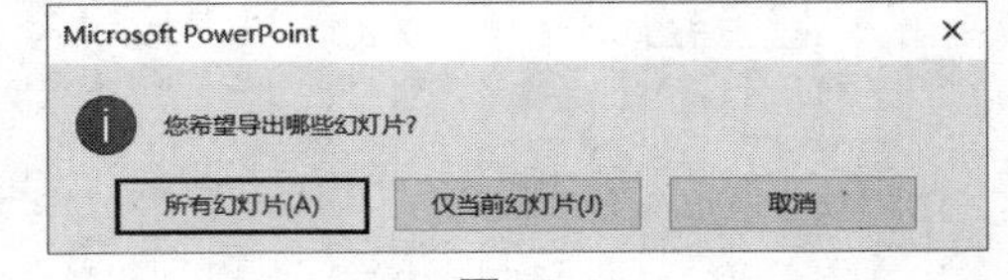

▲图 12-41

▲图 12-42

04 打开保存图片的文件夹，可以看到所有导出的图片，如图12-43所示。

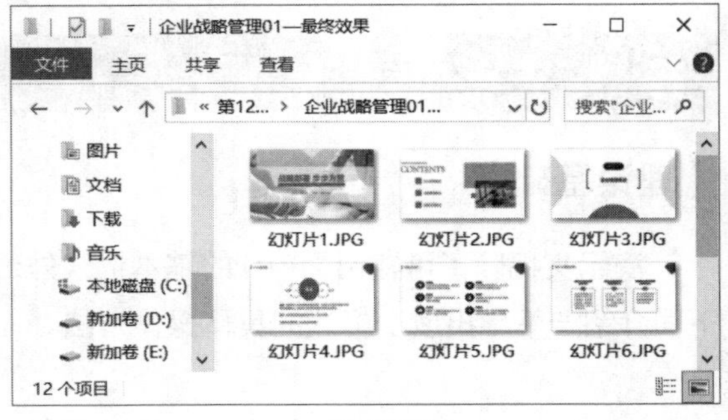

▲图 12-43

知识链接

导出视频和PDF文件的操作方法与导出图片的操作方法相同，单击【文件】按钮，然后选择【另存为】选项即可，只是在【另存为】对话框中，需要将保存类型分别设置为【MPEG-4视频（*.mp4）】和【PDF（*.pdf）】。

另外，在导出视频和PDF文件时，除了使用【文件】下拉列表中的【另存为】选项外，还可以直接使用【导出】选项，在【导出】对话框中分别选择【创建视频】和【创建Adobe PDF】即可，如图12-44所示。

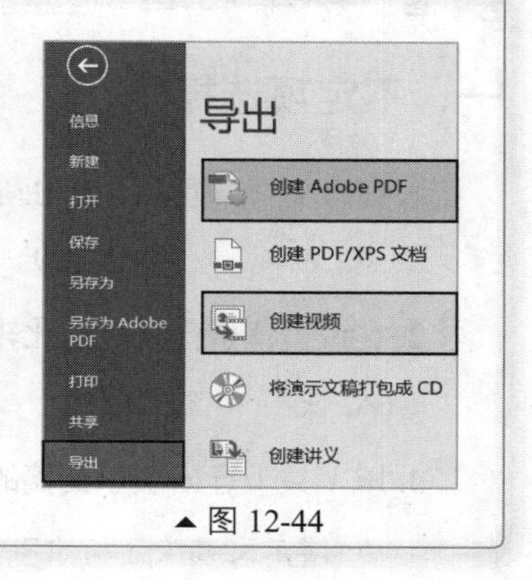

▲图 12-44

12.3 综合实训：“新时代，新使命”员工技能比赛

【实训目标】

新时代需要新担当、新作为，青年大学生要立鸿鹄志、做奋斗者，努力在奋斗中释放青春激情、追逐青春理想！本实训以“新时代，新使命”为主题制作员工技能比赛PPT，在为读者巩固本章知识的同时，增强青年学生的使命感。

【实训操作】

01 打开本实训的原始文件，为PPT添加动画和页面切换效果。

02 为PPT添加背景音乐并设置好音量、自动播放和循环播放模式。

03 设置演示文稿的放映方式：放映类型为演讲者播放，换片方式为手动。

04 将整个演示文稿导出为PDF文件。效果见本章实训素材。

等级考试重难点内容

本章主要考察动画效果、放映与输出的内容，需读者重点掌握以下几点。

1. 设置动画效果并调整动画顺序（包括进入动画、强调动画、退出动画、路径动画）。

2. 在PPT中插入音频并设置播放模式。

3. 在PPT中插入视频并设置播放模式。

4. 设置演示文稿的放映方式（重点掌握排练计时的应用）。

5. 掌握演示文稿的导出方式（图片、视频和PDF文件）。

本章习题

一、不定项选择题

1. 在PPT中，可以添加动画效果的元素有（　　）。

A. 文字　　B. 图片　　C. 形状　　D. 以上都可以

2. 在设置背景音乐时，比较合适的音量是（　　）。

A. 低　　B. 中　　C. 高　　D. 静音

3. 以下关于导出演示文稿的说法中，正确的有（　　）。

A. 演示文稿除了输出PPT的基本格式外，还可以导出为图片、视频、PDF等几种常见格式

B. 演示文稿制作好后，如需将其应用到公众号的宣传、公司的邮件群发、宣传海报的设计等，可以将其导出为图片，便于分享或发送

C. 导出视频时，需要将保存类型设置为MPEG-4视频（*.mp4）

D. 导出PDF文件时，需要将保存类型设置为PDF（*.pdf）

二、判断题

1. 切换效果指幻灯片与幻灯片之间进行换页的效果。（　　）

2. 演示文稿中只能插入音频，不能插入视频。（　　）

3. 如果要删除某个对象的动画效果，只能在动画窗格中操作。（　　）

三、简答题

1. 简要介绍动画刷的用法。

2. 简述演示文稿常用的放映类型及换片方式。

3. 简述删除某个动画效果的方法。

四、操作题

1. 打开文件“操作题1—原始文件”，调整每张幻灯片中各个元素的动画顺序，使其按照合理的顺序播放。

2. 打开文件“操作题2—原始文件”，将整个演示文稿导出为图片格式。

第四篇

Office 组件之间的协作

本篇主要结合Word、 Excel与PPT各自的应用场景及特点，介绍在日常办公中三者之间的协作内容。学完本篇内容，你就可以学会在Word文档中调用Excel工作表，批量生成Word版邀请函，将Word文档转成PPT，在Word中插入幻灯片，在PPT中插入Excel图表，在PPT中插入Excel工作表等高效办公操作方法。

第13章 Word、Excel 与 PPT 之间的协作

Word、Excel与PPT都是日常办公中使用比较频繁的Office办公软件，其中Word是文字处理软件，主要进行文字的编辑与排版等；Excel是电子表格软件，生成数据表格，主要用于统计、计算、分析等；PPT是演示文稿软件，可被用户在计算机或者投影仪上进行演示，主要用于演讲或报告。除了各自的优势之外，它们三者之间的资源其实是可以相互调用的，这样可以快速实现资源共享和高效办公。本章将具体介绍三者之间高效协作的内容。

学习目标

1. 在 Word 中插入 Excel 工作表
2. 使用 Word 和 Excel 批量生成邀请函
3. 将 Word 文档转成 PPT
4. 在 Word 中插入幻灯片
5. 在 PPT 中插入 Excel 图表
6. 在 PPT 中插入 Excel 工作表

13.1 Word与Excel之间的协作

【案例分析】

Word与Excel之间的协作在日常工作中是非常常见的。例如，当需要在Word文档中插入表格展示数据信息时，可以调用Excel工作表，以便于对数据进行复杂的编辑操作；另外，利用Word与Excel的协作功能还可以批量制作邀请函等文件，从而大大提高工作效率。本节内容将针对以上两个方面的协作功能进行详细介绍。

具体要求：在店铺运营流程文档中插入已有的Excel工作表，展示店铺利润数据；根据Excel文件中提供的参会人员名单，批量生成Word版邀请函。

【知识与技能】

一、在Word中插入Excel工作表

二、批量生成Word版邀请函

13.1.1 在Word中插入Excel工作表

【理论基础】

Word文档中经常需要插入表格展示数据信息，关于插入并编辑表格的内容在2.1.4节中已经介绍过了，但是该种方法插入的表格可使用的功能非常有限，对于数据的编辑与计算还是在Excel中操作更方便些，这时可以在Word文档中直接调用Excel工作表，以避免在两个软件之间来回切换，非常方便。具体调用时，可以调用空白工作表，也可以调用已有数据的工作表。空白工作表的调用方法请参阅本节知识链接的内容。下面具体介绍一下如何调用已有数据的工作表。

【操作方法】

案例素材	原始文件：素材\第13章\店铺运营流程—原始文件　店铺运营流程—素材文件 最终效果：素材\第13章\店铺运营流程—最终效果

13–1　在Word中插入Excel工作表

01 打开本案例的原始文件，将鼠标光标定位到文档最后，切换到【插入】选项卡，单击【文本】组中【对象】按钮右侧的下拉按钮，从下拉列表中选择【对象】选项，如图13-1所示。

02 弹出【对象】对话框，切换到【由文件创建】选项卡，单击【浏览】按钮，从【浏览】对话框中选择本案例的素材文件“店铺运营流程—素材文件”，勾选【链接到文件】复选框，单击【确定】按钮，如图13-2所示。

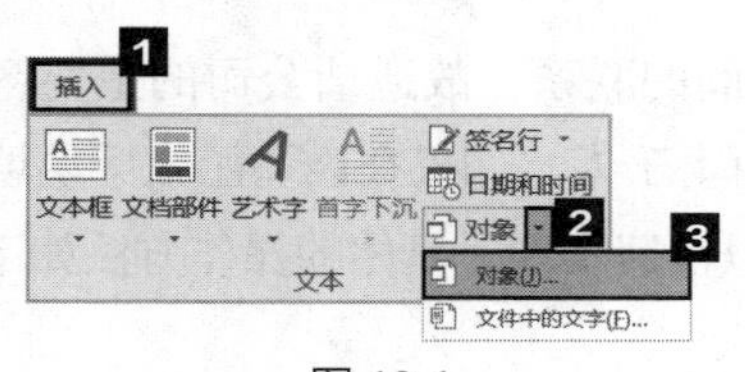

▲图13-1

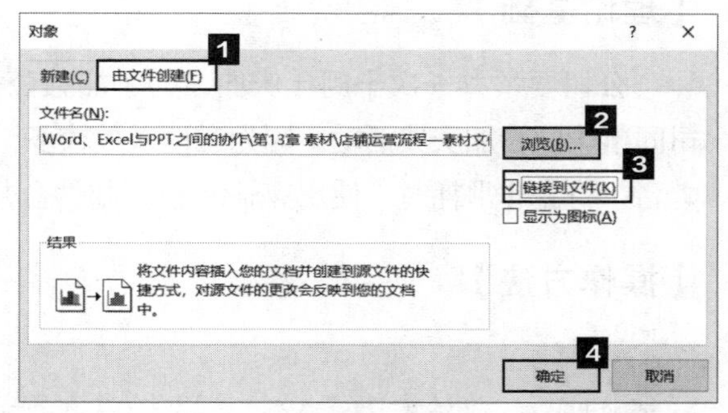

▲图13-2

03 稍等一会儿，返回Word文档，在鼠标光标定位的位置即可插入“店铺运营流程—素材文件”中的表格，选中该表格，其四周会出现8个小方块，将鼠标光标定位到小方块上，当这些小方块变成双向箭头形状时，按住鼠标左键拖曳，即可调整表格的大小，如图13-3所示。

季度	成交量	均价（元）	成交额（元）	总成本（元）	利润（元）	利润率
第1季度	2,358	81.70	192,649	125,694	66,955	53.27%
第2季度	2,116	86.80	183,669	117,570	66,099	56.22%
第3季度	2,579	85.90	221,536	151,578	69,958	46.15%
第4季度	2,236	79.60	177,986	116,632	61,354	52.61%

▲图13-3

04 在表格区域内双击，打开Excel界面，即可对表格数据进行编辑，如图13-4所示。

季度	成交量	均价（元）	成交额（元）	总成本（元）	利润（元）	利润率
第1季度	2,358	81.70	192,649	125,694	66,955	53.27%
第2季度	2,116	86.80	183,669	117,570	66,099	56.22%
第3季度	2,579	85.90	221,536	151,578	69,958	46.15%
第4季度	2,236	79.60	177,986	116,632	61,354	52.61%

▲图13-4

知识链接

在Word文档中插入空白的Excel表格，具体操作方法为：将鼠标光标定位到需要插入Excel表格的位置，然后切换到【插入】选项卡，单击【表格】组中的【表格】按钮，从下拉列表中选择【Excel电子表格】选项，如图13-5所示，即可在Word文档中插入空白的Excel表格，在该表格中双击，即可进入Excel界面对表格进行编辑，如图13-6所示。

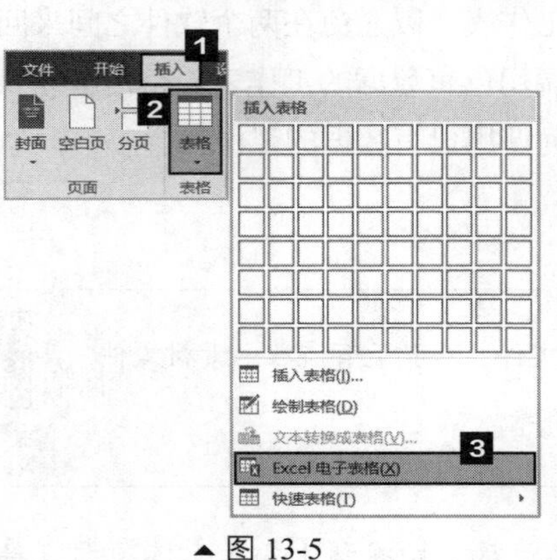

▲图 13-5

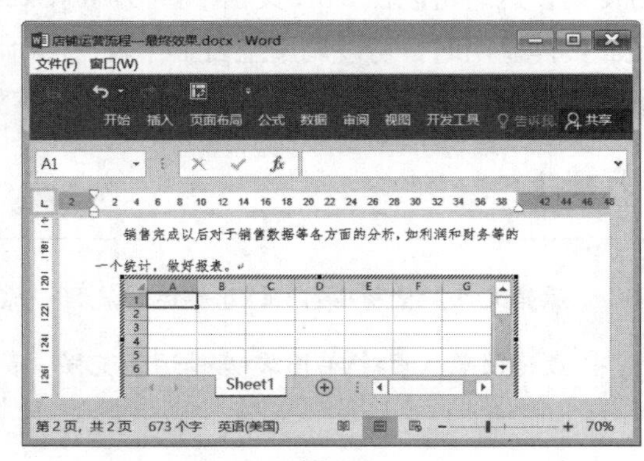

▲图 13-6

13.1.2 使用 Word 和 Excel，批量生成邀请函

【理论基础】

公司要举办一次十周年庆典，为了加强公司与客户之间的联系，故邀请公司的重要客户与公司同事一同参加庆典活动。因为邀请人数较多，可能有几百上千人，如果在邀请函上手动填写这些姓名，将会非常耗时，使用Word提供的邮件合并功能就可以快速实现。具体的操作方法如下。

【操作方法】

案例素材	原始文件：素材\第13章\邀请函—原始文件　参会人员名单—素材文件 最终效果：素材\第13章\信函1

13–2 使用Word和Excel，批量生成邀请函

01 用Word打开本案例的原始文件，切换到【邮件】选项卡，单击【开始邮件合并】组中的【选择收件人】按钮，从下拉列表中选择【使用现有列表】选项，如图13-7所示。

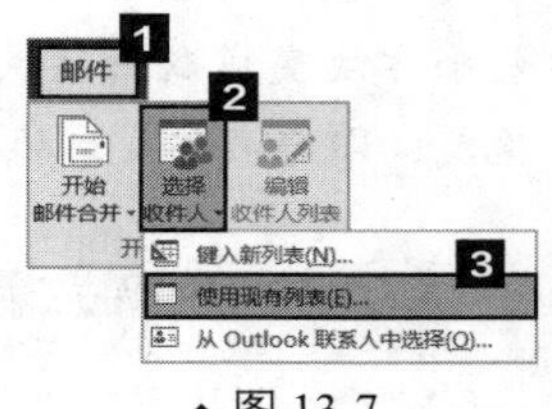

▲图 13-7

02 弹出【选取数据源】对话框，找到准备好的人员名单Excel文件“参会人员名单—素材文件”单击【打开】按钮，弹出【选择表格】对话框，默认选中Sheet1，单击【确定】按钮，如图13-8所示。

03 导入数据源后，需要在邀请函中设置插入姓名的位置。将鼠标光标定位到邀请函中“尊敬

的”的右侧，单击【编写和插入域】组中的【插入合并域】按钮，在弹出的下拉列表中选择【姓名】选项，如图13-9所示。返回Word文档，可以看到“姓名”已经插入文档了。

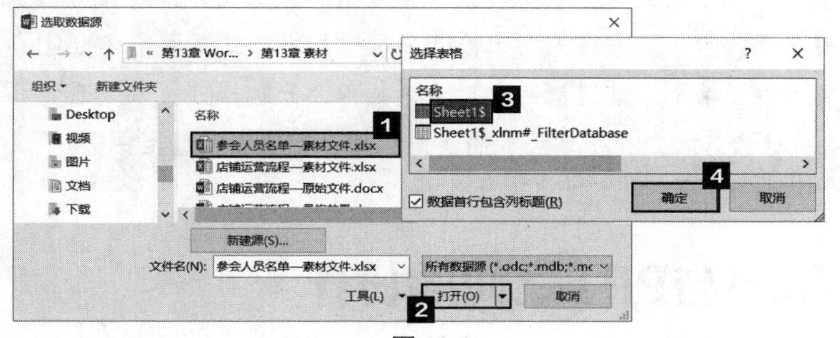

▲图 13-8

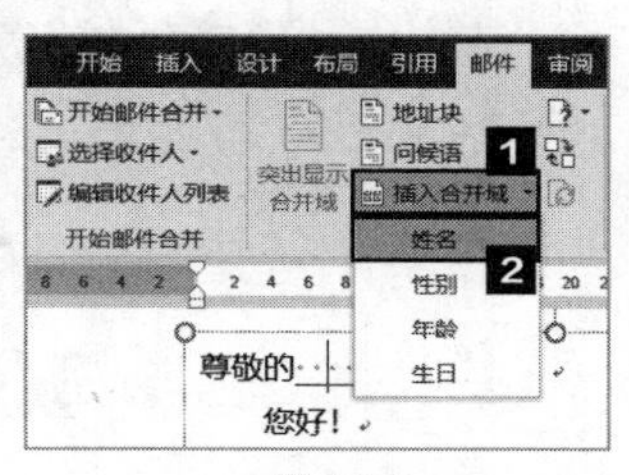

▲图 13-9

04 插入姓名后，还要在姓名后面插入“先生”或“女士”。首先将鼠标光标定位在“姓名”右侧，然后切换到【邮件】选项卡，在【编写和插入域】组中单击【规则】按钮，在弹出的下拉列表中选择【如果...那么...否则...】选项，如图13-10所示。

05 弹出【插入Word域:IF】对话框，在【如果】组合框中的【域名】下拉列表中选择【性别】，在【比较条件】下拉列表中选择【等于】，在【比较对象】下方的文本框中输入“男”，在【则插入此文字】文本框中输入“先生”，在【否则插入此文字】文本框中输入“女士”，然后单击【确定】按钮，如图13-11所示。

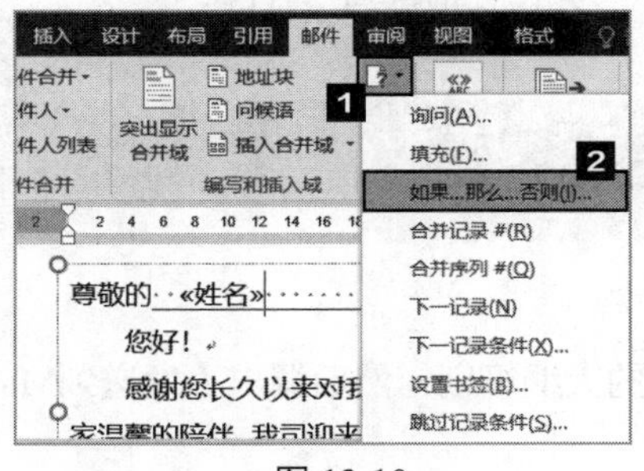

▲图 13-10

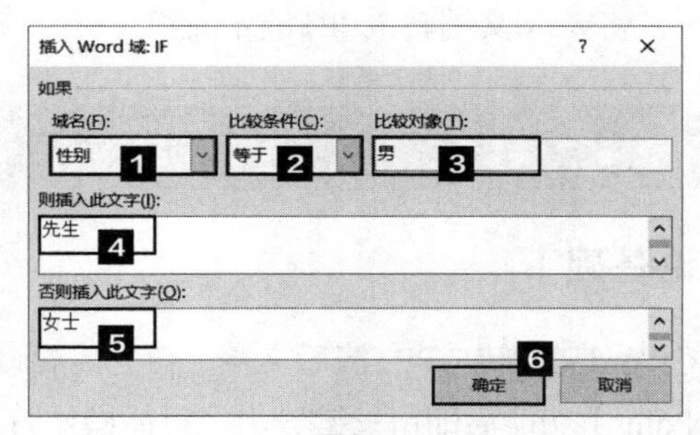

▲图 13-11

06 返回Word文档，可以看到“姓名”右侧已插入“先生”二字。选中插入的“先生”，使用【格式刷】功能，将插入的文字设置为与其他文字统一的字体格式，如图13-12所示。

07 切换到【邮件】选项卡，单击【完成】组中的【完成并合并】按钮，从下拉列表中选择【编辑单个文档】选项，弹出【合并到新文档】对话框，选中【全部】单选项，单击【确定】按钮，如图13-13所示。返回Word文档，此时所有参加人员的邀请函已经全部生成了，将其保存即可。

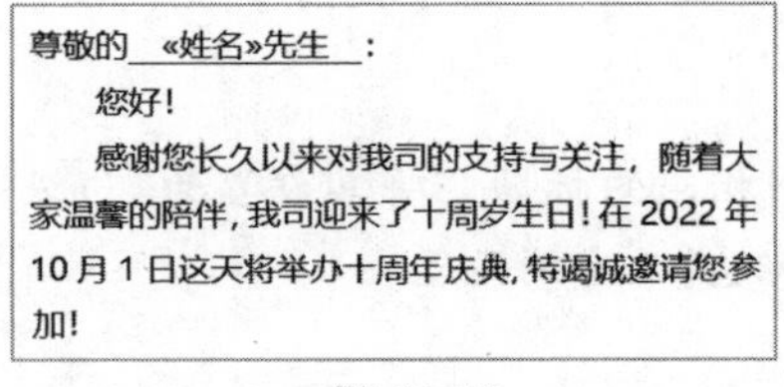
尊敬的 «姓名»先生 :

您好！

感谢您长久以来对我司的支持与关注，随着大家温馨的陪伴，我司迎来了十周岁生日！在 2022 年 10 月 1 日这天将举办十周年庆典，特竭诚邀请您参加！

▲图 13-12

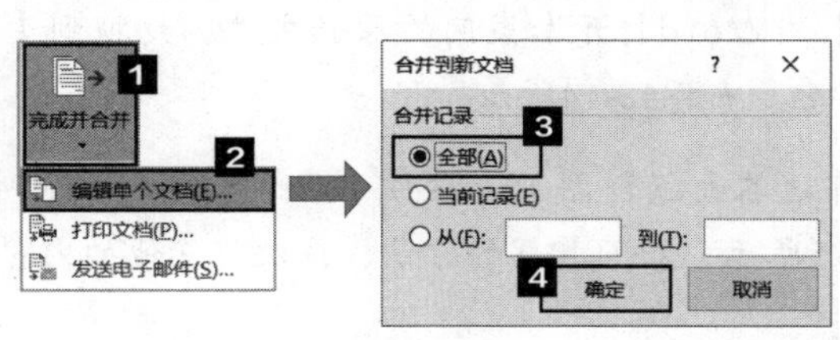

▲图 13-13

素养教学

善于合作更能取得事业的成功。一个缺乏合作精神的人，事业上难有建树，也难在激烈的竞争中立于不败之地。尤其在现代社会，孤家寡人、单枪匹马很难取得成功，我们需要团结协作，形成合力。从某种意义上讲，帮别人就是帮自己，合则共存，分则俱损。如果因为心胸狭隘，单枪匹马去干事，放着身边的人力资源不去利用，很可能事倍功半，甚至更糟。

13.2 Word与PPT之间的协作

【案例分析】

Word与PPT之间的资源共享不是很常用，但是有时需要将Word文档转成PPT演示文稿，或者将设计好的幻灯片当作一个对象直接插入Word文档。本节内容具体介绍一下Word与PPT之间的协作。

具体要求：将制作好的项目计划书Word文档，设置好大纲级别，然后调出【发送到Microsoft PowerPoint】功能，导出PPT演示文稿；在项目计划书Word文档中插入产品图幻灯片。

【知识与技能】

一、将Word文档转成PPT演示文稿　　二、在Word中插入幻灯片

13.2.1 将 Word 文档转成 PPT 演示文稿

【理论基础】

将Word文档转成PPT演示文稿，首先需要设置好段落的大纲级别，然后调出【发送到Microsoft PowerPoint】功能后即可一键导出。具体操作方法如下。

【操作方法】

案例素材	原始文件：素材\第13章\项目计划书—原始文件 最终效果：素材\第13章\项目计划书—最终效果	 13–3 将Word文档转成PPT演示文稿

01 用Word打开本案例的原始文件，切换到【视图】选项卡，单击【视图】组中的【大纲视图】按钮，如图13-14所示。

02 进入大纲视图后，按住【Ctrl】键，选中所有级别相同的标题，将其设置为“1级”，如图13-15所示，按照相同的方法，依次将其他的内容按照层级关系分别设置。

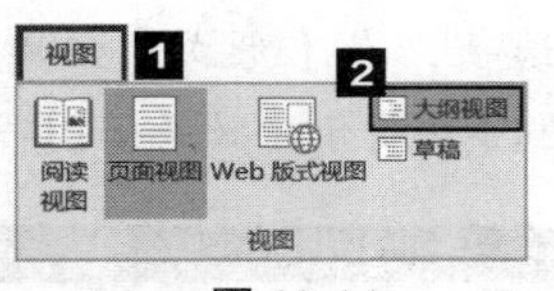

▲图 13-14

▲图 13-15

03 设置好大纲级别后，需要调出【发送到Microsoft PowerPoint】功能。首先关闭大纲视图，然后单击【文件】按钮，从下拉列表中选择【选项】选项，弹出【Word选项】对话框，选中【快速访问工具栏】选项，在【所有命令】中找到【发送到Microsoft PowerPoint】，单击【添加】按钮，再单击【确定】按钮，如图13-16所示。

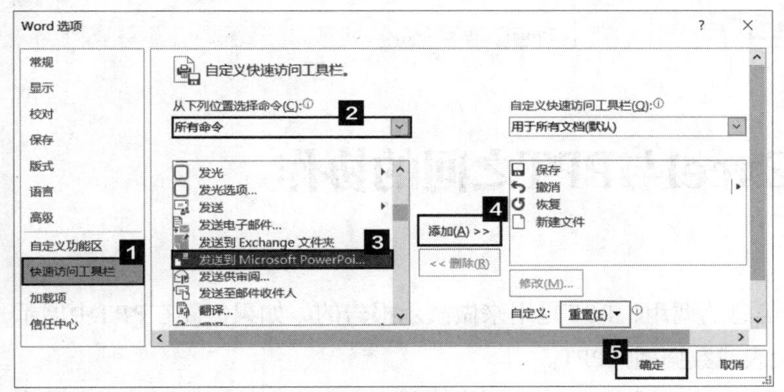

▲图 13-16

04 此时，在窗口左上角的快速访问工具栏中即可出现【发送到Microsoft PowerPoint】按钮，如图13-17所示。单击该按钮，即可一键生成PPT演示文稿，对PPT内容进行适当设置后保存即可。

▲图 13-17

13.2.2 在 Word 中插入幻灯片

【理论基础】

在Word文档中调用幻灯片的方法很简单，使用复制、粘贴功能即可，只是在粘贴时需要用到【选择性粘贴】对话框。具体的操作方法如下。

【操作方法】

案例素材	原始文件：素材\第13章\项目计划书01—原始文件　产品图—素材文件 最终效果：素材\第13章\项目计划书01—最终效果	 13-4 在Word中插入幻灯片

01 用PPT打开本案例的素材文件“产品图—素材文件”，选中需要的幻灯片，单击鼠标右键，从快捷菜单中选择【复制】选项，复制幻灯片，如图13-18所示。

02 用Word打开本案例的原始文件“项目计划书01—原始文件”，将鼠标光标定位到需要插入幻灯片的位置，切换到【开始】选项卡，单击【剪贴板】组中【粘贴】按钮的下半部分，从下拉列表中选择【选择性粘贴】选项，如图13-19所示。

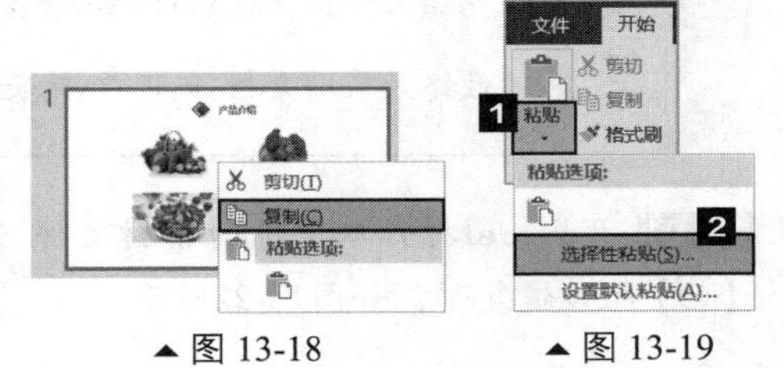

▲图 13-18　▲图 13-19

03 弹出【选择性粘贴】对话框，选中【粘贴】单选项，在【形式】组中选中【Microsoft PowerPoint 幻灯片对象】选项，单击【确定】按钮，如图13-20所示。效果如图13-21所示。

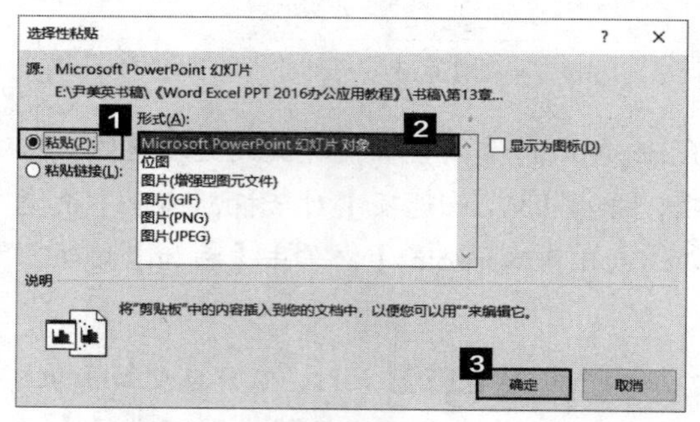

▲图 13-20

▲图 13-21

13.3 Excel与PPT之间的协作

【案例分析】

Excel与PPT之间也可以进行信息的调用，PPT是用来做演示报告的，如果需要在PPT中展示Excel中的图表或数据，就可以将图表或数据插入PPT。

具体要求：在销售数据分析演示文稿中插入Excel中制作的图表；在销售数据分析演示文稿中插入Excel工作表对象，并以图标形式显示。

【知识与技能】

一、在PPT中插入Excel图表　　二、在PPT中插入Excel工作表

13.3.1 在 PPT 中插入 Excel 图表

【理论基础】

在PPT中插入Excel图表的方法很简单，复制Excel工作表中的图表，直接粘贴到PPT中即可，具体操作如下。

【操作方法】

案例素材	原始文件：素材\第13章\销售数据分析—原始文件　销售数据分析—素材文件 最终效果：素材\第13章\销售数据分析—最终效果	 13-5 在PPT中插入Excel图表

01 用Excel打开本案例的素材文件“销售数据分析—素材文件”，选中图表，按【Ctrl】+【C】组合键复制，如图13-22所示。

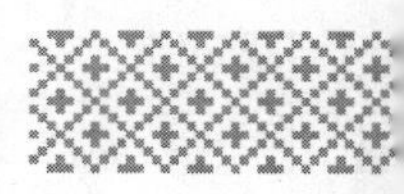

02 用PPT打开本案例的原始文件“销售数据分析—原始文件”，选中第3张幻灯片，按【Ctrl】+【V】组合键粘贴，即可将图表粘贴到幻灯片中，如图13-23所示。

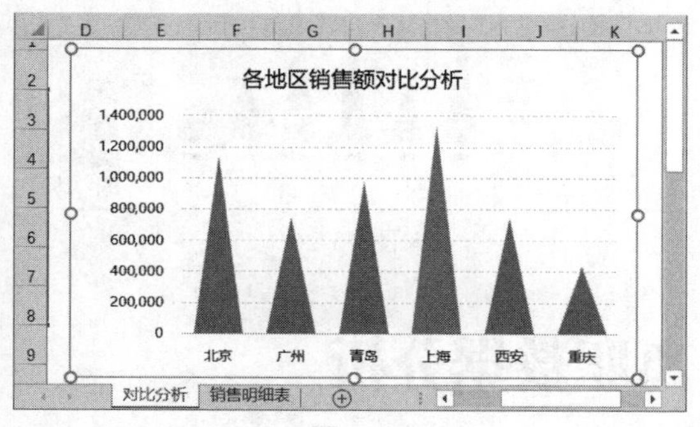

▲图 13-22

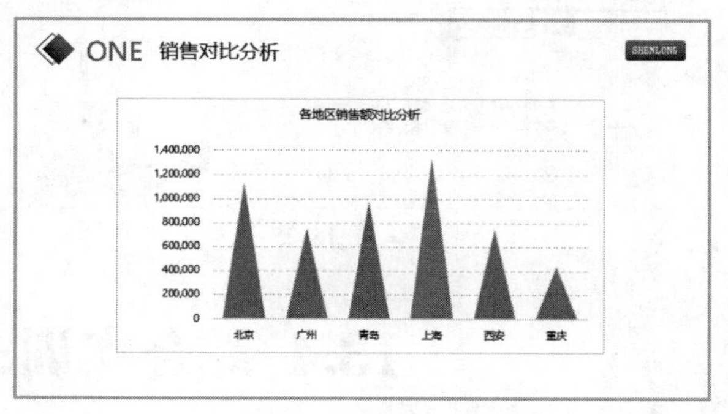

▲图 13-23

13.3.2 在PPT中插入Excel工作表

【理论基础】

PPT作为演示软件，通常在演示分析数据时会以图表形式来展示，但是不免有时需要查看图表对应的原始数据，这时将存放原始数据的Excel工作表以图标的形式插入幻灯片再合适不过了。图标对象本身很小，不会影响其他内容的展示，并且在需要查看原始数据时，只要双击插入的图标即可打开对应的Excel工作表。下面介绍一下具体的操作方法。

【操作方法】

案例素材	原始文件：素材\第13章\销售数据分析01—原始文件　销售数据分析—素材文件 最终效果：素材\第13章\销售数据分析01—最终效果

13-6　在PPT中插入Excel工作表

01 用PPT打开本案例的原始文件，选中第3张幻灯片，切换到【插入】选项卡，单击【文本】组中的【对象】按钮，如图13-24所示。

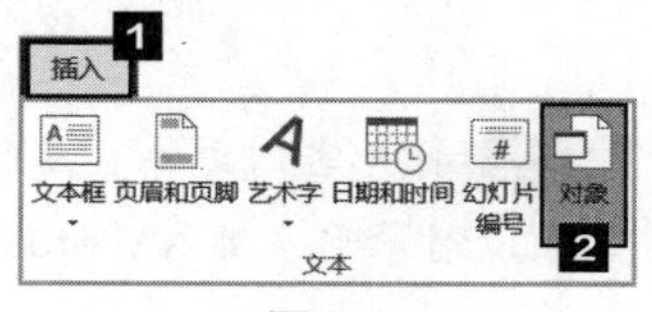

▲图 13-24

02 弹出【插入对象】对话框，选中【由文件创建】单选项，单击【浏览】按钮，选择需要插入的工作表“销售数据分析—素材文件”，然后勾选【显示为图标】复选框，单击【确定】按钮，如图13-25所示。

03 返回幻灯片即可看到插入的Excel图标，选中该图标，可以调整其大小和位置，本案例将其移至图表的右下角，如图13-26所示。

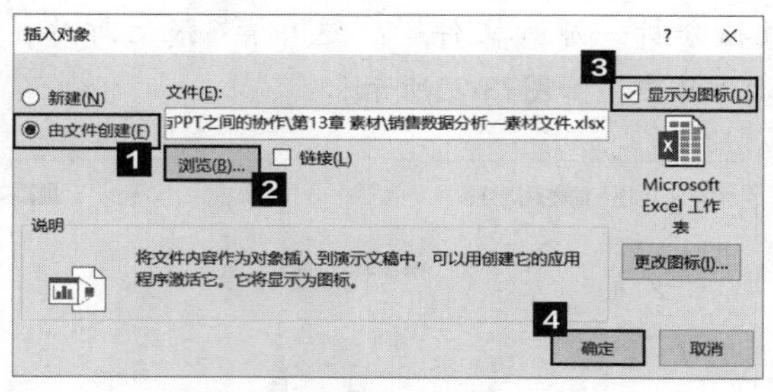

▲图 13-25

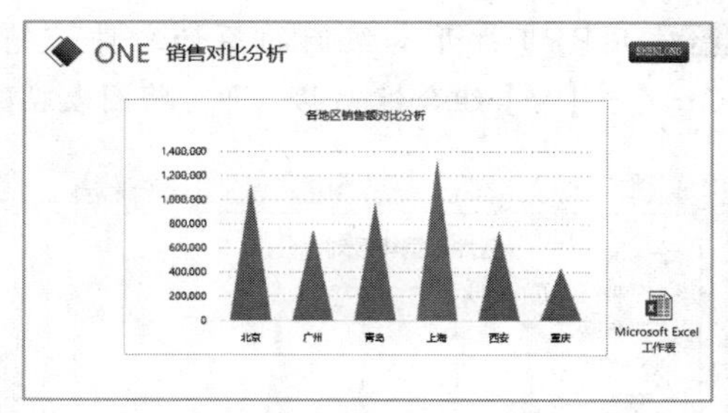

▲图 13-26

13.4 综合实训：离职数据分析

【实训目标】

通过离职数据分析，巩固本章所学知识，进一步提高Word、Excel与PPT之间的协作能力，从而便于在日常工作中更高效地完成任务。

【实训操作】

01 打开实训文件“离职数据分析—原始文件”演示文稿和“离职数据分析—素材文件”工作表，将工作表中的图表插入PPT，以实现图表联动，效果如图13-27所示。

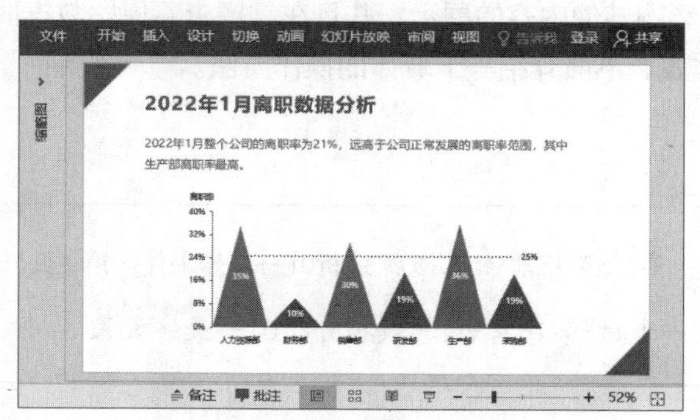

▲图 13-27

02 打开实训文件“离职数据分析—原始文件”Word文档，将“离职数据分析—素材文件”工作表以对象形式插入Word文档，从而方便对其进行编辑，效果如图13-28所示。

员工离职数据分析

近期公司不断有员工离职，大大影响了公司的运转效率，为了避免给公司造成更大的损失，需要对员工的离职数据进行分析，通过分析进而了解员工离职的原因，为制定降低员工离职率的举措提供数据的支撑。

部门	离职人数	入职人数	期初人数	期末人数	离职率	平均离职率
人力资源部	6	4	16	18	35%	25%
财务部	1	1	10	10	10%	25%
销售部	7	10	22	25	30%	25%
研发部	3	2	16	15	19%	25%
生产部	83	89	226	232	36%	25%
采购部	3	3	16	16	19%	25%

▲图 13-28

等级考试重难点内容

本章主要考察Word、Excel与PPT之间协作的内容，需读者重点掌握以下几点。

1. Word与Excel之间的协作（在Word中插入Excel工作表对象；批量生成邀请函）。

2. Word与PPT之间的协作（将Word文档转成PPT；在Word文档中插入幻灯片）。

3. Excel与PPT之间的协作（将Excel图表复制到PPT中以实现图表联动）。

本章习题

一、不定项选择题

1. 批量制作邀请函需要用到的软件是（　　）。

A. Word和Excel　　B. Word和PPT

C. Excel和PPT　　D. 以上都不对

2. 将Word文档转成PPT，需要用到的功能是（　　）。

A. 导出　　B. 发送到Microsoft PowerPoint

C. 创建PPT　　D. 另存为

3. 以下说法中正确的有（　　）。

A. 在Word中可以调用空白工作表，也可以调用已有数据的工作表

B. 将Word文档转成PPT，需要先设置好段落的大纲级别

C. Excel工作表既可以插入word文档，也可以插入PPT

D. 使用复制、粘贴操作即可将幻灯片插入Word文档

二、判断题

1. 在Word文档中插入表格，只能调用Excel工作表，不能直接创建表格。（　　）

2. 在PPT中既可以插入表格，也可以插入图表。（　　）

3. 使用复制、粘贴法插入PPT中的Excel图表不能联动更新。（　　）

三、简答题

1. 简要介绍Word、Excel与PPT的主要用途及各自的优势。

2. 简述在Word文档中插入空白Excel表格的操作步骤。

3. 简述将Word文档转成PPT的操作步骤。

四、操作题

1. 打开文件“操作题1—原始文件”，利用提供的人员名单素材，使用邮件合并功能批量生成邀请函。

2. 打开文件“操作题2—原始文件”，为文档设置大纲级别，然后将其转成PPT演示文稿。